新工科建设之路

Excel 数据处理与分析
案例及实战

郑小玲　刘　威　编著

电子工业出版社·

Publishing House of Electronics Industry

北京·BEIJING

内 容 简 介

本书基于 Excel 2010 编写，力求深入浅出、通俗易懂，注重实用性，将理论知识与不同领域案例相结合，介绍 Excel 的基本使用方法与技巧。本书讲解了 7 个项目，分别为建立人事档案、核算员工薪酬、显示销售业绩、管理人事档案、分析销售情况、分析处理进销存数据和共享客房入住信息。每个项目又分为若干个任务，通过项目实战详细介绍使用 Excel 进行数据处理与分析的思路。

本书可作为高等院校数据科学与大数据、统计、财经、金融、信息管理等专业 Excel 数据处理与分析课程的教材，也可作为相关培训班等级考试培训的教材，还可供对 Excel 感兴趣的读者自学参考。

未经许可，不得以任何方式复制或抄袭本书之部分或全部内容。

版权所有，侵权必究。

图书在版编目（CIP）数据

Excel 数据处理与分析案例及实战 / 郑小玲，刘威编著 . —北京：电子工业出版社，2019.9
ISBN 978-7-121-36999-5

Ⅰ . ① E… Ⅱ . ①郑… ②刘… Ⅲ . ①表处理软件 – 高等学校 – 教材 Ⅳ . ① TP391.13

中国版本图书馆 CIP 数据核字 (2019) 第 135010 号

责任编辑：章海涛
文字编辑：张　鑫
印　　刷：北京虎彩文化传播有限公司
装　　订：北京虎彩文化传播有限公司
出版发行：电子工业出版社
　　　　　北京市海淀区万寿路 173 信箱　邮编：100036
开　　本：787×1092　1/16　　　印张：18.25　　字数：456 千字
版　　次：2019 年 9 月第 1 版
印　　次：2022 年 8 月第 6 次印刷
定　　价：56.00 元

凡所购买电子工业出版社图书有缺损问题，请向购买书店调换。若书店售缺，请与本社发行部联系，联系及邮购电话：（010）88254888，88258888。

质量投诉请发邮件至 zlts@phei.com.cn，盗版侵权举报请发邮件至 dbqq@phei.com.cn。

本书咨询联系方式：192910558（QQ 群）。

前言
INTRODUCTION

Excel 具有友好的操作界面、丰富的数据处理功能、可靠的技术，以及强大的数据分析和辅助决策能力，受到了众多用户的青睐，成为当今最受欢迎的电子数据表软件之一。

目前，多所院校开设了 Excel 相关课程。为了使学生更好地理解 Excel 的相关知识和理论，掌握 Excel 的实际应用和操作技巧，特别是为了帮助学生应用 Excel 更加高效地完成与本专业相关的数据处理和数据分析工作，我们编写了本教程。

 ## 本书内容

本书是基于 Excel 2010 编写的。通过精选多个案例，从不同方面体现 Excel 的主要应用；通过模拟实际任务，详解数据处理与分析的操作步骤和操作方法；针对每个任务应用，介绍与其相关的 Excel 软件知识、数据处理与分析方法及操作技巧。

本书包括 7 个项目，每个项目有多个任务，每个任务包括"任务导入"、"模拟实施任务"、"拓展知识点"、"延伸知识点"、"独立实践任务"和"课后练习"6 部分。"任务导入"以任务为主题，介绍任务背景、要求及对任务中知识点的分析，使学生了解任务的产生背景、任务的具体要求和完成此任务所需要的知识和操作。"模拟实施任务"有非常好的重现性，通过模拟实际应用中的具体任务，使学生真实地体会应用 Excel 解决实际问题的工作流程和操作方法。"拓展知识点"针对任务实施过程中所涉及的基本知识点进行深入细致的介绍，包括概念、理论、处理与分析方法及操作技巧，使学生系统地掌握 Excel 的知识体系。"延伸知识点"是在介绍拓展知识点的基础上，进行知识内容的延伸，更深入地介绍与其相关的知识，使学生可以了解更多的相关知识及方法和技巧。"独立实践任务"是学习中的实践环节，通过完成具体的任务，使学生对 Excel 的应用有一个整体把握，培养学生独立思考和独立工作的能力。"课后练习"是针对项目中的每个任务所介绍的内容配备的练习题目，包括填空题、选择题和问答题，以加深和巩固所学知识。书中的具体项目及内容如下。

项目一　建立人事档案

主要通过人事档案管理案例，介绍应用 Excel 快速输入数据的方法和技巧、工作表修饰的方法和技巧及工作表打印输出的设置。

项目二　核算员工薪酬

主要通过员工薪酬管理案例，介绍应用 Excel 进行数据计算的步骤和要点、数据计算的方法和技巧及函数的输入方法和常用函数的应用。

项目三　显示销售业绩

主要通过销售业绩管理案例，介绍 Excel 图表的作用和适用范围、图表操作的方法和技巧及动态图表的制作方法。

项目四　管理人事档案

主要通过人事档案管理案例，介绍应用 Excel 实现数据排序的方法、数据分类汇总的方法和技巧及数据筛选的方法和技巧。

项目五　分析销售情况

主要通过对销售数据的透视分析，介绍 Excel 数据透视表的特点、创建数据透视表和数据透视图的基本步骤、应用数据透视表和数据透视图进行数据分析的方法及技巧。

项目六　分析处理进销存数据

主要通过进销存数据管理案例，介绍应用 Excel 宏和表单控件自定义操作环境、实现交互操作的基本方法，应用趋势线及趋势线的公式进行数据预测的方法，条件格式的应用方法和技巧。

项目七　共享客房入住信息

主要通过酒店客房信息管理案例，介绍共享工作簿及追踪修订的操作、超链接及其应用的技巧、Excel 与 Office 组件共享信息和 Excel 与 Internet 交换信息的方法。

本书特点

本书与大多 Excel 书籍在内容结构、案例运用方式等方面有很多不同之处。本书讲解深入浅出、通俗易懂，注重实用性，使学生能在较短的时间内掌握和应用 Excel。本书主要特点体现在以下几方面。

1. 与实际应用紧密结合

本书从实际应用出发，精选了人事档案管理、员工薪酬管理、销售业绩管理、进销存数据管理及酒店客房信息管理等多种类型的实际应用案例。这些案例均来源于企业真实用表[注]，通过对这些案例的深入学习，可以使学生快速掌握真实的工作流程以及应用 Excel 解决实际问题的方法和技巧。

2. 采用项目驱动的模式

本书通过项目案例介绍 Excel 在管理、统计、财务等领域的实际应用，并对实际应用中

注：本书对企业真实用表中的具体数据进行了修改，如有雷同，实属巧合。

的问题进行详细解答，对案例中涉及的相关知识点进行系统和全面的介绍。本书将每个项目分为多个任务，每个任务设计为"任务导入"→"模拟实施任务"→"拓展知识点"→"延伸知识点"→"独立实践任务"→"课后练习"6部分，将实际工作场景引入课堂教学，激发学生的学习兴趣，可以使学生在"做中学"，并在"学中做"。

3. 合理有效地应用案例

本书将精选的 7 个案例，按照 Excel 的操作功能进行了项目及任务的划分，将操作中必知必会的知识点和应用方案分别设计到每个案例中，通过学习这些案例，可快速掌握 Excel 的应用方法和操作技巧。

4. 突出应用能力的培养

本书不仅在案例的选择和介绍方法上精心设计、开拓创新，而且为每项任务设计了实践环节，每个实践内容都与实际应用相关联。这样做的目的是培养学生独立思考和独立工作的能力，以便能够在实际应用中更好地完成工作。

5. 教材适用范围较广泛

本书介绍的项目及任务，由浅入深，既有常用的简单操作，也有灵活、深入的使用技巧，可以满足不同层次读者的学习需要。

适用对象

本书可作为高等院校数据科学与大数据、统计、财经金融、信息管理等专业 Excel 数据处理与分析课程的教材，也可作为相关培训班等级考试培训的教材，还可供对 Excel 感兴趣的读者自学参考。

阅读方法

本书在"模拟实施任务"前和"模拟实施任务"中放置了一些序号（如❶），每个序号标识 Excel 的一个知识点。该序号与"拓展知识点"中的序号一一对应。因此在阅读过程中看到序号时，可以在"拓展知识点"中找到相应的序号，以进一步了解更为详细的概念、理论、方法和操作步骤。

教学安排

为了方便教师教学和学生使用，本书配备了电子课件、任务数据包等资料，可在华信教育资源网（www.hxedu.com.cn）下载。本书参考学时为 48 学时，各项目授课学时和实践学时分配可参考下表。

项目	项目内容	课时分配	
		授课学时	实践学时
一	建立人事档案	7	7
二	核算员工薪酬	6	6
三	显示销售业绩	2	2
四	管理人事档案	2	2
五	分析销售情况	2	2
六	分析处理进销存数据	3	3
七	共享客房入住信息	2	2
	学时总计	24	24

致谢

本书由郑小玲统稿。其中，项目二、项目三、项目五和项目六由郑小玲编写，项目一、项目四和项目七由刘威编写，刘晓帆参加了本书文字的修改工作。在编写过程中，得到了郑玉玲、赵丹亚、石新玲、邵丽、张宏、卢山、王学军等的支持和帮助，在此向他们表示由衷的感谢。

虽然编者对书中内容进行了精心规划，对所选案例力求精益求精，但难免有疏漏和不足之处，恳请读者提出宝贵意见。

编者

2019 年 5 月

目录
CONTENTS

项目一

建立人事档案

内容提要

Excel 的基本操作是建立工作表，主要包括数据的输入、编辑、修饰和打印输出。本项目将通过建立人事档案案例，介绍应用 Excel 快速输入数据的方法和技巧、工作表修饰的方法和技巧及工作表打印输出的设置。

能力目标

- 能使用 Excel[01] 建立并保存工作簿
- 能使用 Excel 编辑并格式化工作表
- 能使用 Excel 显示并打印工作表

专业知识目标

- 了解工作簿、工作表与单元格 [02] 的概念
- 掌握 Excel 的数据类型及概念
- 理解保护工作表和单元格的含义
- 了解格式设置中各选项的含义
- 理解冻结窗格和拆分窗口的区别
- 掌握显示和打印工作表的操作方法

软件知识目标

- 熟悉 Excel 的操作界面 [03]
- 掌握打开和保存工作簿的方法
- 掌握数据输入的方法和技巧
- 掌握编辑数据、设置单元格格式的方法
- 掌握保护工作表、单元格数据的方法
- 掌握设置页面、打印工作表的方法

任务 1.1 制作人事档案表 ——Excel 工作表的建立与保存

1.1.1 任务导入

◆ 任务背景

成文文化用品公司现有员工 63 名。为了更好地掌握和管理员工基本信息，需要创建人事档案表。

◆ 任务要求

创建一个新的工作簿，工作簿中包含一个工作表。要求如下。

工作簿名称：人事档案管理。

工作表名称：人事档案表。

工作表项目：工号、姓名、性别、出生日期、学历、婚姻状况、籍贯、部门、职务、职称、参加工作日期、身份证号、联系电话。

工作表数据：所建工作表共有 63 条记录。

◆ 任务效果参考图

	A	B	C	D	E	F	G	H	I	J	K	L	M
1	工号	姓名	性别	出生日期	学历	婚姻状况	籍贯	部门	职务	职称	参加工作日期	身份证号	联系电话
2	7101	黄振华	男	1966/4/10	大专	已婚	北京	经理室	董事长	高级经济师	1987/11/23	110102196604100137	13512341234
3	7102	尹洪群	男	1968/9/18	大本	已婚	山东	经理室	总经理	高级工程师	1986/4/18	110102196809180011	13512341235
4	7103	扬крат	男	1973/3/19	博士	已婚	北京	经理室	副总经理	经济师	2000/12/4	110101197303191117	13512341236
5	7104	沈宁	女	1977/10/2	大专	未婚	北京	经理室	秘书	工程师	1999/10/2	110101197710021836	13512341237
6	7201	赵文	女	1967/12/30	大本	已婚	北京	人事部	部门主管	经济师	1991/1/18	110102196712301800	13512341238
7	7202	胡方	男	1960/4/8	大专	已婚	四川	人事部	业务员	高级经济师	1982/12/24	110102196004082101	13512341239
8	7203	郭新	女	1961/3/26	大本	已婚	北京	人事部	业务员	经济师	1983/12/12	110102196103262430	13512341240
9	7204	周晓明	女	1960/6/20	大专	已婚	北京	人事部	业务员	经济师	1979/3/6	110101196006203132	13512341241
10	7205	张毓纺	女	1968/11/9	大专	已婚	安徽	人事部	统计	助理统计师	2001/3/6	110101196811092306	13512341242

人事档案表

◆ 任务分析

无论是企业单位，还是政府部门，都需要对员工档案进行管理。档案管理是计算机应用最为广泛的领域之一。其主要特点是数据量大，数据类型复杂，经常需要满足不同条件的查询要求。不同的企、事业单位虽然在档案管理的内容和方法上有一定差异，但管理的方式和步骤是相似的，都采用二维表格方式进行处理，因此应用 Excel 处理十分方便。

在 Excel 中管理二维表格的人事档案信息，需要创建一个工作簿。创建工作簿主要包括建立工作簿、输入数据和保存工作簿三项基本操作。输入数据时应根据数据特点选择不同的输入方法。例如，输入员工工号时，因为工号之间是一个等差数列，所以可以使用自动填充的方法。学历、籍贯、部门、职务、职称等数据都是一组固定的值，输入时可以使用下拉列表的方法。性别只有"男"和"女"两种值，可以先用两个不包含在工作表中的特殊符号作为"男"和"女"值（如"`"代表"男"，""""代表"女"），待全部性别数据输入完毕后，再用 Excel 替换功能将其分别替换为"男"和"女"。婚姻状况数据也可以采用此方法。总之，选择有效的方法，可以提高数据输入效率。另外，在建立工作簿过程中，应随时按【Ctrl】+【S】

组合键，保存工作簿；工作簿创建好后也应立即进行"保存"操作，这样可以防止因突然断电、死机、软件故障等意外因素造成数据丢失。

1.1.2　模拟实施任务

创建新工作簿

1 启动 Excel，此时系统自动打开一个新的工作簿④，名称为"工作簿 1"，如图 1-1 所示。

图 1-1　新工作簿

保存工作簿

2 单击"文件">"保存"命令⑤，打开"另存为"对话框，在左侧窗格中选择保存文件的文件夹，在"文件名"文本框中输入人事档案管理，如图 1-2 所示，单击"保存"按钮。

图 1-2　"另存为"对话框

重新组织工作簿

3 双击工作表标签"Sheet1"，输入人事档案表；右键单击工作表标签"Sheet2"，弹出快捷菜单，如图 1-3（a）所示，单击"删除"命令⑥；使用相同方法删除工作表标签"Sheet3"。结果如图 1-3（b）所示。

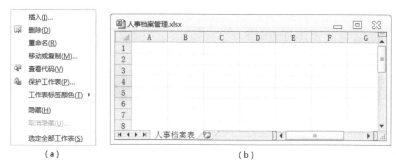

图 1-3　重新组织工作簿

输入表头数据[07]

4　在 A1:M1 单元格区域中，依次输入**工号**、**姓名**、**性别**、**出生日期**、**学历**、**婚姻状况**、**籍贯**、**部门**、**职务**、**职称**、**参加工作日期**、**身份证号**和**联系电话**等文本数据[08]，结果如图 1-4 所示。

图 1-4　输入表头数据

输入工号

5　在 A2 单元格中输入 **'7101**[09]，然后单击编辑栏中的"确认"按钮 ✓，如图 1-5 所示。

图 1-5　输入第 1 个部门第 1 个员工工号

6　将鼠标指针移到 A2 单元格填充柄处，然后拖曳鼠标至 A5 单元格放开[10]，结果如图 1-6 所示。

图 1-6　输入第 1 个部门其他员工工号

7　在 A6 单元格中输入第 2 个部门第 1 个员工的工号 **'7201**，然后按照步骤 6 的操作将其自动填充到 A7:A10 单元格区域中。使用相同方法输入其他部门的员工工号。此列共需输入 63 个员工工号。

输入姓名

8　单击 B2 单元格，输入**黄振华**；单击 B3 单元格，输入**尹洪群**，依次分别在 B4:B64 单元格区域中输入其他员工姓名。

输入性别

9　在 C 列中依次输入 ' 或 " 字符。其中"'"字符代表"男"，""""字符代表"女"。完成所有数据输入后，单击"C"列标选中该列。

10 在"开始"选项卡的"编辑"命令组中，单击"查找和选择" > "替换"命令，打开"查找和替换"对话框。在"查找内容"文本框中输入 `；在"替换为"文本框中输入**男**，如图1-7所示。然后单击"全部替换"按钮**❶**，即将工作表C列中所有的" ` "替换为"男"。

图1-7 查找和替换操作

11 按照步骤10将""替换为"女"。可以使用相同方法，输入"婚姻状况"列信息。

输入出生日期

12 单击D2单元格，输入**1966-4-10**或**66-4-10****❷**；使用相同方法输入其他员工的出生日期。注意，当年日期只需输入**月 - 日**即可，系统会自动加上当年的年份。可以使用相同方法输入"参加工作日期"列信息。

输入学历

13 选定E2:E64单元格区域，在"数据"选项卡的"数据工具"命令组中，单击"数据有效性"命令，打开"数据有效性"对话框。单击"设置"选项卡，在"允许"下拉列表中选择"序列"选项，在"来源"文本框中输入**初中,高中,中专,大专,大学本科,硕士研究生,博士研究生**，勾选"忽略空值"和"提供下拉箭头"复选框**❸**，如图1-8所示。单击"确定"按钮。

图1-8 设置序列值

14 单击E2单元格，单击右侧下拉箭头，在弹出的下拉列表中选择"大专"**❸**选项，如图1-9所示。重复此步骤，完成其他数据输入。可以使用相同方法，输入"部门""职务""职称"等列信息。

图1-9 输入学历

输入籍贯

⓯ 单击 G2 单元格，输入 北京；单击 G3 单元格，输入 山东，右键单击 G4 单元格，在弹出的快捷菜单中单击"从下拉列表中选择"命令⓮，如图 1-10 所示。

图 1-10　单击"从下拉列表中选择"命令

⓰ 在下拉列表中选择"北京"选项⓮，如图 1-11 所示。

图 1-11　在下拉列表中选择要输入的内容

⓱ 若在本列中已有需要输入的值，则使用上述方法在下拉列表中选择所需值，否则直接在相应单元格中输入。使用此方法完成"籍贯"数据的输入。

输入身份证号

⓲ 选定 L2:L64 单元格区域，在"开始"选项卡的"数字"命令组中，单击对话框启动按钮，打开"设置单元格格式"对话框，在"分类"列表框中选择"文本"选项⓯，如图 1-12 所示。单击"确定"按钮。

图 1-12　设置"文本"类型

⑲ 在 L2:L64 单元格区域中，依次输入员工身份证号。可以使用相同方法，输入"联系电话"列信息。

保存

⑳ 单击"文件"＞"保存"命令。保存已创建的工作簿，至此工作表创建完成。

1.1.3　拓展知识点

① Excel 概述

Excel 是 Office 办公软件中重要的软件之一，其主要功能是实现数据的输入和计算、数据的管理和分析。Excel 提供了自动填充、在下拉列表中选择、自动更正、自动套用格式等方法，可以快速地输入数据，方便地选择数据和有效地设置数据格式；其预先定义了数学、财务、统计、查找和引用等各种类别的计算函数，可以通过灵活的计算公式完成各种复杂计算和分析。Excel 提供了如柱形图、条形图、折线图、散点图、饼图等多种类型的统计图表，可以直观地展示数据的各方面指标和特性，并对数据进行分析和预测。Excel 还提供了数据透视表、模拟运算表、规划求解等多种数据分析和辅助决策工具，可以高效地完成各种统计分析、辅助决策的工作。除此之外，Excel 也提供了宏和 VBA 等自动化处理功能，一次操作可以实现复杂处理，大大提高了使用 Excel 处理数据的效率。

② 工作簿、工作表与单元格

1.　工作簿

工作簿是一个 Excel 文件，其文件扩展名为 .xlsx，主要用于存储数据。在 Excel 中可以同时打开多个工作簿。在一个工作簿中可以管理各种类型的数据，将数据存储在一个表格中，称为工作表。在默认情况下，每个新建的工作簿包含 3 个工作表。

> **提示**
>
> 　　如果希望改变默认的工作表数，可按以下步骤进行操作。
> 　　① 打开"Excel 选项"对话框。单击"文件"＞"选项"命令，打开"Excel 选项"对话框。
> 　　② 设置新工作簿内的工作表数。单击对话框左窗格中的"常规"选项，在对话框右窗格的"包含的工作表数"微调框中输入工作表数，如图 1-13 所示，单击"确定"按钮。
>
>
>
> 图 1-13　设置"包含的工作表数"

2.　工作表

工作表是 Excel 的主要操作对象，由 1 048 576 行和 16 384 列构成。其中，列标以"A，B，C，…，AA，AB，…"等字母表示，其范围为 A ～ XFD，对应着工作表中的每一列；行号以"1，2，3，…"等数字表示，其范围为 1 ～ 1 048 576，对应着工作表中的每一行。

每个工作表具有一个标签，显示工作表名。当前选定的工作表标签，其颜色与其他工作表标签不同，呈反显状态，该工作表称为当前工作表，此时工作簿窗口中显示选定的工作表，可以对其进行各种操作。

🌐 提示

选定工作表：将鼠标指针定位到需要选择的工作表标签上，单击鼠标左键。

3．单元格

工作表中行与列交叉位置形成的矩形区域称为单元格。单元格是存储数据的基本单元，其中可以存放文本、数字、逻辑值、计算公式等不同类型的数据。工作表中每个单元格的位置称为单元格地址，一般用"列标 + 行号"表示。例如，B5 表示工作表中第 2 列第 5 行的单元格。

由若干个单元格构成的矩形区域称为单元格区域，其地址表示方法是：单元格地址 : 单元格地址。其中，第 1 个单元格地址为单元格区域左上角单元格的地址，第 2 个单元格地址为单元格区域右下角单元格的地址。例如，B9:D12 是以 B9 单元格为左上角、以 D12 单元格为右下角形成的矩形区域，共 12 个单元格。

进入 Excel 后，通常是打开一个名为"工作簿 1"的工作簿，并且将工作簿中第 1 个工作表"Sheet1"显示在屏幕上，此时在 A1 单元格周围有一个粗黑框，在名称框中显示了该单元格的地址 A1，表示可以对这个单元格进行各种编辑操作，如输入或修改数据等。在 Excel 中，被选定的单元格称为活动单元格，将当前可以操作的单元格称为当前单元格。如果活动单元格只有一个，那么该单元格是当前单元格。如果活动单元格有多个，那么被选定的多个单元格中呈反白显示的单元格是当前单元格，如图 1-14 所示。

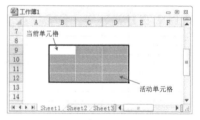

图 1-14　活动单元格和当前单元格

🌐 提示

选定单元格或单元格区域的方法如下。

（1）选定单元格：将鼠标指针定位到所需单元格上，单击鼠标左键。

（2）选定单元格区域：如果所选区域较小，那么直接将鼠标指针定位到待选区域左上角单元格上，然后按住鼠标左键并拖曳至待选区域右下角单元格上放开。如果所选区域较大，在一个屏幕范围内无法全部显示出来，可以先选定待选区域左上角单元格，然后拖曳工作表滚动条使屏幕滚动到显示待选区域右下角，按住【Shift】键，同时单击右下角单元格。

⓪③ Excel 操作界面

启动 Excel 后，即可进入 Excel 操作界面，如图 1-15 所示。Excel 操作界面主要由标题栏、快速访问工具栏、功能区、名称框、编辑栏、工作表区域和状态栏等部分组成。

1．标题栏

标题栏位于窗口最上方，用于显示打开的文档名称和应用程序名称。标题栏最左端有控制菜单图标，最右端有应用程序窗口按钮，包括"最小化"按钮、"最大化"按钮 / "还原"按钮和"关闭"按钮。单击控制菜单图标▣，在弹出的下拉菜单中，可以选择菜单命令执行相应的操作，如最大化、还原、最小化、关闭等。单击"最小化"按钮，可以将窗口最小化为任务栏中的一个图标；单击"最大化"按钮，可以将窗口最大化，同时该按钮变为"还原"按钮，单击"还原"按钮，窗口将恢复至原来的大小；单击"关闭"按钮，可以退出 Excel 应用程序。

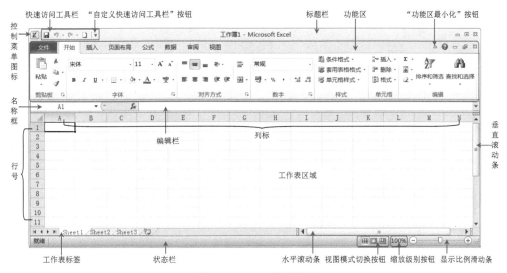

图 1-15　Excel 操作界面

2. 快速访问工具栏

快速访问工具栏通常位于标题栏左侧，提供了"新建""保存""撤销""恢复"等按钮。使用这些按钮，用户可以提高使用常用按钮的便捷性。单击"快速访问工具栏"右侧的"自定义快速访问工具栏"按钮，弹出"自定义快速访问工具栏"下拉菜单，此时可以通过菜单中的命令设置需要在该工具栏上显示的图标。

> **技巧**
>
> 快速访问工具栏也可以在功能区下方显示，操作方法是：单击"快速访问工具栏"右侧的"自定义快速访问工具栏"按钮，在弹出的下拉菜单中，单击"在功能区下方显示"命令。

3. 功能区

功能区位于标题栏的下方，由一组选项卡组成，包括"文件""开始""插入""页面布局""公式""数据""审阅""视图"等。每个选项卡包含多个命令组，每个命令组通常都由一些功能相关的命令组成。图 1-16 所示的"公式"选项卡中包含了"函数库""定义的名称""公式审核""计算"4 个命令组，而"函数库"命令组中则包含了多个插入函数的命令。

图 1-16　"公式"选项卡

除以上 8 种常规选项卡外，功能区还包含了许多附加的选项卡，这些选项卡只在进行特定操作时才会显示出来，因此也被称为"上下文选项卡"。例如，当选定图形、图表等某些类型的对象时，在功能区中就会显示处理该对象的专用选项卡。图 1-17 所示为操作图表对象时出现的"图表工具"上下文选项卡，其中包含"设计""布局"和"格式"三个子卡。

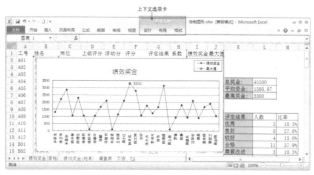

图 1-17 "图表工具"上下文选项卡

技巧

功能区所占据的空间较大，使得相应的工作表区域变小，收起功能区可以解决这一问题。收起功能区有以下几种方法。

（1）使用组合键。直接按【Ctrl】+【F1】组合键。

（2）使用"功能区最小化"按钮。单击功能区右侧的"功能区最小化"按钮 。

（3）使用鼠标。双击当前选定的选项卡标签。

对于收起的功能区，也可以使用上述 3 种方法将其展开。

---

4. 编辑栏

编辑栏位于功能区下方，是一个矩形框。通常编辑栏只显示一个"插入函数"按钮，但当在单元格或编辑栏中进行输入或编辑等操作时，左侧会出现 3 个按钮。" "为取消按钮，单击该按钮取消输入或编辑的内容；" "为输入按钮，单击该按钮确认输入或编辑的内容；" "为插入函数按钮，单击该按钮，在编辑栏中会显示一个等号"="，同时弹出"插入函数"对话框，可以输入或编辑函数。

编辑栏主要用于输入或编辑数据或公式。如果选定了某一单元格，并在编辑栏中输入了数据或公式，就会在该单元格中显示相应的内容；如果在当前单元格或活动单元格中输入了数据或公式，那么在编辑栏中也会显示相应的内容。使用编辑栏，可以很方便地编辑公式和较长的数据。

5. 名称框

名称框位于功能区下方的左侧，用于显示或定义当前单元格地址、对象名称、区域范围及单元格或单元格区域的名称。单击名称框，可以编辑其中的内容；单击名称框右侧的下拉箭头，可以在下拉列表中选择已定义的单元格或单元格区域名称，并可定位到该名称对应的单元格或单元格区域；在名称框内输入单元格或单元格区域的地址或名称，可以快速定位到相应的单元格或单元格区域。

技巧

使用名称框快速定位单元格的方法有以下两种。

（1）在名称框内输入单元格地址后，按【Enter】键。

（2）单击名称框右侧下拉箭头，在下拉列表中选择已定义的单元格或单元格区域的名称。

6. 工作表区域

工作表区域由行号、列标、单元格、工作表标签、水平滚动条和垂直滚动条等部分组成。工作表标签位于工作簿窗口左下方，它代表着工作簿中的每一个工作表。一个工作簿中可以插入多个工作表，并且每个工作表名称都会显示在标签中。在默认情况下，每个新建工作簿中只包含3个工作表，默认工作表名称分别为"Sheet1"、"Sheet2"和"Sheet3"。

7. 状态栏

状态栏位于 Excel 应用程序窗口的最下方。状态栏左侧主要用于显示一些操作进程中的信息。如未进行任何操作时，显示"就绪"；输入数据时，显示"输入"；编辑数据时，显示"编辑"；快速统计数据时，显示快速统计的结果。状态栏右侧包含视图模式切换按钮、缩放级别按钮和显示比例滑动条。

⑭ 创建工作簿

1. 启动 Excel 时自动创建

启动 Excel 应用程序时，系统会自动创建一个新的工作簿。

2. 在 Excel 窗口中创建

在 Excel 窗口中创建工作簿，有以下几种方法。

（1）使用"新建"命令。单击"文件"＞"新建"命令，在右侧窗格中单击"空白工作簿"＞"创建"命令。

（2）使用"快速访问工具栏"。如果在"快速访问工具栏"中有"新建"按钮□，可直接单击该按钮。

（3）使用组合键。直接按【Ctrl】＋【N】组合键。

提示

Excel 提供了许多工作簿模板，如果需要基于模板创建工作簿，可按以下步骤进行操作。

① 调出"可用模板"。单击"文件"＞"新建"命令，在"可用模板"区域选择"样本模板"，如图 1-18 所示。

图 1-18　调出"可用模板"

②选择模板。单击所需模板选项（如"个人月预算"），再单击"创建"按钮，结果如图1-19所示。

图 1-19　使用模板创建结果

05 保存工作簿

1. 初次保存

如果是初次保存新建的工作簿，单击"文件" > "保存"命令或按【Ctrl】+【S】组合键，打开"另存为"对话框。在该对话框中，选择存放文件的位置；在"文件名"文本框中输入文件名，然后单击"保存"按钮。

> **提示**
>
> 也可以直接单击"快速访问工具栏"上的"保存"按钮 保存工作簿。

2. 另存为

将工作簿以"另存为"方式保存，可以有效地保护源工作簿的数据。方法是：单击"文件" > "另存为"命令，打开"另存为"对话框；在该对话框中，选择存放文件的位置；在"文件名"文本框中输入文件名，然后单击"保存"按钮。

> **注意**
>
> "保存"与"另存为"两个命令，虽然名称和功能非常相似，但有一定区别。对于新建的工作簿，在第一次执行保存操作时，"保存"与"另存为"命令的功能完全相同，都将打开"另存为"对话框，供用户选择路径、设置文件名等。但如果对已经保存过的工作簿进行操作，"保存"命令不会打开"另存为"对话框，而是直接将编辑后的内容保存到当前工作簿中，工作簿的文件名、路径不会发生任何改变；"另存为"命令将会打开"另存为"对话框，允许重新设置存放位置和文件名，操作后得到的是当前工作簿的副本。

3. 自动保存

Excel 提供的"自动保存"功能可以每隔一段时间自动保存正在编辑的工作簿。如果希望改变自动保存间隔的时间，可以按如下步骤进行设置。

①打开"Excel 选项"对话框。单击"文件" > "选项"命令，打开"Excel 选项"对话框，选择左侧的"保存"选项。

②设置自动保存间隔的时间。勾选"保存工作簿"区域中的"保存自动恢复信息时间间

隔"的复选框，并在其右侧的微调框中输入数字，如图1-20所示。单击"确定"按钮结束设置。

⑥ 工作表基本操作

通常，一个工作簿由多个工作表组成。可以根据需要对已经存在的工作表进行重命名、插入、删除、移动和复制等操作。

图1-20　设置自动保存间隔时间

1．重命名工作表

创建新工作簿后，系统默认的工作表名称分别为"Sheet1"、"Sheet2"和"Sheet3"。若需要修改，可以双击对应的标签，然后输入新的工作表名称。

> **提示**
>
> 重命名工作表的其他方法如下。
>
> （1）使用快捷菜单。右键单击需要重命名的工作表标签，在弹出的快捷菜单中单击"重命名"命令，然后输入新的工作表名称。
>
> （2）使用功能区命令。在"开始"选项卡的"单元格"命令组中，单击"格式">"重命名工作表"命令，然后输入新的工作表名称。

2．插入工作表

如果要在某个工作表之前插入一个空白工作表，需要先选定该工作表，然后在"开始"选项卡的"单元格"命令组中，单击"插入">"插入工作表"命令，即可在所选定的工作表之前插入一个新的空白工作表。新插入的工作表成为当前工作表，并自动采用默认名称，可以根据需要重命名。也可右键单击工作表标签，在弹出的快捷菜单中单击"插入"命令，完成工作表的插入操作。

3．删除工作表

删除工作表的方法是：先选定需要删除的工作表；然后在"开始"选项卡的"单元格"命令组中，单击"删除">"删除工作表"命令，若工作表中有数据，则出现警告对话框，如图1-21所示，可根据需要进行删除或取消。也可右键单击工作表标签，在弹出的快捷菜单中单击"删除"命令，完成工作表的删除操作。

图1-21　警告对话框

> **注意**
>
> 删除的工作表不可恢复。

4．移动工作表

工作簿中的工作表是有前后次序的，可以通过移动工作表来改变它们的次序。移动工作表有以下两种方法。

（1）使用鼠标。将鼠标指针指向要移动的工作表标签，按住鼠标左键不放，此时鼠标指针上出现带卷角的页图标，同时在其他工作表标签旁边将显示一个黑色倒三角用以指示移动的位置，如图 1-22 所示。拖曳鼠标到达需要的位置之后，放开鼠标左键。

（2）使用命令。选定需要移动的工作表，在"开始"选项卡的"单元格"命令组中，单击"格式">"移动或复制工作表"命令，或在右键快捷菜单中单击"移动或复制"命令，打开"移动或复制工作表"对话框，如图 1-23 所示。在该对话框中选择目标位置，然后单击"确定"按钮。

图 1-22　鼠标拖曳移动工作表

 注意

　　若在"移动或复制工作表"对话框的"工作簿"下拉列表中选择"新工作簿"选项，则系统会自动新建一个工作簿，并将选定的工作表移到该工作簿中。

图 1-23　"移动或复制工作表"对话框

5．复制工作表

如果需要添加的工作表与现有的某个工作表相似，可采用复制工作表的方法来快速建立所需的工作表。复制工作表有以下两种方法。

（1）使用鼠标。将鼠标指针指向被移动的工作表标签，按住【Ctrl】键，按住鼠标左键不放，此时鼠标指针带卷角的页图标上出现加号，同时工作表标签旁边的黑色倒三角用以指示目标位置，如图 1-24 所示。拖曳鼠标到达目标位置后放开鼠标左键，再放开【Ctrl】键，即可完成对工作表的复制。

图 1-24　鼠标拖曳复制工作表

 注意

　　复制所得的工作表的名称由 Excel 自动命名，规则是，在原工作表名后加上一个带括号的编号，编号表示原工作表的第几个副本。

（2）使用命令。选择需要复制的工作表，在"开始"选项卡的"单元格"命令组中，单击"格式">"移动或复制工作表"命令，或在右键快捷菜单中单击"移动或复制"命令，打开"移动或复制工作表"对话框。在该对话框中选择目标位置，并且勾选"建立副本"复选框，然后单击"确定"按钮。

07 数据类型

在 Excel 工作表中可以输入和保存的数据类型有 4 种，分别是数值型、日期和时间型、文本型与逻辑型。一般情况下，数据的类型由用户输入数据的内容自动确定。

1．数值型

数值是指所有代表数量的数据形式，通常由数字 0 ~ 9 及正号（＋）、负号（－）、小数点（.）、百分号（%）、千位分隔符（,）、货币符号（$、¥）、指数符号（E 或 e）、分数符号（/）等组成。数值型数据可以进行加、减、乘、除及乘幂等各种数学运算。

2．日期和时间型

在 Excel 中，日期是以一种特殊的数值形式存储的，这种数值形式被称为"序列值"。

序列值的数值范围为 1 ～ 2 958 465 的整数，分别对应 1900 年 1 月 1 日到 9999 年 12 月 31 日。例如，2008 年 8 月 8 日对应的序列值是 39 668。由于日期存储为数值的形式，所以它继承了数值的运算功能，即日期型数据可以进行加减等数值运算。例如，要计算两个日期之间相差的天数，可以用一个日期减去另一个日期。又如，要计算某日期以后或以前若干天的日期，可以用一个日期加上或减去一个天数。

Excel 自动将所有时间存储为小数，0 对应 0 时，1/24（0.041 6）对应 1 时，1/12（0.083）对应 2 时，1/1 440（0.000 649）对应 1 分。例如，2008 年 8 月 8 日下午 8 时对应的是 39 668.833 333。

> **注意**
>
> 日期和时间型数据不能为负数，也不能超过最大日期序列值。

3．文本型

文本是指一些非数值型的文字、符号等，通常由字母、汉字、空格、数字及其他字符组成。例如，"姓名""Excel""A234"等都是文本型数据。文本型数据不能用于数值计算，但可以进行比较和连接运算。连接运算符为"&"，可以将若干个文本首尾相连，形成一个新的文本。例如，"中国"&"计算机用户"的运算结果为"中国计算机用户"。

4．逻辑型

在 Excel 中，逻辑型数据只有两个，一个为"TRUE"，即为真；另一个为"FALSE"，即为假。

⑧ 输入文本

文本是 Excel 工作表中非常重要的一种数据类型，工作表中的文本可以作为行标题、列标题或工作表说明。在工作表中输入文本数据时，系统默认为左对齐。如果输入的数据是以数字开头的文本，系统仍视其为文本。如果在单元格中输入的字符超过了单元格的宽度，系统自动将字符依次显示在右侧相邻的单元格上。如果相邻单元格中含有数据，文本字符将被自动隐藏。在工作表中输入文本，有以下两种方法。

（1）在编辑栏中输入。选定待输入文本的单元格，单击编辑栏，输入文本，然后按【Enter】键或单击"输入"按钮。若单击"输入"按钮，单元格周围会出现黑粗框，表示该单元格为当前单元格。

（2）在单元格中输入。单击待输入文本的单元格，然后输入文本；或者双击待输入文本的单元格，然后输入文本。这两种方法的区别是，前者输入的数据将覆盖该单元格原有的数据。

> **技巧**
>
> 当输入的文本较长时，可以通过换行将输入的文本全部显示在当前单元格内。设置换行的方法有两种。
>
> （1）使用组合键。输入文本时，如果需要换行，按【Alt】+【Enter】组合键。
>
> （2）设置"自动换行"格式。具体操作步骤如下。

① 选定单元格。选定待设置格式的单元格或单元格区域。

② 打开"设置单元格格式"对话框的"对齐"选项卡。单击"开始"选项卡"对齐方式"命令组右下角的对话框启动按钮 ，打开"设置单元格格式"对话框的"对齐"选项卡。

③ 设置"自动换行"。在"设置单元格格式"对话框的"对齐"选项卡中，勾选"自动换行"复选框，如图 1-25 所示，然后单击"确定"按钮。

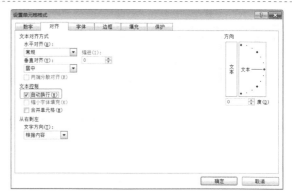

图 1-25　自动换行的设置结果

⑩ 输入数值

数值是 Excel 工作表最重要的组成部分，进行数值运算是 Excel 最基本的功能。Excel 中的数值型数据不仅包括普通的数字数值，也包括小数型数值、货币型数值、分数值和百分比数值等。在工作表中输入数值型数据时，系统默认的对齐方式为右对齐。

1. 输入普通数值

在 Excel 中处理的数值型数据多数为普通数值，如 235、-1287 等。在单元格中输入普通数值的方法与输入文本型数据相似，先选定待输入数字的单元格，然后在编辑栏或单元格中输入数值并确认完成输入。而在实际应用中，可能有些数值在形式上有特殊要求，如数值前面加"0"；也可能有些数据在处理上有特殊要求，如要求员工序号"7101"按文本型数据进行处理。对这类数据比较有效的处理方法是，输入时将数值型数据强行转换为文本型数据。

将数值型数据强行转换为文本型数据有以下两种方法。

（1）使用前导符。在输入数据之前输入一个单引号"'"，再输入数据。

（2）设置"文本"格式。在输入数据之前，先将单元格设置为"文本"格式，再输入数据。设置"文本"格式的操作步骤如下。

① 选定单元格。选定待设置格式的单元格或单元格区域。

② 打开"设置单元格格式"对话框的"数字"选项卡。单击"开始"选项卡"数字"命令组右下角的对话框启动按钮 ，打开"设置单元格格式"对话框的"数字"选项卡。

③ 设置"文本"格式。在"分类"列表框中选择"文本"选项，如图 1-26 所示，然后单击"确定"按钮。

2. 输入小数型数值

"单价"等价格数据一般都带有 2 位小数，需要输入小数型数值。在单元格中输入小数型数值，有以下两种方法。

（1）在单元格中输入。方法与输入普通数值相同。

（2）设置"小数位数"格式。在输入数据前，先设置单元格的"小数位数"，再输入。操作步骤如下。

① 选定待设置格式的单元格或单元格区域。

② 打开"设置单元格格式"对话框的"数字"选项卡。单击"开始"选项卡"数字"命

令组右下角的对话框启动按钮 ，打开"设置单元格格式"对话框的"数字"选项卡。

③ 设置小数格式。在"分类"列表框中选择"数值"选项，在"小数位数"文本框中输入 **2**，在"负数"列表框中选择"-1234.10"选项，如图 1-27 所示，然后单击"确定"按钮。

图 1-26　"文本"格式的设置结果　　　　　图 1-27　"小数"格式的设置结果

④ 输入小数型数值。在单元格中输入小数型数值，可以发现在此单元格中输入的数据小数点后不足两位时自动补 0。

技巧

对于大量带小数的数据，如果小数位数相同，可以通过设置自动输入小数点来简化数据输入，提高输入效率。设置自动输入小数点的操作步骤如下。

① 打开"Excel 选项"对话框。单击"文件">"选项"命令，打开"Excel 选项"对话框，选择左侧的"高级"选项。

② 设置自动输入小数点。勾选"编辑选项"区域中的"自动插入小数点"复选框，并设置"位数"值，此例设置为 2，如图 1-28 所示。单击"确定"按钮。

③ 输入数值。设置好以后输入数据，只要将原来数据放大 100 倍，就会自动变为所需要的数据，免去了小数点的输入。例如，要输入 12.1，实际输入 1210，就会在单元格中显示为"12.1"。

图 1-28　自动输入小数点的设置结果

---

3. 输入货币型数值

货币型数值属于特殊数据，往往需要在数值前加上货币符号，常规数据格式不适合这类数据。因此需要在输入前设置单元格的数值类型，以保证数据的匹配。设置方法有以下两种。

（1）使用"会计数字格式"命令。操作步骤如下。

① 选定单元格。选定待输入货币型数值的单元格。

② 选择所需货币符号。在"开始"选项卡的"数字"命令组中，单击"会计数字格式"按钮 下拉箭头，在弹出的"会计数字格式"下拉列表中选择所需的货币符号。

③ 输入货币型数值。在单元格中输入数值，此时可以发现输入的数值前面自动加上了所选的货币符号。

（2）设置"货币"格式。在输入数据前，先将单元格设置为"货币"格式，再输入数据。操作步骤如下。

① 选定单元格或单元格区域。

② 打开"设置单元格格式"对话框的"数字"选项卡。

③ 设置"货币"格式。在"分类"列表框中选择"货币"选项；在"货币符号"下拉列表中选择所需货币格式；设置"小数位数"和"负数"，如图 1-29 所示，单击"确定"按钮。

④ 输入货币型数值。在单元格中输入数值，此时可以发现输入的数值前面自动加上了所选的货币符号。

图 1-29　"货币"格式的设置结果

4．输入分数值

输入分数时，输入顺序是：整数→空格→分子→正斜杠（/）→分母。例如，要输入二又四分之一，则应在选定的单元格中输入 2 1/4。如果输入纯分数，那么不能省略整数部分的 0。例如，输入四分之一的方法是 0 1/4。

> **注意**
>
> 如果输入分数的分子大于分母，如"$\frac{11}{5}$"，系统将自动进行进位换算，将分数显示为换算后的"整数＋真分数"形式，即 2 1/5。如果输入分数的分子和分母包含大于 1 的公约数，如"$\frac{3}{15}$"，在单元格中输入数据后，系统将自动对其进行约分处理，转换为最简形式，即 1/5。

5．输入百分比数值

输入百分比数值可以采用以下两种方法。

（1）在单元格中输入。在单元格中输入百分比数值，然后输入百分号（%）。例如，直接输入 45%，所在单元格的百分比数据即为 45%。

（2）设置"百分比样式"格式。在单元格中输入百分比数据，然后选定该单元格，再单击"开始"选项卡"数字"命令组中的"百分比样式"按钮 %。例如，先输入 0.45，然后选定该单元格，再单击"开始"选项卡"数字"命令组中的"百分比样式"按钮 %，所在单元格的百分比数值即为 45%。

> **注意**
>
> 采用第（2）种方法输入百分比数据时，系统会自动将输入的数据乘以 100。

输入数值后，如果单元格中数据显示为一串"#"，说明单元格的宽度不够。通过增加单元格的宽度，可以将数据完整地显示出来。

> **技巧**
>
> 有时需要在某个特定单元格内输入不同的数值，以查看这些数值对引用此单元格的其他单元格的影响。但每次输入一个数值后按【Enter】键，活动单元格均默认下移一个单元格，非常不方便。可以通过以下操作解决此问题。
>
> ① 选定单元格。
>
> ② 再次选定已选单元格。按住【Ctrl】键单击鼠标左键再次选定此单元格。
>
> 此时，单元格周围将出现实线框，输入数值后按【Enter】键，活动单元格就不会下移了。

⑩ 自动填充数据

在 Excel 中，有时需要输入一些相同或者有规律的数据，这时可以使用自动填充的方法输入数据。

1．填充相同数据

在连续的单元格中输入相同数据，可以采用以下两种方法。

（1）使用填充柄，操作步骤如下。

① 输入第 1 个数据。在单元格区域的第 1 个单元格中输入第 1 个数据。

② 选定单元格。选定已输入数据的单元格，这时该单元格周围有黑粗框，右下角有一个黑色小矩形，称为填充柄。

③ 填充数据。将鼠标指针移至该单元格的填充柄处，此时指针会变成十字形状，按住鼠标左键不放拖曳至所需单元格放开。

填充效果如图 1-30 所示。其中，第 1 行数据是先输入的，第 2 ~ 5 行数据是填充得到的。

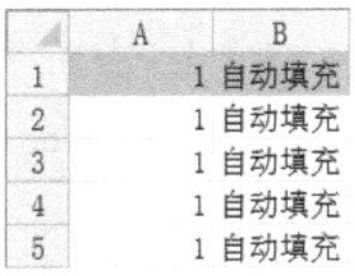

	A	B
1	1	自动填充
2	1	自动填充
3	1	自动填充
4	1	自动填充
5	1	自动填充

图 1-30　填充相同数据

技巧

填充相同数据更快捷、更简单的方法是在第 1 个单元格中输入数据后，双击第 1 个单元格填充柄。在进行双击填充时，数据填充的最后一个单元格的位置，取决于相邻一列中最后一个空单元格的位置。

（2）使用组合键，操作步骤如下。

① 选定要输入数据的多个单元格。此处所选单元格，可以是连续的多个单元格，也可以是不连续的多个单元格。

② 输入数据。在当前单元格中输入需要的数据，然后按下【Ctrl】+【Enter】组合键，这时可以看到输入的数据自动地填充到选定的多个单元格中。

提示

使用组合键填充非连续单元格数据时，选定单元格的方法是：先选定要输入数据的其中任一个单元格，然后按住【Ctrl】键依次选定需要输入相同数据的其他单元格。

2．填充等差序列数据

等差序列是指在单元格区域中两个相邻单元格的数据之差等于一个固定值。例如，1，3，5，…就是等差序列。要输入这样的数据序列，可以采用以下两种方法。

（1）使用填充柄，操作步骤如下。

① 输入序列中的前两个数据。在前两个单元格中分别输入序列中的前两个数据。

② 选定单元格。选定已输入数据的两个单元格。

③ 填充数据。将鼠标指针移至第 2 个单元格的填充柄处，当鼠标指针变成十字形状时，按住鼠标左键不放拖曳至所需单元格放开。

填充效果如图 1-31 所示。其中，第 1，2 行数据是先输入的，第 3 ~ 7 行数据是填充得到的。

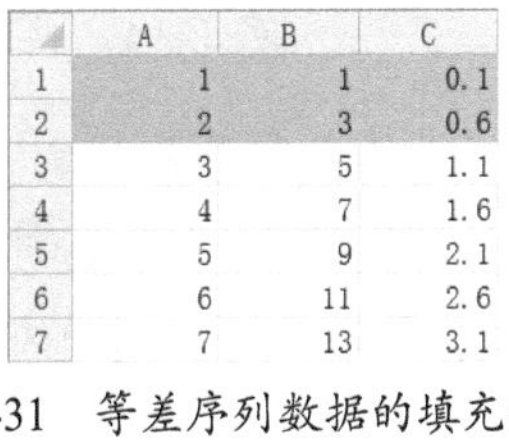

	A	B	C
1	1	1	0.1
2	2	3	0.6
3	3	5	1.1
4	4	7	1.6
5	5	9	2.1
6	6	11	2.6
7	7	13	3.1

图 1-31　等差序列数据的填充结果

技巧

如果要填充的数据是 1, 2, 3, …这样的等差序列, 可以采用以下两种方法。

（1）使用【Ctrl】键。在第 1 个单元格中输入 1, 然后按住【Ctrl】键不放拖曳鼠标至最后一个单元格放开。

（2）使用 "自动填充选项"。操作步骤如下。

① 在第 1 个单元格中输入 1。

② 填充数据。将鼠标指针移至该单元格的填充柄上, 待鼠标指针变成十字形状后, 按住鼠标左键不放拖曳至最后一个单元格放开, 此时会显示 "自动填充选项" 按钮 。

③ 选择 "填充序列"。单击该按钮, 弹出 "自动填充选项" 列表, 如图 1-32 所示, 选择 "填充序列" 选项。

图 1-32   "自动填充选项" 列表

（2）使用 "序列" 对话框, 操作步骤如下。

① 输入序列中的第 1 个数据。在填充序列的第 1 个单元格中输入第 1 个数据。

② 选定要填充的单元格区域。

③ 打开 "序列" 对话框。在 "开始" 选项卡的 "编辑" 命令组中, 单击 "填充" > "序列" 命令。

④ 输入填充参数。在 "类型" 区域选定 "等差序列" 单选按钮, 在 "步长值" 文本框中输入所需的步长数值, 如图 1-33 所示。

⑤ 保存设置。单击 "确定" 按钮。

图 1-33   填充等差序列数据的设置结果

3. 填充日期数据

与数字的自动填充相比, Excel 提供的日期填充方法更加智能化, 能够根据输入的日期内容进行逐日、逐月或逐年填充, 也可以按照工作日填充。操作步骤如下。

① 输入第 1 个日期。

② 填充日期。将鼠标指针移至该单元格的填充柄处, 待鼠标指针变成十字形状后, 按住鼠标右键不放拖曳至所需单元格放开, 此时弹出快捷菜单, 如图 1-34 所示。单击相应命令完成相应内容的填充。

图 1-35 所示示例均可以使用这种方法。其中, 第 1 行的数据是先输入的, 第 2 ～ 12 行数据是填充得到的。

图 1-34   快捷菜单

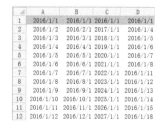

图 1-35   日期数据的填充结果

4. 填充特殊数据

在实际应用中, 有时需要填充一些特殊数据。例如, 中英文星期、中英文月份、中文季度及天干地支等。用户可以使用 Excel 已经定义的内置序列进行填充。方法是先输入第 1 个数据, 然后使用鼠标拖曳填充柄至所需单元格放开。

图 1-36 所示示例均可以使用这种方法。其中，第 1 行数据是先输入的，第 2 ~ 12 行数据是填充得到的。

5. 填充自定义序列

如果需要填充的数据序列不在 Excel 已定义的内置序列中，可以根据实际需要自行定义。操作步骤如下。

① 打开 "Excel 选项" 对话框。单击 "文件" > "选项" 命令，打开 "Excel 选项" 对话框，选择对话框左侧 "高级" 选项。

② 打开 "自定义序列" 对话框。单击对话框右侧 "常规" 选项区域中的 "编辑自定义列表" 按钮，打开 "自定义序列" 对话框。

③ 输入自定义序列内容。在 "自定义序列" 列表框中选择 "新序列" 选项，在 "输入序列" 文本框中输入序列内容，每输入完一项，按【Enter】键，如图 1-37 所示。

图 1-36 特殊数据的填充结果

图 1-37 自定义序列

④ 保存定义内容。单击 "添加" 按钮，然后单击 "确定" 按钮。

完成自定义序列后，就可以输入数据了，输入方法与前面相同。如果不再需要定义的序列，可以在 "自定义序列" 列表框中将其选定，然后单击 "删除" 按钮将其删除。

⑪ 查找与替换数据

使用 Excel 提供的查找与替换功能可以实现多个重复词汇或短语的输入。例如，将需要多次输入的词汇定义为键盘上一个特殊字符，输入这个词汇时用定义的特殊字符代替，然后使用查找与替换功能，查找特殊字符，替换为需要输入的词汇。

操作步骤如下。

① 打开 "查找和替换" 对话框。在 "开始" 选项卡的 "编辑" 命令组中，单击 "查找和替换" > "替换" 命令，打开 "查找和替换" 对话框。

② 输入查找和替换的内容。在 "查找内容" 下拉列表中输入被替换的数据，在 "替换为" 下拉列表中输入要替换为的数据。

③ 查找并替换。若单击 "全部替换" 按钮，将文档中所有与 "查找内容" 中相符的单元格的内容全部替换为新内容；若单击 "查找下一个" 按钮，找到后再单击 "替换" 按钮，则只替换当前找到的数据。

 技巧

直接按【Ctrl】+【H】组合键，可以快速打开 "查找和替换" 对话框。

⑫ 输入日期和时间

日期和时间属于特殊数值型数据，与输入数值型数据不同，应遵循一定的格式。在工作表中输入日期和时间时，系统默认的对齐方式为右对齐。

1．输入日期

Excel 对日期数据的处理有一定的格式要求，不符合要求的数据将被当成文本型数据处理，不能进行与日期有关的计算。Excel 默认的日期格式为"年 - 月 - 日"，也能够识别"年 / 月 / 日"格式。输入日期有以下两种方法。

（1）在单元格中输入。使用"/"或"-"直接在单元格中输入。例如，输入 19-1-12 或 2019/1/12。

（2）设置"日期"格式。在输入日期数据前，先将单元格设置为"日期"格式，然后再输入。操作步骤如下。

① 选定单元格。选定待设置格式的单元格或单元格区域。

② 打开"设置单元格格式"对话框。

③ 设置"日期"格式。单击"数字"选项卡，在"分类"列表框中选择"日期"选项，在"类型"列表框中选择一种显示类型，如图 1-38 所示，单击"确定"按钮。

④ 输入日期数值。

图 1-38　设置日期格式

> 💡 **注意**
>
> 按照习惯可能会输入 2008.8.8 这样的日期值，但是系统并不能将这种数据识别为日期格式，而只能视其为文本型数据。只有将操作系统"区域选项"设置中的"日期分隔符"设置为"."，Excel 才能正确识别。

设置时，选择不同的日期类型，其显示格式不同。Excel 中日期输入值及其所对应的显示值和存储值如表 1-1 所示。

表 1-1　日期输入值及其所对应的显示值和存储值

输 入 值	显 示 值	存 储 值
1/1	1 月 1 日	2019/1/1（注：显示年份是当年年份）
19/1/1	2019/1/1	2019/1/1
2019/1/1	2019/1/1	2019/1/1
19-1-1	2019/1/1	2019/1/1
1-May	1-May	2019/5/1（注：显示年份是当年年份）
1-Aug-19	1-Aug-16	2019/8/1
2019 年 1 月 1 日	2019 年 1 月 1 日	2019/1/1

2.　输入时间

与输入日期一样，输入时间也有多种固定的输入格式，输入时需要注意。可以采用以下两种方法输入时间。

（1）在单元格中输入。在单元格中输入时间时，系统默认按 24 小时制输入。若需要按照 12 小时制输入时间，则输入的顺序为：时间→空格→ AM（或 PM），其中 "AM" 表示上午，"PM" 表示下午。例如，输入 10:20 PM。

（2）设置 "时间" 格式。在输入时间数据前，先将单元格设置为 "时间" 格式，然后再输入。操作步骤与设置 "日期" 格式相同，这里不再赘述。

时间输入值及其所对应的显示值和存储值如表 1-2 所示。

表 1-2　时间输入值及其所对应的显示值和存储值

输　入　值	显　示　值	存　储　值
8:30	8:30	8:30:00
16:30:00	16:30:00	16:30:00
8:30:00 am	8:30:00 AM	8:30:00
4:30 pm	4:30 PM	16:30:00
16 时 30 分	16 时 30 分	16:30:00
16 时 30 分 00 秒	16 时 30 分 00 秒	16:30:00
下午 4 时 30 分	下午 4 时 30 分	16:30:00
上午 4 时 30 分 0 秒	上午 4 时 30 分 00 秒	4:30:00

⓭ 数据有效性

若输入的数据在一个自定义范围内，或取自某一组固定值，则可以使用 Excel 提供的数据有效性功能。数据有效性是为一个特定的单元格或单元格区域定义可以接收的数据范围的工具，这些数据可以是数字序列、日期、时间、文本长度等，也可以是自定义的数据序列。设置数据有效性，可以限制数据的输入范围、输入内容及输入个数，以保证数据的正确性和有效性。

1.　在单元格中创建下拉列表

当需要输入重复数据时，可以使用 "数据有效性" 功能创建一个下拉列表，直接在下拉列表中选择所需数据，这样既可以避免手工输入产生错误，又可以提高输入效率。操作步骤如下。

① 选定单元格。选定待创建下拉列表的单元格或单元格区域。

② 打开 "数据有效性" 对话框。在 "数据" 选项卡的 "数据工具" 命令组中，单击 "数据有效性" > "数据有效性" 命令，打开 "数据有效性" 对话框。

③ 设置有效性。单击 "设置" 选项卡，在 "允许" 下拉列表中选择 "序列" 选项；在 "来源" 文本框中输入要创建的下拉列表中的选项，每项之间使用 "," 分开；勾选 "忽略空值" 和 "提供下拉箭头" 复选框，如图 1-39 所示。

图 1-39　创建下拉列表的设置结果

💡 注意

应在英文状态下输入逗号","。

④ 完成设置。单击"确定"按钮，关闭"数据有效性"对话框。

完成上述设置后，当单击设置好的单元格时，单元格右侧
会出现下拉箭头，单击该箭头会弹出下拉列表，如图1-40所示，
选择其中的选项即可完成输入。使用自己创建的下拉列表，输
入时既方便、快捷，又能够保证输入的正确性。

图 1-40　在下拉列表中选择数据

2. 在单元格中设置输入范围

在单元格中设置输入数值的范围，这样当在单元格中输入的数据超出设置的范围或者输
入了其他内容的数据时，Excel 将视其为无效。操作步骤如下。

① 选定单元格或单元格区域。

② 打开"数据有效性"对话框。

③ 设置有效性。在"允许"下拉列表中选择"整数"选项；在"数据"下拉列表中选择"介
于"选项；在"最小值"文本框中输入数据范围的下限值，在"最大值"文本框中输入数据
范围的上限值；勾选"忽略空值"复选框，如图1-41所示。

④ 完成设置。单击"确定"按钮，关闭"数据有效性"
对话框。

完成上述设置后，当在设置好的单元格中输入数据时，
系统自动对数据进行有效性检验。在"数据有效性"对话
框的"允许"下拉列表中列出了多种有效数据，有效数据
不同，可以定义的有效性内容就不同。表1-3所示为"允许"
下拉列表中有效数据的类型、含义及关系式。

图 1-41　设置输入范围

表 1-3　"允许"下拉列表中有效数据的类型、含义及关系式

类型	含　义	关系式	数据范围或来源	说明
任何值	对输入数据不做任何限制	无	无	不进行验证
整数	限制输入的数据必须是整数	介于、未介于、等于、不等于、大于、小于、大于或等于、小于或等于	介于最大值和最小值之间	在设定数据类型、关系式及数据范围之间进行验证
小数	限制输入的数据必须是数字或小数		介于最大值和最小值之间	
日期	限制输入的数据必须是日期		介于开始日期和结束日期之间	
时间	限制输入的数据必须是时间		介于开始时间和结束时间之间	
文本长度	限制输入的数据必须是指定的有效数据的字符数		介于最大值和最小值之间	
序列	限制输入的数据必须是指定的有效数据序列	无	选择或自行输入序列的数据来源	使用数据来源进行验证
自定义	允许使用公式、表达式或者引用其他单元格中的计算值来判定输入数值的正确性。公式得出的必须是"TRUE"或"FALSE"	无	公式	使用输入的公式进行验证

3. 设置出错警告提示信息

设置数据有效性后，如果输入的数据不符合设置规则，Excel 将提示出错警告，并拒绝接收错误数据。但是 Excel 给出的警告信息比较单一，没有针对性，如图 1-42 所示。

图 1-42　出错警告对话框

事实上，Excel 允许自定义出错警告提示信息。操作步骤如下。

① 选定单元格。

② 打开"数据有效性"对话框。

③ 设置出错警告信息。单击"出错警告"选项卡，勾选"输入无效数据时显示出错警告"复选框；在"样式"下拉列表中选择一种提示样式；在"标题"和"错误信息"文本框中输入相应内容，如图 1-43 所示。

图 1-43　出错警告信息的设置结果

> 💡 **注意**
>
> 　　设置的出错警告信息的样式不同，对无效数据的处理将不一样。出错警告信息的样式由重到轻分为"停止""警告"和"信息"3 种。当使用"停止"时，无效的数据绝不允许出现在单元格中；当使用"警告"时，无效的数据可以出现在单元格中，但是会警告这样的操作可能会出现错误；当选择"信息"时，无效的数据只是被当成特殊的形式而被单元格接收，也只是给出出现这种"特殊"时的处理方案。在使用时，可以根据具体情况和需要，选择不同程度的出错警告信息的样式。

④ 完成设置。单击"确定"按钮，关闭"数据有效性"对话框。

4. 设置输入提示信息

设置数据有效性后，为了使输入数据时能够及时了解输入方法和注意事项，应该在选定单元格时给出提示信息，告知如何输入。操作步骤如下。

① 选定单元格。

② 打开"数据有效性"对话框。

③ 设置输入提示信息。单击"输入信息"选项卡，勾选"选定单元格时显示输入信息"复选框；在"标题"和"输入信息"文本框中输入相应内容，如图 1-44 所示。

④ 完成设置。单击"确定"按钮，关闭"数据有效性"对话框。

图 1-44　输入提示信息的设置结果

⑭ 在下拉列表中选择数据

当需要输入在同一列单元格中已经输入过的数据时，可以在下拉列表中选择。在下拉列表中选择数据，既可以避免因手工输入带来输入内容的不一致，又可以提高输入效率。操作步骤如下。

① 右键单击单元格，在弹出的快捷菜单中单击"从下拉列表选择"命令。

② 选择输入项。在下拉列表中选择需要输入的数据值。

> 💡 **注意**
>
> 　　使用下拉列表输入数据需要在同一列单元格中已有所需数据，且只在同一列连续单元格内输入才有效，该方法适用于文本型数据的输入。

⑮ 输入身份证号

中国的身份证号一般为 18 位，如果在单元格中输入一个 18 位长度的身份证号，Excel 将以科学记数法来显示，同时将其最后 3 位数字变为 0。原因是，Excel 将身份证号作为数值数据来处理，但是 Excel 能够处理的数值精度为 15 位，超过 15 位的数值将作为 0 来保存；若超过 11 位的数值，则以科学记数法来表示。因此如果需要在单元格中输入正确的身份证号，应将其作为文本型数据来输入。也就是说，应将其强行转换为文本型数据。前面介绍了强行转换为文本型数据的两种方法，可以使用前导符；也可以先将单元格设置为"文本"格式，然后再输入。

1.1.4　延伸知识点

⓵ 从文本文件导入数据

在日常工作中，常常需要用到其他应用程序已建文件中的数据，这时可以使用 Excel 提供的导入功能，将这些数据直接导入工作表中，而不必重新输入。在 Excel 中，可以导入的文件类型包括文本文件、Access 文件、SQL Server 文件、XML 文件等。

如果所需数据是以文本形式保存的，但是又希望将其以表格形式打印出来，就可以将其中的数据导入工作表中。操作步骤如下。

① 打开"导入文本文件"对话框。在"数据"选项卡的"获取外部数据"命令组中，单击"自文本"命令，打开"导入文本文件"对话框。

② 选择导入文件。选择文件所在位置，双击要导入的文件。

③ 确定原始数据类型。在打开的"文本导入向导"第 1 个对话框中，选择"分隔符号"单选按钮，其他参数保持默认值，单击"下一步"按钮。

④ 选择分隔符号。导入数据的分隔符有"Tab 键""分号""逗号""空格""其他"等。在打开的"文本导入向导"第 2 个对话框中，根据文本文件中的分隔符进行选择，勾选相应的复选框，单击"下一步"按钮。

⑤ 确定列数据格式。在打开的"文本导入向导"第 3 个对话框中，选择列数据格式，单击"完成"按钮。

⑥ 确定数据存放位置。在打开的"导入数据"对话框中，选择数据存放的位置，单击"确定"按钮。

⓶ 从 Access 数据库导入数据

不仅可以导入文本文件到 Excel 中，也可以导入 Access 数据库文件。Excel 与 Access 文件之间的数据转换非常容易，操作步骤如下。

① 打开"选取数据源"对话框。在"数据"选项卡的"获取外部数据"命令组中，单击"自 Access"命令，打开"选取数据源"对话框。

② 选择导入的文件。选择文件所在位置，双击将要导入的文件。

③ 确定数据存放位置。若导入的数据库文件中包含多个表格，则打开"选择表格"对话框。在该对话框中选择所需表格，单击"确定"按钮，打开"导入数据"对话框，选择存放数据的位置。

若导入的数据库文件中只有一个表格，则直接打开"导入数据"对话框，选择存放数据的位置。

④ 导入数据。单击"确定"按钮。

03 改变工作表标签颜色

Excel 工作簿可以包含若干个工作表，每个工作表都有一个名称，称为工作表标签，显示在工作簿窗口底部的标签显示区中。在 Excel 中可以为工作表标签添加各种颜色，使每个工作表名称显示更加醒目。改变工作表标签颜色有以下两种方法。

（1）使用快捷菜单。右键单击工作表标签，在弹出的快捷菜单中单击"工作表标签颜色"命令，选择工作表标签的颜色。

（2）使用命令。在"开始"选项卡的"单元格"命令组中，单击"格式">"工作表标签颜色"命令，选择工作表标签的颜色。

1.1.5 独立实践任务

◆ **任务背景**

毕业生刘洁在凯撒文化用品公司实习，岗位为办公室秘书。办公室王主任希望刘洁为公司制作一个员工基本信息表。

◆ **任务要求**

制作一个员工基本信息表。要求如下。

工作簿名称：员工基本信息管理。

工作表名称：员工基本信息。

工作表项目：工号、姓名、性别、岗位、部门、入职日期、办公电话、移动电话、E-mail 地址和备注。

工作表数据：如"任务效果参考图"所示。

◆ **任务效果参考图**

"员工基本信息"表

◆ **任务分析**

建立一个空白工作簿,并按要求修改工作表名。分析数据特点,选择自动填充、下拉列表、数据有效性、查找替换等方法输入数据。

1.1.6 课后练习

1. 填空题

（1）在 Excel 工作表中,可选择多个相邻或不相邻的单元格或单元格区域,其中当前单元格的数目是_____个。

（2）数据有效性是为一个特定的单元格或单元格区域定义可以接收的数据范围的工具,这些数据可以是数字序列、日期、时间、文本长度等,也可以是_____。

（3）若在 Excel 的单元格内输入日期,则年、月、日之间的分隔符可以是"/"或"_____"。

（4）在 Excel 工作表中,要选定不相邻的单元格,应使用_____键配合鼠标进行操作。

（5）为确保输入的 18 位身份证号正常显示在单元格中,输入身份证号之前,应先输入一个_____字符。

2. 选择题

（1）在 Excel 中,用来处理并存储数据的文件是（　　）。

　　A. 工作簿　　　B. 工作表　　　C. 单元格　　　D. 活动单元格

（2）在 Excel 中,日期型数据"2019 年 1 月 23 日"的正确输入形式是（　　）。

　　A. 2019-1-23　　B. 2019,1,23　　C. 2019.1.23　　D. 2019:1:23

（3）若在某单元格内显示数据 01065971234,则正确的输入方式是（　　）。

　　A. 01065971234　　　　　　　B. '01065971234

　　C. =01065971234　　　　　　　D. "01065971234"

（4）在数值单元格中出现了一连串的"#"符号,若希望正常显示,则需要完成的操作是（　　）。

　　A. 删除这些符号　　　　　　　B. 重新输入数据

　　C. 删除该单元格　　　　　　　D. 调整单元格宽度

（5）在 A1 单元格内输入一月,然后拖曳该单元格填充柄至 A2,则 A2 单元格中的数据是（　　）。

　　A. 一月　　　　　B. 二月　　　　C. 一　　　　　D. 二

3. 问答题

（1）Excel 的基本数据类型有几种?各自的特点是什么?

（2）怎样判断输入的数据是何种类型?

（3）快速输入数据的方法有几种?各自的特点是什么?

（4）现有一个工作表,如图 1-45 所示,其中已经输入了部分数据。假设部门名为"计算中心",输入部门所有数据最快捷、简单的方法是什么?

（5）保证输入数据的有效性应从哪几方面入手?

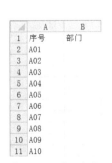

图 1-45　原始数据

任务 1.2 修饰人事档案表
——Excel 工作表的编辑与格式化

1.2.1　任务导入

● **任务背景**

成文文化用品公司已经建立了人事档案表。为了使公司管理者能够方便、有效地使用员工基本信息，必须保证人事档案数据的准确无误，因此需要编辑和调整人事档案表。为了提供更加清晰、美观的表格，需要对人事档案表进行必要的修饰。

● **任务要求**

对已经建立的"人事档案管理"工作簿中的"人事档案表"进行编辑和格式化，要求如下。

（1）将工作表数据列的次序调整为：工号、部门、姓名、性别、出生日期、婚姻状况、籍贯、参加工作日期、职务、职称、学历、身份证号、联系电话。

（2）添加表格标题，设置标题和表头格式。

（3）按照"任务效果参考图"格式，设置相关数据列和表格的显示格式，包括对齐方式、按条件突出显示未婚数据等。

（4）隐藏"身份证号"列的数据。

● **任务效果参考图**

● **任务分析**

在日常管理工作中，数据表格可能经常会发生变动，因此需要对建好的工作表进行各种编辑操作，如增加行、删除列、调整数据列次序等。在实际应用中，也经常需要对建好的工作表进行修饰，如添加标题、调整行高和列宽、设置数据对齐方式、设置字体、设置边框等，使工作表中数据的显示更为规范，重要的数据显示更为突出，表格的内容更为美观、丰富，便于阅读。

需要注意的是，对已经建立的工作表进行操作之前，应先打开保存该工作表的工作簿；对工作表进行编辑、格式化等操作之前，应先选定操作对象，再进行相关操作。另外，使用"设置单元格格式"对话框可以设置丰富的格式,打开"设置单元格格式"对话框的快捷方式是直接按【Ctrl】+【1】组合键。

1.2.2　模拟实施任务

打开工作簿

1️⃣ 启动 Excel,单击"文件">"打开"命令,打开"打开"对话框。在左窗格中找到文件所在的位置,在右窗格中找到需要打开的文件,如图 1-46 所示。双击该文件名❶。

图 1-46　"打开"对话框

移动"部门"列至"工号"和"姓名"列之间

2️⃣ 右键单击 B 列标签❷,在弹出的快捷菜单中单击"插入"命令❸,结果如图 1-47 所示。

	A	B	C	D	E	F	G	H	I	J	K	L	M	N
1	工号		姓名	性别	出生日期	学历	婚姻状况	籍贯	部门	职务	职称	参加工作日期	身份证号	联系电话
2	7101		黄振华	男	1966/4/10	大专	已婚	北京	经理室	董事长	高级经济师	1987/11/23	110102196604100137	13512341234
3	7102		尹洪群	男	1968/9/18	大学本科	已婚	山东	经理室	总经理	高级工程师	1986/4/18	110102196809180011	13512341235
4	7103		扬灵	男	1973/3/19	博士研究生	已婚	北京	经理室	副总经理	经济师	2000/12/4	110101197303191117	13512341236
5	7104		沈宁	女	1977/10/2	大专	未婚	北京	经理室	秘书	工程师	1999/10/23	110101197710021836	13512341237
6	7203		赵文	女	1967/12/30	大学本科	已婚	北京	人事部	部门主管	经济师	1991/1/18	110102196712301800	13512341238
7	7204		胡方	男	1960/4/8	大学本科	已婚	四川	人事部	业务员	高级经济师	1982/12/24	110101196004082101	13512341239

图 1-47　插入空列

3️⃣ 单击"部门"列标签,将鼠标指针指向选定列的黑色边框上,当鼠标指针变为十字箭头形状时,按住鼠标左键拖曳至 B 列放开❹,结果如图 1-48 所示。

	A	B	C	D	E	F	G	H	I	J	K	L	M	N
1	工号	部门	姓名	性别	出生日期	学历	婚姻状况	籍贯		职务	职称	参加工作日期	身份证号	联系电话
2	7101	经理室	黄振华	男	1966/4/10	大专	已婚	北京		董事长	高级经济师	1987/11/23	110102196604100137	13512341234
3	7102	经理室	尹洪群	男	1968/9/18	大学本科	已婚	山东		总经理	高级工程师	1986/4/18	110102196809180011	13512341235
4	7103	经理室	扬灵	男	1973/3/19	博士研究生	已婚	北京		副总经理	经济师	2000/12/4	110101197303191117	13512341236
5	7104	经理室	沈宁	女	1977/10/2	大专	未婚	北京		秘书	工程师	1999/10/23	110101197710021836	13512341237
6	7203	人事部	赵文	女	1967/12/30	大学本科	已婚	北京		部门主管	经济师	1991/1/18	110102196712301800	13512341238
7	7204	人事部	胡方	男	1960/4/8	大学本科	已婚	四川		业务员	高级经济师	1982/12/24	110101196004082101	13512341239

图 1-48　移动"部门"列

4️⃣ 右键单击 I 列标签,在弹出的快捷菜单中单击"删除"命令❺。

移动"学历"列至"职称"和"参加工作日期"列之间

5️⃣ 单击"学历"列标签,将鼠标指针指向选定区域的左边或右边的边缘,当鼠标指针变为十字箭头形状时，按住鼠标右键拖曳到"参加工作日期"所在列（K列）放开，在弹出的快捷菜单中单击"移动选定区域，原有区域右移"命令❹。

可以使用相同方法，将"参加工作日期"移动到"籍贯"和"职务"两列之间。调整完成的工作表如图 1-49 所示。

	A	B	C	D	E	F	G	H	I	J	K	L	M
1	工号	部门	姓名	性别	出生日期	婚姻状况	籍贯	参加工作日期	职务	职称	学历	身份证号	联系电话
2	7101	经理室	黄振华	男	1966/4/10	已婚	北京	1987/11/23	董事长	高级经济师	大专	110102196604100137	13512341234
3	7102	经理室	尹洪群	男	1968/9/18	已婚	山东	1986/4/18	总经理	高级工程师	大学本科	110102196809180011	13512341235
4	7103	经理室	扬灵	男	1973/3/19	已婚	北京	2000/12/4	副总经理	经济师	博士研究生	110101197303191117	13512341236
5	7104	经理室	沈宁	女	1977/10/2	未婚	北京	1999/10/23	秘书	工程师	大专	110101197710021836	13512341237
6	7203	人事部	赵文	女	1967/12/30	已婚	北京	1991/1/18	部门主管	经济师	大学本科	110102196712301800	13512341238
7	7204	人事部	胡方	男	1960/4/8	已婚	四川	1982/12/24	业务员	高级经济师	大学本科	110101196004082101	13512341239

图 1-49　调整列后的工作表

添加标题

6 右键单击 A 列标签，在弹出的快捷菜单中单击"插入"命令；选定第 1 行和第 2 行，在"开始"选项卡的"单元格"命令组中，单击"插入">"插入工作表行"命令❸。插入结果如图 1-50 所示。

图 1-50　插入行与列

7 单击 B2 单元格，输入人事档案表。

8 选定 B2:N2 单元格区域，然后在"开始"选项卡的"对齐方式"命令组中，单击"合并后居中"❻按钮，结果如图 1-51 所示。

	A	B	C	D	E	F	G	H	I	J	K	L	M	N
1														
2							人事档案表							
3		工号	部门	姓名	性别	出生日期	婚姻状况	籍贯	参加工作日期	职务	职称	学历	身份证号	联系电话
4		7101	经理室	黄振华	男	1966/4/10	已婚	北京	1987/11/23	董事长	高级经济师	大专	110102196604100137	13512341234
5		7102	经理室	尹洪群	男	1968/9/18	已婚	山东	1986/4/18	总经理	高级工程师	大学本科	110102196809180011	13512341235
6		7103	经理室	扬灵	男	1973/3/19	已婚	北京	2000/12/4	副总经理	经济师	博士研究生	110101197303191117	13512341236
7		7104	经理室	沈宁	女	1977/10/2	未婚	北京	1999/10/23	秘书	工程师	大专	110101197710021836	13512341237

图 1-51　合并单元格

设置标题和表头格式

9 用鼠标指针指向标题所在行的行号 2 下沿，此时鼠标指针变为双向箭头形状，向下拖曳至合适的位置❼，这里调整高度为 27（36 像素）。

10 单击 B2 单元格，然后在"开始"选项卡的"字体"命令组中，单击"字体"下拉列表的下拉箭头❽，在下拉列表中选择"黑体"选项；然后单击"字号"下拉列表的下拉箭头，在下拉列表中选择"20"选项；再单击"加粗"按钮，结果如图 1-52 所示。

图 1-52　设置好标题的工作表

11　选定 B3:N3 单元格区域，然后在"开始"选项卡的"字体"命令组中，单击"字体"下拉列表的下拉箭头，在下拉列表中选择"黑体"选项，结果如图 1-53 所示。

图 1-53　设置表头格式

12　右键单击表头所在行的行号 3，在弹出的快捷菜单中单击"设置单元格格式"命令，打开"设置单元格格式"对话框，单击"对齐"选项卡，在"水平对齐"[09]和"垂直对齐"[09]下拉列表中均选择"居中"选项，如图 1-54 所示，单击"确定"按钮。

图 1-54　设置表头的居中对齐

设置"性别"等列信息居中显示

13　单击"性别"列标签，在"开始"选项卡的"对齐方式"命令组中，单击"居中"[09]按钮▤。使用相同方法将"婚姻状况"、"籍贯"和"联系电话"等列信息设置为居中显示，结果如图 1-55 所示。

图 1-55　设置"性别"等信息居中显示

设置"出生日期"显示格式

14　选定 F4:F66 单元格区域，单击"开始"选项卡的"数字"命令组右下角的对话框启动按钮▣，打开"设置单元格格式"对话框的"数字"选项卡，在"分类"列表框中选择"日期"[10]选项，在"区域设置"下拉列表中选择"中文（中国）"选项，在"类型"列表中选择"2001年 3 月 14 日"选项，结果如图 1-56 所示，单击"确定"按钮。

图 1-56　设置日期显示格式

⑮　将鼠标指针指向 F 列标签右侧的分割线，当鼠标指针变为双向箭头形状时，按住鼠标左键拖曳分割线至合适的宽度⑦放开，结果如图 1-57 所示。

	工号	部门	姓名	性别	出生日期	婚姻状况	籍贯	参加工作日期	职务	职称	学历	身份证号	联系电话
					人事档案表								
4	7101	经理室	黄振华	男	1966年4月10日	已婚	北京	1987/11/23	董事长	高级经济师	大专	110102196604100137	13512341234
5	7102	经理室	尹洪群	男	1968年9月18日	已婚	山东	1986/4/18	总经理	高级工程师	大本	110102196809180011	13512341235
6	7103	经理室	扬灵	男	1973年3月19日	已婚	北京	2000/12/4	副总经理	经济师	博士	110101197303191117	13512341236
7	7104	经理室	沈宁	女	1977年10月2日	未婚	北京	1999/10/23	秘书	工程师	大专	110101197710021836	13512341237
8	7201	人事部	赵文	女	1967年12月30日	已婚	北京	1991/1/18	部门主管	部门主管	大本	110102196712301800	13512341238
9	7202	人事部	胡方	男	1960年4月8日	已婚	四川	1982/12/24	业务员	高级经济师	大本	110101196004082101	13512341239
10	7203	人事部	郭新	女	1961年3月26日	已婚	北京	1983/12/12	业务员	经济师	大本	110101196103262430	13512341240

图 1-57　设置日期显示格式及调整列宽结果

设置工作表表格框线

⑯　选定 B3:N66 单元格区域，在"开始"选项卡的"字体"命令组中，单击"边框"按钮的下拉箭头 ，弹出下拉菜单⑪。

⑰　在下拉菜单中，单击"所有框线"命令；再次单击"开始"选项卡的"字体"命令组中"边框"按钮的下拉箭头，在弹出的下拉菜单中单击"粗闸框线"命令。

⑱　为了使表头部分突出显示，也为表头部分加上"粗闸框线"。先选定表头单元格区域 B3:N3，然后直接单击"开始"选项卡的"字体"命令组中的"粗闸框线"按钮 ，因为此时默认的边框线就是刚设置过的"粗闸框线"。结果如图 1-58 所示。

工号	部门	姓名	性别	出生日期	婚姻状况	籍贯	参加工作日期	职务	职称	学历	身份证号	联系电话
				人事档案表								
7101	经理室	黄振华	男	1966年4月10日	已婚	北京	1987/11/23	董事长	高级经济师	大专	110102196604100137	13512341234
7102	经理室	尹洪群	男	1968年9月18日	已婚	山东	1986/4/18	总经理	高级工程师	大本	110102196809180011	13512341235
7103	经理室	扬灵	男	1973年3月19日	已婚	北京	2000/12/4	副总经理	经济师	博士	110101197303191117	13512341236
7104	经理室	沈宁	女	1977年10月2日	未婚	北京	1999/10/23	秘书	工程师	大专	110101197710021836	13512341237
7201	人事部	赵文	女	1967年12月30日	已婚	北京	1991/1/18	部门主管		大本	110102196712301800	13512341238
7202	人事部	胡方	男	1960年4月8日	已婚	四川	1982/12/24	业务员	高级经济师	大本	110101196004082101	13512341239
7203	人事部	郭新	女	1961年3月26日	已婚	北京	1983/12/12	业务员	经济师	大本	110101196103262430	13512341240

图 1-58　表格边框的设置结果

突出显示"未婚"信息

⑲　将人事档案表中婚姻状况为"未婚"的数据用不同颜色进行显示。选定 G4:G66 单元格区域。

⑳　在"开始"选项卡的"样式"命令组中，单击"条件格式"按钮，在弹出的下拉菜单中，单击"突出显示单元格规则" > "文本包含"命令⑫，打开"文本中包含"对话框，在

左侧文本框中输入未婚，在"设置为"下拉列表中选择显示格式，结果如图 1-59 所示。

图 1-59　设置条件格式

21 单击"确定"按钮，结果如图 1-60 所示。

	工号	部门	姓名	性别	出生日期	婚姻状况	籍贯	参加工作日期	职务	职称	学历	身份证号	联系电话
							人事档案表						
	7101	经理室	黄振华	男	1966年4月10日	已婚	北京	1987/11/23	董事长	高级经济师	大专	110102196604100137	13512341234
	7102	经理室	尹洪群	男	1968年9月18日	已婚	山东	1986/4/18	总经理	高级工程师	大本	110102196809180011	13512341235
	7103	经理室	扬灵	男	1973年3月19日	已婚	北京	2000/12/4	副总经理	经济师	博士	110101197303191117	13512341236
	7104	经理室	沈宁	女	1977年10月2日	未婚	北京	1999/10/23	秘书	工程师	大本	110101197710021836	13512341237
	7201	人事部	赵文	女	1967年12月30日	已婚	北京	1991/1/18	部门主管	经济师	大本	110102196712301800	13512341238
	7202	人事部	胡方	男	1960年4月8日	已婚	四川	1982/12/24	业务员	高级经济师	大本	110101196004082101	13512341239
	7203	人事部	郭新	女	1961年3月26日	已婚	北京	1983/12/12	业务员	经济师	大本	110101196103262430	13512341240

图 1-60　突出显示"未婚"信息

设置工作表背景

22 在"页面布局"选项卡的"页面设置"命令组中，单击"背景"命令，打开"工作表背景"对话框❸，在左窗格中找到图片文件所在的位置，在右窗格文件列表中找到需要的图片文件名，双击该文件名，结果如图 1-61 所示。

	工号	部门	姓名	性别	出生日期	婚姻状况	籍贯	参加工作日期	职务	职称	学历	身份证号	联系电话
							人事档案表						
	7101	经理室	黄振华	男	1966年4月10日	已婚	北京	1987/11/23	董事长	高级经济师	大专	110102196604100137	13512341234
	7102	经理室	尹洪群	男	1968年9月18日	已婚	山东	1986/4/18	总经理	高级工程师	大学本科	110102196809180011	13512341235
	7103	经理室	扬灵	男	1973年3月19日	已婚	北京	2000/12/4	副总经理	经济师	博士研究生	110101197303191117	13512341236
	7101	经理室	沈宁	女	1977年10月2日	未婚	北京	1999/10/23	秘书	工程师	大本	110101197710021836	13512341237
	7203	人事部	赵文	女	1967年12月30日	已婚	北京	1991/1/18	部门主管	经济师	大学本科	110102196712301800	13512341238
	7204	人事部	胡方	男	1960年4月8日	已婚	四川	1982/12/24	业务员	高级经济师	大学本科	110101196004082101	13512341239

图 1-61　在工作表中使用背景图片

23 单击"文件" > "Excel 选项"命令，在打开的"Excel 选项"对话框左侧选择"高级"选项，在右侧"此工作表的显示选项"区域中，取消选中"显示网络线"复选框，如图 1-62 所示。

图 1-62　取消选中"显示网络线"复选框

24 单击"确定"按钮，结果如图 1-63 所示。

	工号	部门	姓名	性别	出生日期	婚姻状况	籍贯	参加工作日期	职务	职称	学历	身份证号	联系电话
							人事档案表						
	7101	经理室	黄振华	男	1966年4月10日	已婚	北京	1987/11/23	董事长	高级经济师	大专	110102196604100137	13512341234
	7102	经理室	尹洪群	男	1968年9月18日	已婚	山东	1986/4/18	总经理	高级工程师	大学本科	110102196809180011	13512341235
	7103	经理室	扬灵	男	1973年3月19日	已婚	北京	2000/12/4	副总经理	经济师	博士研究生	110101197303191117	13512341236
	7104	经理室	沈宁	女	1977年10月2日	未婚	北京	1999/10/23	秘书	工程师	大专	110101197710021836	13512341237
	7203	人事部	赵文	女	1967年12月30日	已婚	北京	1991/1/18	部门主管	经济师	大学本科	110102196712301800	13512341238
	7204	人事部	胡方	男	1960年4月8日	已婚	四川	1982/12/24	业务员	高级经济师	大学本科	110101196004082101	13512341239

图 1-63　不显示网络线结果

设置只在所选单元格区域中显示背景

25 右键单击工作表"全选"按钮▬**⑫**，在弹出的快捷菜单中单击"设置单元格格式"命令，打开"设置单元格格式"对话框，单击"填充"选项卡，选定"背景色"为"白色"**⑭**，单击"确定"按钮，结果如图 1-64 所示。

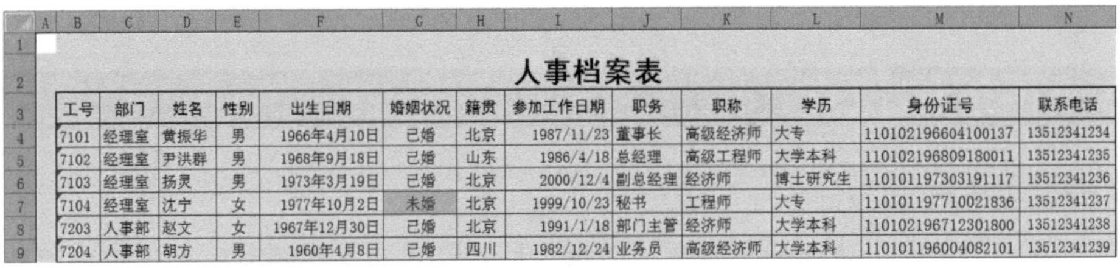

图 1-64　设置单元格背景颜色为"白色"

26 选定需要背景的 B3:N66 单元格区域，然后按【Ctrl】+【1】组合键，打开"设置单元格格式"对话框，单击"填充"选项卡，选定"背景色"为"无颜色"，单击"确定"按钮，结果如图 1-65 所示。

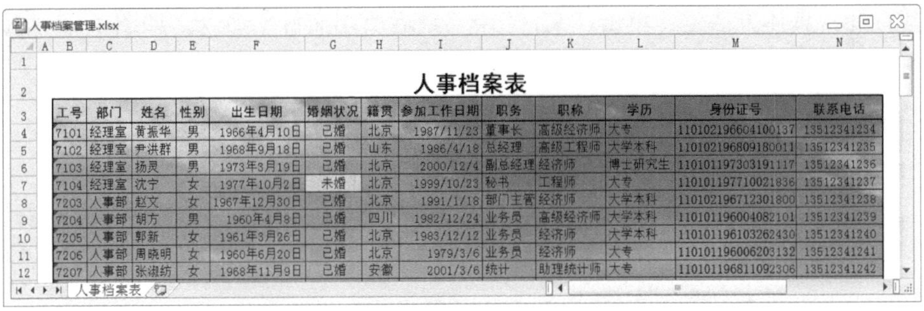

图 1-65　只在所选单元格区域显示图片背景

隐藏"身份证号"列

27 右键单击"身份证号"列标签，在弹出的快捷菜单中单击"隐藏"命令**⑮**，结果如图 1-66 所示。

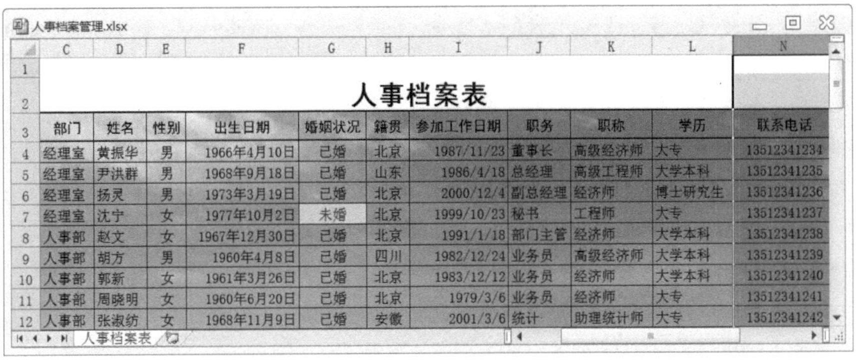

图 1-66　隐藏"身份证号"列

保护"身份证号"的隐藏信息不被显示

28 在"审阅"选项卡的"更改"命令组中，单击"保护工作表"命令，打开"保护工作表"

对话框❶，单击"确定"按钮。

保存"人事档案表"

㉙ 单击"文件">"保存"命令，或单击快速访问工具栏上的"保存"按钮，保存"人事档案管理"工作簿。

1.2.3　拓展知识点

❶ 打开工作簿

如果要查看或编辑已建立的工作簿，应将其打开。打开工作簿可以采用以下两种方法。

（1）使用"打开"命令。单击"文件">"打开"命令，在"打开"对话框中找到文件所在位置和需要打开的工作簿文件，如图 1-67 所示，双击该文件名。

（2）使用"最近所用文件"命令。通常 Excel 会将近期打开或操作过的工作簿文件记录下来，如果需要打开最近曾经操作过的文件，可以通过"最近所用文件"命令快速找到文件并将其打开。具体方法是：单击"文件">"最近所用文件"命令，如图 1-68 所示；在右侧窗格中单击需要打开的文件。

图 1-67　"打开"对话框

图 1-68　显示最近所用文件

提示

一般情况下，在右侧窗格中默认显示 25 个最近使用过的工作簿文件，如果希望改变显示的文件数目，可以按如下步骤进行操作。

① 打开"Excel 选项"对话框。单击"文件">"选项"命令，打开"Excel 选项"对话框。

② 修改最近所用的文件数目。选择左侧的"高级"选项，在右侧"显示"区域中，将"显示此数目的'最近使用的文档'"选项设置为需要的数值，如图 1-69 所示。单击"确定"按钮完成设置。

图 1-69　设置最近使用的文档数目

技巧

在使用 Excel 时，经常需要打开几个常用的工作簿。但是当打开了多个工作簿后，可能希望打开的某个工作簿已经不在"最近使用的工作簿"列表中了。此时可以将经常需要打开的工作簿固定在"最近使用的工作簿"列表中。操作步骤如下。

① 显示最近使用的文件列表。单击"文件">"最近所用文件"命令。

② 固定指定的工作簿。单击需要固定的工作簿所在行右侧的"将此项目固定到列表"图标 。

通过上述操作，指定的工作簿将固定在"最近使用的工作簿"列表上方，同时"将此项目固定到列表"图标高亮显示且变为" "形状。

02 选定行与列

1. 选定一行或一列

单击某一行的行标签，可以选定整行；单击某一列的列标签，可以选定整列。被选定的部分将高亮显示。当选定某行后，此行的行标签会改变颜色，所有的列标签会高亮显示，此行的所有单元格也会高亮显示，以此来表示此行当前处于被选定状态。相应地，当某列被选定时也会有类似的显示效果。

2. 选定连续的行或列

选定连续的行或列有以下几种方法。

（1）使用鼠标。将鼠标指针指向起始行的行标签，按住鼠标左键拖曳鼠标到结束行的行标签，放开鼠标左键，即可选定鼠标扫过的若干行；同样在列标签中拖曳鼠标即可选定连续的若干列。

拖曳鼠标时，行标签下或列标签旁会出现一个带字母和数字内容的提示框，显示当前选定的有多少行或多少列。选择多行时提示框显示"nR"，选择多列时提示框显示"nC"。

（2）使用键盘。首先选定第 1 行或第 1 列，然后按住【Shift】键，使用方向键或者【Home】键、【End】键、【PgUp】键、【PgDn】键来扩展选定的行列区域。

（3）使用鼠标和键盘。首先单击选定第 1 行或第 1 列，然后按住【Shift】键再单击选定最后一行或最后一列。

3. 选定不连续的行或列

先选定第 1 个行或列，然后按住【Ctrl】键，再逐个单击要选定的其他行的行标签或其他列的列标签。

4. 选定整个工作表

在每个工作表左上角第 1 行行标签和第 A 列列标签交叉处，有一个"全选"按钮，如图 1-70 所示。单击"全选"按钮或按【Ctrl】+【A】组合键，即可选定整个工作表。

图 1-70　"全选"按钮

03 插入整行或整列

在对工作表进行操作的过程中，有时需要增加一些内容，并且增加的内容要添加在现有表格的中间，这就需要插入行或插入列。

（1）使用命令。先选定需要插入行的整行；然后在"开始"选项卡的"单元格"命令组中，单击"插入">"插入工作表行"命令，此时会在当前行上方插入一行。

使用命令插入列的方法与此相似。

> **注意**
>
> 插入新的一列后，原来的列宽可能发生改变，可以通过调整列宽来显示完整数据。

（2）使用快捷菜单。右键单击某行标签，在弹出的快捷菜单中单击"插入"命令。也可以右键单击某行中的某个单元格，然后单击"插入"命令，打开"插入"对话框，选择"整行"单选按钮，如图 1-71 所示，单击"确定"按钮。

图 1-71　"插入"对话框

使用快捷菜单插入列的方法与此相似。

> **注意**
>
> 插入整行、整列或空单元格时，如果插入位置的周围单元格设置了格式，执行插入操作后将出现"插入选项"智能标记按钮。单击该智能标记按钮将弹出下拉列表，从中选择"与上面（左边）格式相同"、"与下面（右边）格式相同"及"清除格式"选项，可以为插入的单元格、单元格区域、行或列设置格式。

> **技巧**
>
> 如果要插入多行或多列，可以选定需要插入的新行下方的若干行或新列右侧的若干列（可以是连续的，也可以是不连续的），然后执行插入行或列的操作。

❹ 移动、复制行或列

在编辑工作表时，有时需要改变行 / 列的排列次序，有时需要使用已有行或列内容，这时可以使用"移动"或"复制"行 / 列的操作来实现。

1．移动行或列

移动行或列有以下两种方法。

（1）使用鼠标。选定需要移动的列，将鼠标指针指向已选列的黑色边框上，当鼠标指针变为十字箭头时，按住鼠标右键拖曳至目标位置放开，然后在弹出的快捷菜单中单击"移动选定区域，原有区域右移"命令。

使用鼠标移动行的方法与此相似。

> **技巧**
>
> 也可以使用鼠标将要移动的列直接拖曳到目标位置。但如果目标列中有内容，系统提示"是否替换目标单元格内容"，单击"确定"按钮将替换目标单元格中内容。若希望保留目标单元格中的原有内容，则可以在拖曳列的同时按住【Shift】键。

（2）使用命令。操作步骤如下。

① 剪切需要移动的列。选定需要移动的列，在"开始"选项卡的"剪贴板"命令组中，

单击"剪切"命令，或者直接按【Ctrl】+【X】组合键，此时当前选定的列会出现虚线边框。

②插入剪切的列。右键单击需要移动的目标位置，在弹出的快捷菜单中单击"插入已剪切的单元格"命令。

使用命令移动行的方法与此相似。

2. 复制行或列

复制行或列与移动行或列的操作非常相似，两者的区别在于前者保留了原有行或列内容，而后者则清除了原有行或列内容。复制列可采用以下两种方法。

（1）使用鼠标。选定需要复制的列，将鼠标指针指向选定列的黑色边框上，当鼠标指针变为十字箭头时，同时按住【Ctrl】键与鼠标右键并拖曳鼠标至目标位置放开，在弹出的快捷菜单中单击"复制选定区域，原有区域右移"命令。

> **技巧**
>
> 与移动列相似，也可以使用鼠标将要复制的列按住【Ctrl】键后直接拖曳到目标位置。但如果目标列中有内容，将直接替换目标单元格中的内容。若希望保留目标单元格中原有内容可以在拖曳时按【Shift】+【Ctrl】组合键。

（2）使用命令。操作步骤如下。

①复制需要复制的列。选定需要复制的列，在"开始"选项卡的"剪贴板"命令组中，单击"复制"命令，或者直接按【Ctrl】+【C】组合键。

②插入复制的列。右键单击需要复制的目标位置，在弹出的快捷菜单中单击"插入复制单元格"命令。

复制行的方法与此相似。

⑤ 删除整行或整列

对于不需要的内容，可以将其删除。删除整行或整列可采用以下两种方法。

（1）使用命令。先选定要删除的行或列，然后在"开始"选项卡的"单元格"命令组中，单击"删除"命令；或单击"删除"的下拉箭头，在弹出的下拉菜单中单击"删除工作表行"或"删除工作表列"命令。

（2）使用快捷菜单。右键单击某行或某列标签，在弹出的快捷菜单中单击"删除"命令。也可以右键单击某行或某列上的某个单元格，然后单击"删除"命令，在"删除"对话框中，选择"整行"或"整列"单选按钮，如图1-72所示，单击"确定"按钮。

图1-72　"删除"对话框

⑥ 合并单元格

合并单元格是指将跨越几行或几列的多个单元格合并为一个单元格。单元格合并后，Excel会将选定区域左上角单元格中的数据放入合并后所得到的合并单元格中，合并前左上角单元格的引用作为合并后单元格的引用。合并单元格可采用以下两种方法。

（1）使用命令。操作步骤如下。

①选定要合并的单元格区域。

② 执行合并操作。在"开始"选项卡的"对齐方式"命令组中，单击"合并后居中"右侧的下拉箭头，在下拉菜单中单击"合并后居中"命令，如图1-73所示。也可以直接单击"合并后居中"按钮。

图1-73 "合并后居中"命令列表

（2）使用"设置单元格格式"对话框。操作步骤如下。

① 选定要合并的单元格区域。

② 打开"设置单元格格式"对话框。单击"开始"选项卡的"对齐方式"命令组右下角的对话框启动按钮，打开"设置单元格格式"对话框。

提示

打开"设置单元格格式"对话框有以下几种方法。

（1）使用命令。单击"开始"选项卡的"对齐方式"命令组右下角的对话框启动按钮，打开"设置单元格格式"对话框，默认显示"对齐方式"选项卡。此时，如果单击"开始"选项卡的"字体"或"数字"命令组右下角的对话框启动按钮，那么打开的"设置单元格格式"对话框中默认显示的选项卡为"字体"或"数字"。

（2）使用快捷菜单。右键单击选定的单元格或单元格区域，在弹出的快捷菜单中单击"设置单元格格式"命令。

（3）使用组合键。直接按【Ctrl】+【1】组合键。

---

③ 设置合并参数。选中"文本控制"区域中的"合并单元格"复选框，再根据需要选择水平对齐及垂直对齐方式，如图1-74所示。

④ 确认合并。单击"确定"按钮。若合并的区域中含有多个单元格数据，则弹出警告对话框，如图1-75所示。单击警告对话框中的"确定"按钮则执行合并操作；单击"取消"按钮则取消合并操作。

图1-74 "设置单元格格式"对话框

图1-75 合并单元格的警告对话框

注意

被合并的单元格区域只能是相邻的若干个单元格。

---

 07 调整行高或列宽

对于Excel提供的默认行高和列宽，使用时可以按需要进行调整，可采用以下几种方法。

（1）使用鼠标。将鼠标指针指向要调整列宽的列标签右边的分割线，当鼠标指针变为调整宽度的左右双向箭头形状时，按住鼠标左键拖曳分割线可改变列宽。将鼠标指针指向要调整行高的行标签下方的分割线，当鼠标指针变为调整高度的上下双向箭头形状时，按住鼠标左键拖曳分割线可改变行高。

（2）自动调整。Excel 可以根据单元格中的数据内容自动设置最适合的行高或列宽。

调整列宽时，可先选定需要调整列宽的列或列中任意单元格，然后在"开始"选项卡的"单元格"命令组中，单击"格式"＞"自动调整列宽"命令。

⚙ 技巧

快速设置最适合的列宽的操作步骤如下。

① 选定一列或多列。

② 将鼠标指针移动到列标签右侧的分割线上，当指针变为双向箭头形状时双击鼠标左键。

调整行高时，先选定需要调整行高的行或行中任意单元格，然后在"开始"选项卡的"单元格"命令组中，单击"格式"＞"自动调整行高"命令；或直接双击行标签下方的分割线。

（3）使用命令。使用命令可以精确调整行高或列宽。

调整列宽时，先选定需要调整列宽的列或列中任意单元格，在"开始"选项卡的"单元格"命令组中，单击"格式"＞"列宽"命令，在打开的"列宽"对话框中输入所需的列宽值，单击"确定"按钮。

调整行高时，先选定需要调整行高的行或行中任意单元格，在"开始"选项卡的"单元格"命令组中，单击"格式"＞"行高"命令，在打开的"行高"对话框中输入所需的行高值，单击"确定"按钮。

🌐 提示

在"开始"选项卡的"单元格"命令组中，单击"格式"＞"默认列宽"命令，可以调整整个工作表中 Excel 默认的标准列宽。

---

⑧ 字体

字体格式包括字体、字形、字号、颜色及特殊效果等。通过设置字体格式，可以使表格美观，或更加突出显示表格中的某部分内容。"设置单元格格式"对话框中的"字体"选项卡可用于对单元格文本中的字体、字形和字号、下划线[注]、颜色及特殊效果等内容的设置。"设置单元格格式"对话框的"字体"选项卡如图 1-76 所示。

图 1-76　"设置单元格格式"对话框的"字体"选项卡

1．字体、字形和字号

字体：在"字体"列表框内可以为文本选择不同的字体样式。

注：为与软件保持一致，这里统一使用"下划线"。

字形：在"字形"列表框内可以为文本选择"常规""加粗""倾斜"或"加粗倾斜"等不同的字形。

字号：在"字号"列表框内可以为文本选择不同的字号，字号允许范围为 1 ~ 409。

设置"字体""字形"或"字号"的操作步骤如下。

① 打开"设置单元格格式"对话框。选定单元格或单元格区域，单击"开始"选项卡"字体"命令组右下角的对话框启动按钮，打开"设置单元格格式"对话框。

② 设置"字体""字形"或"字号"。在"字体""字形"或"字号"列表框中选择所需内容。

③ 确认设置。单击"确定"按钮，关闭"设置单元格格式"对话框。

2. 下划线和颜色

下划线：在"下划线"下拉列表内可为文本设置下划线，包括"单下划线""双下划线""会计用单下划线""会计用双下划线"和"无"等。Excel 默认设置的下划线为"无"。

颜色：为文本设置颜色，其中可选颜色包括"自动"和调色板上的 56 种颜色。

设置"下划线"或"颜色"的方法是：选定单元格或单元格区域，在"设置单元格格式"对话框的"字体"选项卡中，单击"下划线"或"颜色"下拉列表的下拉箭头，选择所需内容，单击"确定"按钮。

3. 删除线

在单元格内容上显示横穿过内容的直线，表示内容被删除。设置"删除线"的方法是：选定单元格或单元格区域，在"设置单元格格式"对话框的"字体"选项卡中，勾选"删除线"复选框，单击"确定"按钮。

4. 上标和下标

上标：将文本显示为上标形式。

下标：将文本显示为下标形式。

设置"上标"或"下标"的方法是：选定文本，在"设置单元格格式"对话框的"字体"选项卡中，勾选"上标"或"下标"复选框，单击"确定"按钮。

提示

也可以使用命令按钮进行字体格式的设置。操作步骤如下。

① 选定需要设置字体格式的单元格或单元格区域。

② 设置字体格式。在"开始"选项卡的"字体"命令组中，单击相应的按钮。

"字体"命令组中的按钮包括：字体、字形和字号、下划线和颜色、删除线、上标和下标等。

---

09 对齐方式

默认情况下，Excel 自动将输入的文本型数据左对齐，数值型数据右对齐，逻辑型数据和错误值居中对齐。Excel 也允许根据需要改变数据的对齐方式。

对单元格及其中的文本进行对齐等常规格式的设置和修改，可以使用"开始"选项卡"对齐"命令组中的相应按钮。但是更加丰富的格式设置需要使用"设置单元格格式"对话框。

图 1-77 所示为"设置单元格格式"对话框的"对齐"选项卡，包括文本对齐方式、方向、文本控制及文字方向等选项。

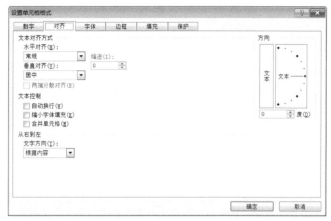

图 1-77　"设置单元格格式"对话框的"对齐"选项卡

1．水平对齐

控制文本在单元格内水平方向上的各种对齐方式。"水平对齐"对齐方式及含义如表 1-4 所示。

表 1-4　"水平对齐"对齐方式及含义

对齐方式	含　义
常规	默认对齐方式
靠左	单元格中的内容紧靠单元格的左端显示。若在"水平对齐"下拉列表中选择"靠左"对齐方式，则"水平对齐"下拉列表右侧的"缩进"文本框生效，可以在其中指定缩进量。缩进量为 0 时，即为"靠左"；缩进量大于 0 时，Excel 会在单元格内容的左边加入指定缩进量的空格字符
居中	单元格中的内容位于单元格的中央位置显示
靠右	单元格中的内容紧靠单元格的右端显示
填充	对单元格中现有内容进行重复，直至填满整个单元格
两端对齐	可在单元格中的内容超过单元格宽度时变成多行并且自动调整字符的间距，以使两端对齐
跨列居中	将选定区域中左上角单元格的内容放到选定区域的中间位置，其他单元格的内容必须为空。该命令通常用来对表格的标题进行设置
分散对齐	单元格中的内容在单元格内均匀分配

💡 **注意**

"跨列居中"与"合并后居中"的显示效果虽然相同，但实质是不同的。对选定的单元格区域执行"跨列居中"命令后，区域中的各单元格并没有合并，各自的引用不变；而执行"合并后居中"命令后，区域中的各单元格被合并为一个单元格，合并后单元格的引用为合并前左上角单元格的引用。

设置水平对齐的操作步骤如下。

① 打开"设置单元格格式"对话框。选定单元格或单元格区域，单击"开始"选项卡"对齐方式"命令组右下角的对话框启动按钮，打开"设置单元格格式"对话框的"对齐"选项卡。

② 设置对方方式。单击"水平对齐"下拉列表的下拉箭头，选择需要的对齐方式。

③ 确认设置。单击"确定"按钮。

2．垂直对齐

控制文本在单元格内垂直方向上的各种对齐方式。"垂直对齐"对齐方式及含义如表1-5所示。

表1-5 "垂直对齐"对齐方式及含义

对齐方式	含　义
靠上	单元格内容靠上对齐
居中	单元格内容垂直居中
靠下	单元格内容靠下对齐
两端对齐	单元格内容在垂直方向上向两端对齐，并且在垂直距离上平均分布。当文本内容超过单元格宽度时会自动换行显示
分散对齐	当文本方向为水平方向时，显示效果与"两端对齐"相同。当文本方向为垂直方向时，多行文字的末行文字会在垂直方向上平均分布排满整个单元格高度，并且两端靠近单元格边框。当文本内容超过单元格宽度时会自动换行显示

设置垂直对齐的操作步骤如下。

① 打开"设置单元格格式"对话框。选定单元格或单元格区域，单击"开始"选项卡"对齐方式"命令组右下角的对话框启动按钮，打开"设置单元格格式"对话框的"对齐"选项卡。

② 设置对方方式。单击"垂直对齐"下拉列表的下拉箭头，选择需要的对齐方式。

③ 确认设置。单击"确定"按钮。

3．方向

可以控制单元格中的字符是在水平方向、垂直方向上，还是以任意角度显示，有以下几种方法。

（1）使用鼠标拖曳"方向"区中时钟形式的文本指针。

（2）在"方向"区"度"文本框中输入旋转角度或单击微调上下箭头。

（3）单击"方向"区的"文本"框，可使字符旋转90°。

4．文本控制

当输入的文本对于单元格来说太长时，文本会跨过单元格边界而扩展显示到相邻单元格中，若相邻单元格中有内容，则这些文本只能被截断显示。若希望能在一个单元格中显示这些文本，则可采用"文本控制"区提供的"自动换行""缩小字体填充"或"合并单元格"等处理方法。

（1）自动换行。使文本内容分为多行显示，适合于文本内容超过单元格宽度的情况。

 注意

如果调整单元格宽度，文本内容的换行位置也随之调整。

（2）缩小字体填充。使文本内容自动缩小显示以适应单元格的宽度。

注意

缩小字体填充并不会改变原有字号大小，一旦单元格有足够的空间，其中的内容仍然会按原字号大小显示。

设置自动换行和缩小字体填充的操作步骤如下。

① 选定单元格或单元格区域。

② 打开"设置单元格格式"对话框。

③ 设置文本控制相关选项。单击"对齐"选项卡，然后根据需要，勾选"自动换行"或"缩小字体填充"复选框。

④ 确认设置。单击"确定"按钮。

5. 文字方向

"文字方向"指文字从左向右或从右向左书写和阅读的方向。

❿ 数字格式

Excel 预定义了多种数字格式，如货币符号、千位分隔符、小数点位数、日期、时间和百分比等。

Excel 预定义的数字格式分为 12 类：常规、数值、货币、会计专用、日期、时间、百分比、分数、科学记数、文本、特殊和自定义等。可以直接使用预定义的数字格式，也可以自定义数字格式。这些格式基本上能够满足实际应用的各种需要。设置数字格式主要有以下两种方法。

（1）使用按钮。"开始"选项卡上的"数字"命令组提供了几个快速设置数字格式的按钮，如图 1-78 所示。选定需设定格式的单元格或单元格区域后，单击所需按钮即可完成相应的格式设置。

图 1-78 "数字"命令组

"数字"命令组中用于设置数字格式的按钮及功能如表 1-6 所示。

表 1-6 用于设置数字格式的按钮及功能

按　钮	功　能
会计数字格式	在数值开头添加货币符号，并为数值添加千位分隔符，数值显示两位小数
百分比样式	以百分比形式显示数值，无小数位数
千位分隔样式	使用千位分隔符分隔数值，显示两位小数
增加小数位数	在原数值小数位数的基础上增加一位小数位
减少小数位数	在原数值小数位数的基础上减少一位小数位

"数字"命令组中上方的"数字格式"命令提供了常用数字类型的下拉列表。单击其右侧的下拉箭头打开下拉列表，选择不同类型即可设置单元格的数字格式（默认为"常规"类型）。

（2）使用"设置单元格格式"对话框。

操作步骤如下。

① 选定需设置格式的单元格或单元格区域。

② 打开"设置单元格格式"对话框，单击"数字"选项卡，如图 1-79 所示。

图 1-79 "数字"选项卡

"设置单元格格式"对话框"数字"选项卡的左侧为"分类"列表框，其中包括 12 类数字格式，每类格式的特点和功能如表 1-7 所示。

表 1-7　数字格式类型及特点和功能

类　　型	特点和功能
常规	数据输入默认格式，数值显示为数字或以科学记数法显示的数字
数值	可以设置小数位数、是否添加千位分隔符、负数样式等
货币	可以设置小数位数、货币符号、负数样式等
会计专用	可以设置小数位数、货币符号，数字显示自动包含千位分隔符
日期	可以选择多种日期显示模式，其中包括显示日期和时间的模式
时间	可以选择多种时间显示模式
百分比	可以设置小数位数，数字以百分数形式显示
分数	可以设置多种分数显示格式
科学记数	可以设置小数位数，以包含指数符号（E）的科学记数法显示数值
文本	将数值作为文本来进行处理
特殊	包含了几种以系统区域设置为基础的特殊格式
自定义	允许用户自己定义格式

③ 设置所需格式。在"分类"列表框中选择所需类型，此时对话框右侧显示出该类型中可用的格式及示例，根据需要进行选择后，单击"确定"按钮。

> **注意**
>
> 　无论为单元格设置了哪种数字格式，都只会改变单元格中数值的显示形式，而不会改变单元格存储的真正内容。

⑪ 边框

边框通常被用来划分单元格，以增强视觉效果。"设置单元格格式"对话框中的"边框"选项卡可用于设置单元格的边框、线条样式及颜色等，如图 1-80 所示。

1．预置

"预置"区域包括 3 种快捷的预置方案，其中，"无"表示取消所选区域内的所有边框；"外边框"表示在所选区域的外围 4 条连线上添加边框；"内部"表示在所选区域的内部所

图 1-80　"边框"选项卡

有单元格连线上添加边框。若当前选定的是单个单元格，则此按钮不可用。

2．边框

"边框"区域中有 8 个小按钮，可以快速设定边框位置，按钮上所显示的图案即为边框线条的相应位置。

对边框线条的所有选择和设定都会在显示"文本"字样的矩形框内反映出实际效果，可以根据显示效果决定是否最终应用所选择的边框设置。

设置单元格边框主要有以下两种方法。

（1）使用命令按钮。选定需要添加边框的单元格或单元格区域，单击"开始"选项卡"字体"命令组中"框线"右侧的下拉箭头，在弹出的下拉列表中选择所需要的边框样式。

（2）使用"设置单元格格式"对话框。操作步骤如下。

① 选定需要设置边框的单元格或单元格区域。

② 打开"设置单元格格式"对话框。

③ 设置边框。单击"边框"选项卡，设置边框样式、颜色及所需边框，单击"确定"按钮。

> **注意**
>
> 在对话框中设置边框时，需要先在"线条"区域的"样式"列表框中选择边框的线条样式类型，然后在"颜色"下拉表中选择"线条"颜色，再在"边框"区域显示"文本"字样的矩形框内设置边框线条位置。

⑫ 条件格式

条件格式是指当单元格中的数据满足指定条件时所设置的显示格式。Excel 提供了可以直接应用的多种类型的条件格式规则，包括突出显示单元格规则、项目选取规则和形象化表现规则（如数据条、色阶、图标集）。此外，还可以自行新建规则和管理规则。

使用 Excel 的条件格式功能，可以根据指定的公式或数值动态地设置不同条件下数据的不同显示格式。设定了条件格式后，若单元格中的值发生了更改，则单元格显示的格式也会随之自动更改。对于单元格来说，无论数据是否满足条件或是否显示了指定的格式，在删除条件格式之前都会一直产生作用。

1. 设置条件格式规则

设置条件格式规则主要有两种方式，快速设置和高级设置。快速设置简单、快捷、实用；高级设置个性化元素较多，需要通过"新建格式规则"对话框进行设置。

（1）快速设置的操作步骤如下。

① 选定需要设置条件格式规则的单元格或单元格区域。

② 打开条件格式设置对话框。在"开始"选项卡的"样式"命令组中，单击"条件格式"命令，在弹出的下拉菜单中单击相应的命令，将打开相应的条件格式对话框。例如，当单击"条件格式" > "突出显示单元格规则" > "大于"命令时，打开"大于"对话框，如图 1-81 所示。

③ 设置条件格式。在左侧的文本框中设置条件，在"设置为"下拉列表中选择显示格式，单击"确定"按钮。

图 1-81　"大于"对话框

> **注意**
>
> 若之前已经对当前单元格区域设置了条件格式规则，则 Excel 会自动添加条件格式规则。

（2）高级设置的操作步骤如下。

① 选定需要设置条件格式规则的单元格或单元格区域。

② 打开"新建格式规则"对话框。在"开始"选项卡的"样式"命令组中，单击"条件格式">"新建规则"命令，打开"新建格式规则"对话框，如图 1-82 所示。

③ 设置条件格式规则。在"选择规则类型"列表框中选择一种规则类型，在"编辑规则说明"区域中根据需要设置参数和显示格式，单击"确定"按钮。

图 1-82　"新建格式规则"对话框

技巧

可以用图标标注数据。例如，将图 1-83 所示"技术职级"表中"总额"在 100 000 以上的数据使用"绿旗"标注，在 80 000～100 000 之间的数据用"黄旗"标注，在 80 000 以下的数据用"红旗"标注。操作步骤如下。

	技术职级	月薪	年固定工资	业绩奖金	年工资+奖金	总额
T1	6,000	72,000	72,000	144,000	144,000
T2	5,000	60,000	60,000	120,000	120,000
T3	4,000	48,000	48,000	96,000	96,000
T4	3,000	36,000	36,000	72,000	72,000
T5	2,000	24,000	24,000	48,000	48,000

图 1-83　"技术职级"表

① 选定 G 列。

② 在 G 列数据左侧标注旗子图标。在"开始"选项卡的"样式"命令组中，单击"条件格式">"图标集"命令，在弹出的下拉列表中选择"标记"区中的"三色旗"。

③ 打开"条件格式规则管理器"对话框。在"开始"选项卡的"样式"命令组中，单击"条件格式">"管理规则"命令，打开"条件格式规则管理器"对话框，如图 1-84 所示。

④ 编辑条件格式。单击"编辑规则"按钮，打开"编辑格式规则"对话框，在"值"文本框中输入 100000，单击右侧"类型"下拉箭头，在弹出的下拉列表中选择"数字"选项；使用相同方法设置第二个值和类型。设置结果如图 1-85 所示。

图 1-84　"条件格式规则管理器"对话框

图 1-85　设置结果

⑤ 确认设置。单击"确定"按钮回到"条件格式规则管理器"对话框，再次单击"确定"按钮。这样就完成了 G 列数据按给定数据范围标准分别使用不同颜色旗子显示的设置，最终结果如图 1-86 所示。

	技术职级	月薪	年固定工资	业绩奖金	年工资+奖金	总额
T1	6,000	72,000	72,000	144,000	▶144,000
T2	5,000	60,000	60,000	120,000	▶120,000
T3	4,000	48,000	48,000	96,000	▶96,000
T4	3,000	36,000	36,000	72,000	▶72,000
T5	2,000	24,000	24,000	48,000	▶48,000

图 1-86　使用图标标注数据

2. 清除条件格式规则

选定要清除条件格式规则的单元格或单元格区域，然后在"开始"选项卡的"样式"命令组中，单击"条件格式">"清除规则">"清除所选单元格的规则"命令，可清除所选单元格或单元格区域的条件格式规则。还可以根据需要单击"清除整个工作表的规则"或"清除此表的规则"命令进行相应清除。

使用"清除规则"级联菜单中的命令会清除所选单元格或单元格区域中设置的所有条件格式规则，若只是要清除其中某个规则，则需要在"条件格式规则管理器"中完成。操作步骤如下。

① 选定已设置条件格式规则的单元格或单元格区域。

② 打开"条件格式规则管理器"对话框。在"开始"选项卡的"样式"命令组中，单击"条件格式">"管理规则"命令，打开"条件格式规则管理器"对话框，如图1-87所示。

图1-87 "条件格式规则管理器"对话框

③ 删除规则。选择某个格式规则，单击"删除规则"按钮。

3. 更改条件格式规则

① 选定含有需要更改条件格式规则的单元格或单元格区域。

② 打开"条件格式规则管理器"对话框。

③ 编辑规则。在对话框下面的列表框中选定要进行更改的格式规则，然后单击"编辑规则"按钮，打开"编辑格式规则"对话框，修改该规则即可。

4. 管理条件格式规则优先级

对于一个单元格区域，可以设置多个条件格式规则。这些规则可能有冲突，也可能没有冲突。若两个规则间没有冲突，则两个规则都得到应用。例如，一个规则将单元格格式设置为字体加粗，而另一个规则将同一个单元格的字体颜色设置为红色，则该单元格格式设置为字体加粗且为红色。若两个规则有冲突，则应用优先级较高的规则。例如，一个规则将单元格字体颜色设置为红色，而另一个规则将单元格字体颜色设置为绿色。因为这两个规则冲突，所以只应用优先级较高的规则。

在图1-87所示的"条件格式规则管理器"对话框下方的列表框中，处于上面的规则优先级高于处于下面规则的优先级，越往下优先级越低。默认情况下，新规则总是添加到列表框的顶部，因此具有较高的优先级。

在"条件格式规则管理器"对话框中，选择某个规则，单击"上移"箭头，可以调高其优先级；单击"下移"箭头，可以调低其优先级。当一个单元格区域有多个规则时，若要在某个规则处停止规则评估，则选中该规则右侧的"如果为真则停止"复选框。例如，某单元格区域有两个条件格式规则，默认情况下，若两个规则间没有冲突，则两个规则都会得到应用。若想第一个规则评估为真时不再应用第二个规则，则在第一个规则的右侧勾选"如果为真则停止"复选框，如图1-87所示。

⓭ 设置工作表背景

默认情况下，工作表背景是白色的。如果需要，可以选择图片作为工作表背景，使制作出来的表格更美观、更具有个性。

1. 添加工作表背景

使用图片作为工作表背景的操作步骤如下。

① 打开"工作表背景"对话框。在"页面布局"选项卡的"页面设置"命令组中，单击"背景"命令，打开"工作表背景"对话框。

② 设置工作表背景。在"工作表背景"对话框中找到文件所在位置和需要打开的图片文件，如图 1-88 所示，双击该文件名。

> **提示**
>
> 添加工作表背景后，"页面布局"选项卡的"页面设置"命令组中，原"背景"命令将被"删除背景"命令所取代。因此，执行该命令可以删除已添加的工作表背景。

2. 清除网格线

为了使工作表的内容与背景更加和谐、显示更加美观，可以清除网格线。清除网格线的操作步骤如下。

① 打开"Excel 选项"对话框。单击"文件">"选项"命令，打开"Excel 选项"对话框，选择左窗格中的"高级"选项。

② 设置不显示"网格线"。在"此工作表的显示选项"区域中，取消选中"显示网格线"复选框，如图 1-89 所示，单击"确定"按钮。

图 1-88　"工作表背景"对话框

图 1-89　不显示网络线设置结果

> **技巧**
>
> 如果只希望背景图片在指定的单元格区域显示，可按如下步骤进行操作。
>
> ① 在工作表中插入背景图片，并清除网格线。
>
> ② 设置表格背景为白色。右键单击工作表选定按钮，在弹出的快捷菜单中单击"设置单元格格式"命令，打开"设置单元格格式"对话框，单击"填充"选项卡，选择"背景色"为"白色"，单击"确定"按钮。
>
> ③ 设置单元格背景区域。选定需要背景的单元格区域，然后按【Ctrl】+【1】组合键，打开"设置单元格格式"对话框，单击"填充"选项卡，选择单元格背景色为"无颜色"。单击"确定"按钮。

⓮ **设置填充格式**

为表格添加适当的背景颜色和图案，可以突出显示表格中的某些部分，增强视觉效果，使表格数据更清晰、外观更好看。可以使用"开始"选项卡"字体"命令组中"填充颜色"命令，对单元格和其中的文字进行背景色设置和修改，但是更加丰富的背景色及包含某些图案的格式设置需要使用"设置单元格格式"对话框。图 1-90 所示为"设置单元格格式"对话框的"填充"选项卡。

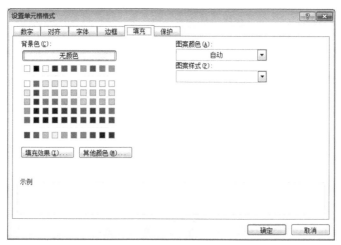

图 1-90   "填充"选项卡

单元格背景色可从调色板中选择，而填充的图案样式除默认的"实心"图案外共有 17 种可以选择。图案的颜色可以与单元格底色保持一致，也可以从调色板中另外选择。设置中选择的图案及背景颜色都会在"示例"区域内实时显示实际效果。设置填充格式可以使用命令按钮和"设置单元格格式"对话框两种方法完成。

（1）使用命令按钮。选定需要添加背景颜色的单元格或单元格区域，单击"开始"选项卡"字体"命令组中"填充颜色"的下拉箭头，在弹出的颜色下拉列表中选择需要的颜色。

（2）使用"设置单元格格式"对话框。操作步骤如下。

① 选定需要设置添加背景颜色的单元格或单元格区域。

② 打开"设置单元格格式"对话框。

③ 设置背景颜色或图案。单击"填充"选项卡，选择所需的背景颜色或图案，单击"确定"按钮。

⓯ **隐藏行或列**

如果工作表的某些行或列不希望被其他人看到，可以将其隐藏起来；需要时再取消隐藏，将它们显示出来。不过，如果隐藏行或列后又保护了工作表，那么被隐藏的行或列在工作表被解除保护之前是无法取消隐藏的。

1. **隐藏行或列**

选定欲隐藏行（列）或行（列）中的任意单元格，然后在"开始"选项卡的"单元格"命令组中，单击"格式">"隐藏和取消隐藏">"隐藏行（隐藏列）"命令。

2. 取消对行或列的隐藏

选定隐藏行的上下行或上下行中的任意单元格（隐藏列两侧的列或两侧列中的任意单元格），然后在"开始"选项卡的"单元格"命令组中，单击"格式">"隐藏和取消隐藏">"取消隐藏行（取消隐藏列）"命令。

技巧

还可以使用组合键来隐藏行或列。

（1）按【Ctrl】+【9】组合键可以隐藏选定单元格或单元格区域所在行。

（2）按【Ctrl】+【0】组合键可以隐藏选定单元格或单元格区域所在列。

⓰ 保护工作表

为防止他人使用工作表，或者无意中修改、删除或移动工作表，可以使用 Excel 的保护工作表功能。

1. 保护工作表

保护工作表的操作步骤如下。

① 选定要保护的工作表。

② 打开"保护工作表"对话框。在"审阅"选项卡的"更改"命令组中，单击"保护工作表"命令，打开"保护工作表"对话框，如图 1-91 所示。

图 1-91 "保护工作表"对话框

提示

打开"保护工作表"对话框还有以下两种方法。

（1）使用命令。在"开始"选项卡的"单元格"命令组中，单击"格式">"保护工作表"命令。

（2）使用快捷菜单。右键单击要进行保护的工作表的标签，在弹出的快捷菜单中单击"保护工作表"命令。

---

③ 设置保护内容。在"保护工作表"对话框中，勾选"保护工作表及锁定的单元格内容"复选框，在"取消工作表保护时使用的密码"文本框中输入密码，在"允许此工作表的所有用户进行"列表框中，勾选允许用户所用的选项，然后单击"确定"按钮；在打开的"确认密码"对话框中再次输入相同的密码，单击"确定"按钮。

如果需要撤销对工作表的保护，可以单击"审阅"选项卡"更改"命令组中的"撤销工作表保护"命令，在打开的"撤销工作表保护"对话框的"密码"文本框中输入设置的密码，单击"确定"按钮。

2. 保护单元格

在工作表处于被保护状态时，工作表中的所有单元格都被默认锁定并保护，不能进行删除、清除、移动、编辑和格式化等操作。如果只是一部分单元格需要保护，其他单元格不需要保护，只要将不需要保护的单元格取消锁定，再设置工作表保护即可。保护单元格的操作步骤如下。

① 撤销单元格锁定。选定要撤销保护的单元格或单元格区域，然后在"开始"选项卡的"单元格"命令组中，单击"格式">"设置单元格格式"命令，在打开的"设置单元格格

式"对话框中单击"保护"选项卡,取消选中"锁定"
复选框,如图 1-92 所示,单击"确定"按钮。

② 设置工作表保护。使用上述已介绍的工作表
保护方法设置工作表保护。

> 💡 **注意**
>
> 必须先进行单元格保护设置,再执行工作表保护操作,
> 只有在工作表保护状态下,单元格保护才能生效。

图 1-92　取消选中"锁定"复选框

1.2.4　延伸知识点

❶ 插入或删除单元格

1. 插入有内容的单元格

操作步骤如下。

① 执行复制。选定有内容的单元格或单元格区域,按【Ctrl】+【C】组合键复制。

② 选定目标区域。选定目标区域左上角的单元格或整个目标区域。

③ 打开"插入粘贴"对话框。在"开始"选项卡的"单元格"命令组中,单击"插入"
右侧的下拉箭头,在弹出的下拉菜单中单击"插入复制的单元格"命令,打开"插入粘贴"
对话框,如图 1-93 所示。

④ 设置插入方式。根据需要选择"活动单元格右移"或
"活动单元格下移"单选按钮,单击"确定"按钮,即可将目
标区域中的原有数据按选定方向移开,以容纳复制进来的数据。

图 1-93　"插入粘贴"对话框

2. 插入空单元格

若要在工作表中插入空单元格,如在建立工作表时需要添加漏输的某项内容,则操作步
骤如下。

① 选定需要插入单元格的位置。

② 打开"插入"对话框。在"开始"选项卡的"单元格"命令组中,
单击"插入"右侧的下拉箭头,单击下拉菜单中的"插入单元格"命令,
打开"插入"对话框,如图 1-94 所示。

③ 设置插入方式。根据需要选择活动单元格的移动方向,单击
"确定"按钮。

图 1-94　"插入"对话框

> ⚙ **技巧**
>
> 可以使用鼠标快速插入空单元格,具体操作方法是选定单元格或单元格区域,按住【Shift】键,将
> 鼠标指针移到所选区域的右下角,当鼠标指针变为双向箭头形状时拖曳鼠标,这样就可以沿拖曳方向在
> 拖曳区域快速插入空单元格了。

3. 删除单元格或单元格区域

删除操作和清除操作不同。删除单元格是将单元格从工作表中删掉,包括单元格中的全

部信息；清除单元格只是清除单元格中存储的数据、格式或批注等内容，而单元格的位置仍然保留。删除单元格或单元格区域的操作步骤如下。

① 选定要删除的单元格或单元格区域。

② 打开"删除"对话框。在"开始"选项卡的"单元格"命令组中，单击"删除"下拉菜单中的"删除单元格"命令，或者右键单击删除位置所在的单元格，在弹出的快捷菜单中单击"删除"命令，打开"删除"对话框，如图1-95 所示。

图 1-95 删除"对话框

③ 设置删除方式。根据需要选择被删除单元格右侧的单元格左移，还是下方的单元格上移，然后单击"确定"按钮，完成删除操作。

> **技巧**
>
> 可以使用鼠标快速删除单元格或单元格区域。具体操作方法是：选定要删除的单元格或单元格区域，将鼠标指针指向填充柄，当鼠标指针变成十字形状时，按住【Shift】键反向拖曳，使所选区域变为灰色阴影，放开鼠标左键，选定的单元格、单元格区域、行或列将被删除。

⑫ 自定义数字格式

Excel 允许用户创建自定义数字格式，并可在格式化工作表时使用该格式。

1. 自定义格式概念

自定义格式是指定的一些格式代码，用来描述数据的显示格式。

自定义数字格式的语法规则是：< 正数格式 >;< 负数格式 >;< 零值格式 >;< 文本格式 >

在自定义数字格式的语法规则中，最多允许设定 4 个区段的格式代码，每个区段由分号隔开，分别依次定义正数、负数、零与文本的格式。例如，[黑色]$#,##0;[红色]($#,##0);[蓝色]0;"应输入数值型数据"，表明正数用黑色显示，负数用红色显示，零用蓝色显示，若输入非数字数据则显示"应输入数值型数据"。若指定了两个部分，则第一部分用于正数和零值，第二部分用于负数；若只指定了一个部分，则所有数字都将使用该格式；若要跳过某一部分，则该部分应该以分号结束。表 1-8 列出了 Excel 提供的大部分数字格式符号及其作用。

表1-8 Excel 提供的大部分数字格式符号、功能及作用

符　号	功　能	作　用
0	数字的预留位置	确定十进制小数的数字显示位置；按小数点右边的 0 的个数对数字进行四舍五入处理；若数字位数少于格式中的零的个数，则将显示无意义的 0
#	数字的预留位置	只显示有意义的数字，不显示无意义的 0
?	数字的预留位置	与 0 相同，但它允许插入空格来对齐数字位，且要除去无意义的 0
.	小数点	标记小数点的位置
%	百分号	显示百分号，把数字作为百分数

符　号	功　　能	作　　用
,	千位分隔符	标记出千位、百万位等的位置
_（下划线）	对齐	留出等于下一个字符的宽度；对齐封闭在括号内的负数并使小数点保持对齐
￥/ $	人民币 / 美元符号	在指定位置显示
( )	左右括号	在指定位置显示左右括号
+/-	正 / 负号	在指定位置显示正 / 负号
/	分数分隔符	指示分数
\	文本标记符	紧接其后的是文本字符
"text"	文本标记符	引号内引述的是文本
*	填充标记符	用星号后的字符填满单元格的剩余部分
@	格式化代码	标识出用户输入文字显示的位置
E−E＋e−e_	科学计数标识符	以指数格式显示数字
[颜色]	颜色标记	用标记出的颜色显示字符
[颜色 n]	颜色标记	用调色板中相应的颜色显示字符（n 为 0 ~ 56 之间的数）
[condition value]	条件语句	用 <,>,=,<=,>=,<> 和数值来设置条件表达式

2. 创建自定义数字格式

创建自定义数字格式的操作步骤如下。

① 打开"设置单元格格式"对话框。单击"开始"选项卡"数字"命令组右下角的对话框启动按钮，打开"设置单元格格式"对话框。在"分类"列表框中选择"自定义"选项。

② 设置自定义格式。在自定义类型中提供一些预设的格式，可选取其中的预设格式进行修改，完成自定义格式设置。

> 注意
>
> 一旦创建了自定义格式，此格式将一直被保存在工作簿中，并且能像其他内置格式一样被使用。如果不需要自定义的数字格式，可先选定要删除的自定义数字格式，再单击对话框中的"删除"按钮即可删除。注意不能删除 Excel 提供的内置数字格式。

1.2.5　独立实践任务

● **任务背景**

刘洁按照办公室王主任要求，为公司制作了"员工基本信息"工作表。现在王主任希望表格数据正确，表格看上去更清晰、美观，重点数据显示更加突出。

● **任务要求**

对已建立的"员工基本信息"工作表进行编辑和格式化。要求如下。

（1）将"入职日期"更改为"工作日期"，将"备注"列删除。

（2）按照"任务效果参考图"调整数据列次序。

（3）添加表标题，内容为"员工基本信息表"；设置标题字体为隶书，字号为20；将标题放置在表格上方中央。

（4）设置表头字体为黑体，且居中显示，为表格添加表格线。

（5）将 1995 年 1 月 1 日以前参加工作的员工的"工作日期"用红色、加粗倾斜的格式显示。

（6）按照"任务效果参考图"设置各列的对齐方式。

（7）按照"任务效果参考图"设置表格的背景图片（背景图片自行准备）。

● **任务效果参考图**

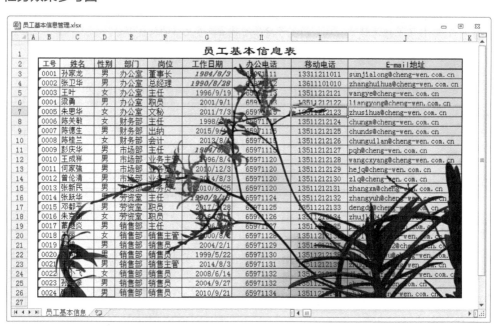

● **任务分析**

打开"员工基本信息管理"工作簿文件。分析题目要求，确定操作对象及操作内容，然后使用 Excel 相关功能进行相应操作。

1.2.6　课后练习

1. 填空题

（1）单击"开始"选项卡"单元格"命令组中的"插入"命令按钮的下拉箭头，单击下拉菜单的"插入工作表行"命令，将在当前单元格的_____处插入一个空行。

（2）在 Excel 中，如果使用鼠标直接将选定的某列移至另一列之前，应该在拖曳鼠标的同时按住_____键。

（3）单元格中只显示一部分文字或显示为"######"的原因是_____。

（4）如果要清除某个条件格式规则，就需要在_____对话框中完成。

（5）要撤销对单元格的保护，应先撤销_____。

2. 选择题

（1）下列关于连续选定 A 列到 E 列的操作叙述中，错误的是（　　）。

　　A. 单击 A 列标签，然后拖曳鼠标至 E 列标签，放开鼠标左键

　　B. 单击 A 列标签，再按住【Shift】键单击 E 列标签

　　C. 按住【Ctrl】键，再单击 A、B、C、D、E 列标签

　　D. 单击 A、B、C、D、E 的每个列标签

（2）下列叙述中，正确的是（　　）。

　　A. 要显示隐藏的行，必须输入密码

　　B. 隐藏一行后，该行中的数据被同时删除

　　C. 隐藏一行后，该行的行号被其他行使用

　　D. 可以通过"开始"选项卡"单元格"命令组中的"格式"命令显示隐藏的行

（3）下列关于列宽的叙述中，错误的是（　　）。

　　A. 可以用鼠标拖曳调整列宽

　　B. 标准列宽不可以随意改变

　　C. 双击列标签右侧的分割线，可以自动将列宽调整至最合适的宽度

　　D. 选定若干列后，当调整其中一列列宽时，所有选定列会有相同的改变

（4）在工作表中，将第 3 行和第 4 行选定，然后进行插入行操作。下列关于此操作的叙述中，正确的是（　　）。

　　A. 在原来的行号 2 和 3 之间插入两个空行

　　B. 在原来的行号 2 和 3 之间插入一个空行

　　C. 在原来的行号 3 和 4 之间插入两个空行

　　D. 在原来的行号 3 和 4 之间插入一个空行

（5）下列关于单元格合并功能的叙述中，正确的是（　　）。

　　A. 不能合并单元格　　　　　　　　B. 只能水平合并单元格

　　C. 只能垂直合并单元格　　　　　　D. 能将一个单元格区域合并为一个单元格

3. 问答题

（1）Excel 主要的处理对象有哪些？如何选定？

（2）何时需要对工作表进行保护？

（3）设置条件格式的作用是什么？

（4）调整表格行高的方法有几种？各自的特点是什么？

（5）怎样隐藏工作表中的行？

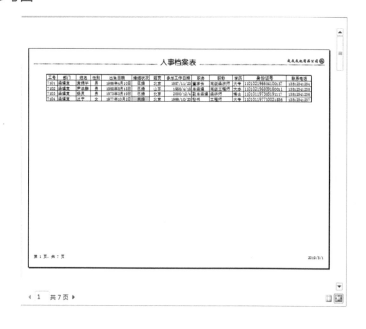

任务 1.3 输出人事档案表
——Excel 工作表的显示与打印

1.3.1 任务导入

◆ **任务背景**

成文文化用品公司已经建立了人事档案表，并且按照公司管理人员的要求对人事档案表进行了编辑和修饰。公司管理者还希望按部门提供纸质版的人事档案表，因此需要将人事档案表打印出来。

◆ **任务要求**

对已经建立的"人事档案管理"工作簿中的"人事档案表"进行打印设置，要求如下。

（1）设置表格为横向打印，并适当进行页面设置。

（2）设置每页均显示表格行标题。

（3）设置每页上端显示公司名称及 Logo。

（4）设置每页下端显示页码和时间。

（5）按部门打印预览人事档案表。

◆ **任务效果参考图**

◆ **任务分析**

在实际应用中，管理人员可能更习惯阅读纸质版的表格。因此需要将表格打印出来。对工作表进行打印设置之前，应先设计好打印纸张的大小及版面，包括上、下、左、右的边距，页眉、页脚的距离，页眉、页脚的显示内容等。

1.3.2　模拟实施任务

打开工作簿

1 启动 Excel，单击"文件">"打开"命令，打开"打开"对话框。在左侧窗格中选择文件所在位置，在右侧列表框中找到"人事档案管理"工作簿文件，双击该文件名。此时打开了已创建好的"人事档案管理"工作簿，其中"人事档案表"如图 1-96 所示。

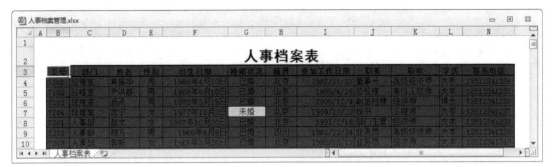

图 1-96　人事档案表

将"身份证号"列显示出来

2 在任务 1.2 中"身份证号"列已经隐藏，因此需要将其显示出来。选定 L 列和 N 列，然后右键单击已选定的列，在弹出的快捷菜单中单击"取消隐藏"命令。

设置表格为横向打印

3 在"页面布局"选项卡的"页面设置"命令中，单击对话框启动按钮，打开"页面设置"对话框，单击"页面"选项卡①，在"方向"选项中选择"横向"单选按钮，在"纸张大小"下拉列表中选择"A4"选项，如图 1-97 所示。

设置打印页边距和居中方式

4 在"页面设置"对话框中，单击"页边距"选项卡，将"左""右"微调框值都设为"0"，将"上""下"微调框值都设为"3"；在"居中方式"选项组中，勾选"水平"复选框②，如图 1-98 所示。

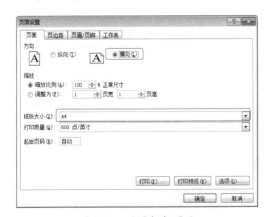

图 1-97　设置打印页面

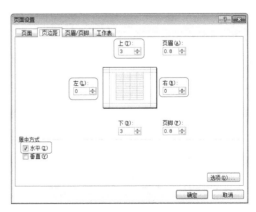

图 1-98　设置打印页边距和居中方式

设置每页均显示表格行标题

5 在"页面设置"对话框中，单击"工作表"选项卡，单击"顶端标题行"右侧的"折叠"按钮▣⑬，再单击"人事档案表"表头行（第3行）任意位置，如图1-99示。

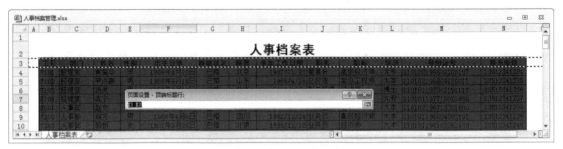

图 1-99　选择顶端标题行

6 再次单击"顶端标题行"右侧的"折叠"按钮，回到"页面设置"对话框，如图1-100所示。

设置在每页上端显示表格名称和公司 Logo

7 在"页面设置"对话框中，单击"页眉/页脚"选项卡，单击"自定义页眉"按钮，打开"页眉"对话框⑭，单击"左"编辑框，单击"插入图片"按钮▣，打开"插入图片"对话框，找到并选定已准备好的图片文件，单击"插入"按钮。

8 单击"中"编辑框，输入人事档案表，选定已输入的文字，单击"格式文本"按钮▣，打开"字体"对话框，在"字体"列表框中选择"幼圆"，在"字形"列表框中选定"加粗"，在"大小"列表框中选择"20"，单击"确定"按钮。

9 单击"右"编辑框，单击"插入图片"按钮，打开"插入图片"对话框，找到并选择已准备好的图片文件，单击"插入"按钮。设置结果如图1-101所示，单击"确定"按钮。

图 1-100　设置顶端标题行

图 1-101　自定义页眉

设置在每页下端显示页码和时间

10 单击"页脚"下拉列表，从中选择"第1页，共？页"选项；单击"自定义页脚"按钮，弹出"页脚"对话框，选定"中"编辑框中的内容，按【Ctrl】+【X】组合键，单击"左"编辑框，按【Ctrl】+【V】组合键；单击"右"编辑框，单击"插入日期"按钮▣，结果如图1-102所示。单击"确定"按钮，"页眉/页脚"最终设置结果如图1-103所示，再单击"确定"按钮。

图 1-102 自定义页脚

图 1-103 "页眉 / 页脚"最终设置结果

打印预览人事档案表

⑪ 在"页面设置"对话框中，单击"工作表"选项卡，单击"打印区域"右侧的"折叠"按钮，选定单元格区域 B3:N66，再次单击"打印区域"右侧的"折叠"按钮，回到"页面设置"对话框，单击"确定"按钮，完成打印页面设置。

⑫ 单击"文件">"打印"命令⑥，打印预览结果如图 1-104 所示。

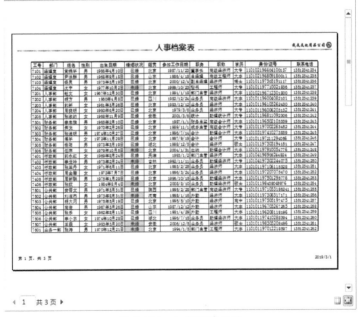

图 1-104 打印预览效果

按部门打印预览人事档案表

⑬ 在"视图"选项卡的"工作簿视图"命令组中，单击"分页预览"命令⑦，进入"分页预览"视图，如图 1-105 所示。

⑭ 在"分页预览"中显示的蓝色虚线就是 Excel 设置的分页符。可以用鼠标拖曳分页符⑦（蓝色虚线）到适当的位置。这里将下面的分页符拖曳到第 7 行（经理室的最后一行）下面；再将其他分页符拖曳到每个部门的最后一行下面，结果如图 1-106 所示。

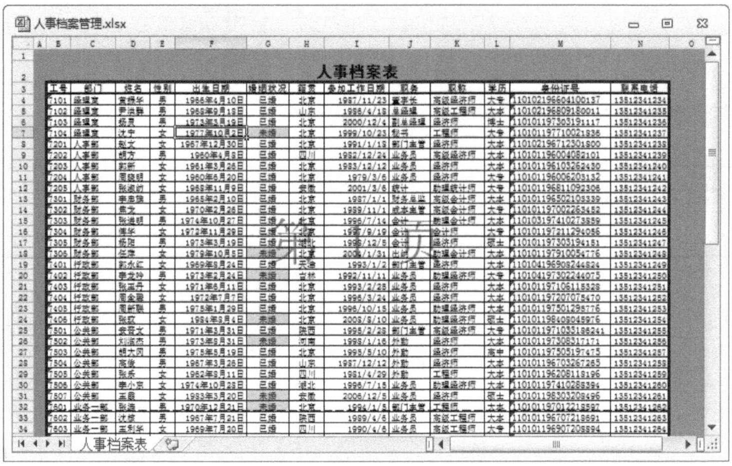

图 1-105　分页预览效果

图 1-106　按部门设置分页符

15　单击"文件" > "打印" ⑧命令,可以看到按部门分页打印预览的效果,如图 1-107 所示。

图 1-107　按部门分页打印预览的效果

1.3.3　拓展知识点

01 页面

在打印工作表之前，需要对工作表进行打印设置，包括设置页面、页边距、页眉 / 页脚、打印标题等。设置页面包括设置待打印工作表所用的纸张大小、打印方向、打印范围和打印质量等。操作步骤如下。

① 打开"页面设置"对话框。在"页面布局"选项卡的"页面设置"命令组中，单击对话框启动按钮　，打开"页面设置"对话框。

② 设置页面。单击"页面"选项卡，根据需要对"方向""缩放""纸张大小""打印质量""起始页码"等进行设置，如图 1-108 所示，单击"确定"按钮。

图 1-108　"页面设置"对话框的"页面"选项卡

"页面"选项卡中的选项及其功能如表 1-9 所示。

表 1-9　"页面"选项卡中的选项及功能

选　项	功　能
方向	用于指定打印纸的打印方向，可以选择"纵向"或"横向"；默认为"纵向"
缩放	缩放比例用于指定打印比例，范围为 10%~400%，也可以通过"调整为"选项调整页宽和页高，其中页宽与页高的调整互不影响。注意，在此指定的是打印的缩放比例，并不影响工作表在屏幕上的显示比例
纸张大小	用于选择所需打印纸规格
打印质量	用于设置打印质量。点数越大，打印质量越好，但打印时间越长
起始页码	用于设置要打印工作表的起始页码。页码可以从需要的任何数值开始。若页码从 1 或从下一个顺序数字开始，则选择"自动"

02 页边距

页边距是指打印内容的位置与纸边的距离，一般以厘米（cm）为单位。设置页边距的操作步骤如下。

① 打开"页面设置"对话框。

② 设置页边距。单击"页边距"选项卡,根据需要分别在"上""下""左""右"等微调框中输入相应的值,并对"居中方式"进行选择,如图 1-109 所示。

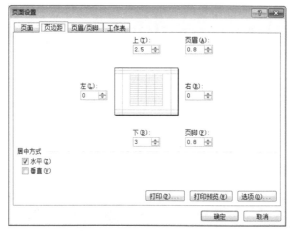

图 1-109 "页边距"选项卡

③ 结束设置。单击"确定"按钮。

"页边距"选项卡中的选项及功能如表 1-10 所示。

表 1-10 "页边距"选项卡中的选项及功能

选 项	功 能
上、下、左、右	用于设置打印区域与纸张边界之间的留空距离
页眉	用于设置页眉至纸张顶端之间的间距,通常此距离应小于上边距
页脚	用于设置页脚至纸张底端之间的间距,通常此距离应小于下边距
居中方式	用于设置打印区域在纸张中的居中位置,可以设置水平居中或垂直居中

03 打印标题

如果需要打印的工作表比较大,那么工作表将被打印在多个页面上,这时有些页可能不显示标题行,有些页可能不显示标题列,而有些页可能只显示数据项。如果希望在每页的顶端或左端打印出相同的标题,可以通过设置打印标题来实现。操作步骤如下。

① 打开"页面设置"对话框。

② 设置重复打印的标题行或标题列。单击"工作表"选项卡。若需要指定在顶部重复一行或连续几行,则单击"顶端标题行"框右侧的"折叠"按钮,然后在工作表中进行相应的选择;若需要指定在左侧重复一列或连续几列,则单击"左端标题列"框右侧的"折叠"按钮,然后在工作表中进行相应的选择。结果如图 1-110 所示。

③ 结束设置。单击"确定"按钮,关闭"页面设置"对话框。

这样当打印多页时,都会在每页上方或左侧打印出指定的标题行或标题列的内容。

04 页眉 / 页脚

页眉用来显示每一页顶部的信息,页脚用来显示每一页底部的信息。Excel 提供了许多预定义的页眉 / 页脚格式。例如,页码、日期、时间、文件名、工作表名等。如果希望使用

Excel 提供的页眉 / 页脚格式，可以单击"页眉"或"页脚"右侧的下拉箭头，并在弹出的下拉列表中选择一个合适的页眉 / 页脚。如果希望设置个性化的页眉或页脚，可按以下步骤进行操作。

①打开"页面设置"对话框。

②设置页眉 / 页脚。单击"页眉 / 页脚"选项卡。若自定义页脚眉，则单击"自定义页眉"按钮，在打开的"页眉"对话框的"左""中""右"编辑框中输入或插入希望显示的内容，如图 1-111 所示；若自定义页脚，则单击"自定义页脚"按钮，在打开的"页脚"对话框的"左""中""右"编辑框中输入或插入希望显示的内容，然后单击"确定"按钮。

图 1-110 设置每页显示的标题行和标题列

图 1-111 自定义页眉

> **技巧**
>
> 若不再需要已定义的页眉 / 页脚，可以将其删除。删除页眉 / 页脚可以不进入"页面设置"对话框。操作步骤如下。
>
> ①进入页面布局界面。单击状态栏右侧的"页面布局"按钮，进入页面布局界面。
>
> ②删除页眉 / 页脚。单击表格最上方页眉处或最下方页脚处，选定需要删除的内容，按【Delete】键。

自定义页眉 / 页脚时，需要打开"页眉"或"页脚"对话框。"页眉"或"页脚"对话框中各工具按钮的功能如表 1-11 所示。

表 1-11 "页眉"或"页脚"对话框中各工具按钮的功能

按 钮	名 称	代 码	功 能
A	格式文本	无	设置选定文本的字体、大小、字形和下划线等
📄	插入页码	&[页码]	用于插入页号
📄	插入页数	&[总页数]	用于插入总页数
📅	插入日期	&[日期]	用于插入日期
🕐	插入时间	&[时间]	用于插入时间
📂	插入文件路径	&[路径]&[文件]	用于插入文件所在位置路径名及文件名
📑	插入文件名	&[文件]	用于插入文件名
📋	插入数据表名称	&[标签名]	用于插入工作表标签名
🖼	插入图片	&[图片]	用于插入图片
🖌	设置图片格式	无	用于设置图片格式

提示

在进行页面设置时，对于页边距、纸张方向、纸张大小、打印区域、打印标题等内容的设置，可以直接使用"页面布局"选项卡"页面设置"命令组中的相应命令。

技巧

Excel 的每个工作表都可以进行不同的设置，如纸张大小、打印方向、页边距、页眉/页脚、打印标题等。但在实际应用时，经常需要为多个工作表进行相同或相似的页面设置。实际上，可以复制工作表的页面设置，操作步骤如下。

① 选定需要进行页面设置的工作表。先选定进行过页面设置的工作表，然后按住【Ctrl】键，逐个单击需要进行页面设置的工作表标签，以选定所有目标工作表。

② 复制页面设置。单击"页面布局"选项卡中"页面设置"命令组的对话框启动按钮，打开"页面设置"对话框，然后直接单击"确定"按钮，关闭"页面设置"对话框。

按照上述操作，源工作表的页面设置将会被复制到所有目标工作表上。

05 打印区域

如果需打印工作表中的部分数据，可以设置打印区域。打印区域是在不需要打印整个工作表时指定打印的一个或多个单元格区域。如果指定多个单元格区域，那么这些单元格区域可以是连续的，也可以是不连续的。定义打印区域之后，将只打印所定义的区域。当一个工作表定义多个打印区域后，每个打印区域都将作为一个单独的页输出。

1. 设置打印区域

设置打印区域有以下两种方法。

（1）使用命令。操作步骤如下。

① 选定打印区域。选定待打印的单元格区域。

② 设置打印区域。在"页面布局"选项卡的"页面设置"组中，单击"打印区域">"设置打印区域"命令，此时选定的单元格区域被设置为打印区域，同时单元格区域周围会出现虚线框。

技巧

有时打印的区域可能是多个不连续的行或列，并希望打印在同一页上。此时，可以先将不需要打印的行或列隐藏起来，再打印工作表。

（2）使用"页面设置"对话框。操作步骤如下。

① 打开"页面设置"对话框。

② 设置打印区域。单击"工作表"选项卡，然后在"打印区域"文本框中输入待打印的单元格区域地址，如图 1-112 所示。

提示

若需要打印多个单元格区域，则在输入打印区域时可使用逗号(，)将待打印的单元格区域地址分开；也可以单击"打印区域"文本框右侧的"折叠"按钮，使用鼠标选定待打印的单元格区域，再次单击"打印区域"文本框右侧的"折叠"按钮，回到"页面设置"对话框。

图 1-112　设置打印区域

③ 结束设置。单击"确定"按钮。

2. 取消打印区域

取消打印区域的操作步骤如下。

① 选定单元格。单击要清除打印区域中的任意单元格。

② 取消打印区域。在"页面布局"选项卡的"页面设置"组中，单击"打印区域">"取消打印区域"命令。

　注意

> 若工作表包含多个打印区域，则清除一个打印区域将清除工作表上的所有打印区域。

06 打印预览

页面设置完成后，在打印之前，应使用打印预览功能查看打印的模拟效果。通过打印预览，可以更精细地设置打印效果，直到满意后再打印。在打开的"页面设置"对话框中，每个选项卡里都有"打印预览"命令按钮，单击该按钮可以看到打印预览的效果；也可以单击"文件">"打印"命令进行打印预览。

技巧

> 如果希望直接进入打印预览窗口，可以按【Ctrl】+【F2】组合键。

打印预览窗口下方右侧有两个按钮，分别是"显示边距"□和"缩放到页面"□。单击"显示边距"按钮，显示或隐藏页边距，显示页边距时可通过拖曳直接调整页边距、页眉和页脚边距。单击"缩放到页面"按钮，可以整页方式显示要打印的页面。

打印预览窗口下方还有两个按钮，分别是"下一页"▸和"上一页"◂。单击"下一页"按钮，可以显示要打印工作表的下一页。如果选择了多个工作表并且当前显示选定工作表的最后一页，单击"下一页"按钮将显示下一个选定工作表的第一页。单击"上一页"按钮，将显示要打印的上一页。如果选择了多个工作表并且当前显示选定工作表的第一页，单击"上

"一页"按钮将显示上一个选定工作表的最后一页。

⑦ 分页预览

在实际工作中经常会打印文件，但是有时候打印出来的文件无法在一页纸中显示出来，这时可以使用打印文件中的分页预览功能来进行设置。单击"视图"选项卡"工作簿视图"命令组中的"分页预览"命令，或单击状态行右侧"分页预览"按钮■，进入"分页预览"视图，如图 1-113 所示。

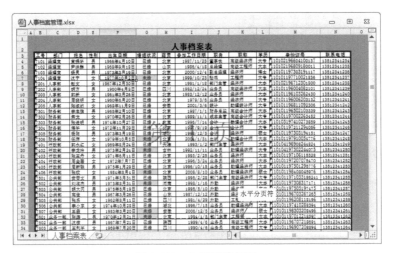

图 1-113　分页预览视图

1.　调整和添加分页符

在"分布预览"视图中显示的蓝色虚线称为"自动分页符"，是 Excel 根据打印区域和页面范围自动设置的分页标志。如果需要可以对自动产生的分页符位置进行调整，方法是用鼠标拖曳分页符到适当的位置。除可以调整分页符位置外，还可以在打印区域中插入新的分页符，操作步骤如下。

① 选定分页位置。选定分页位置下一行的最左端单元格。

② 插入分页符。单击鼠标右键，在弹出的快捷菜单中单击"插入分页符"命令，此时将插入一个水平分页符。

删除分页符的操作步骤是选定需要删除的分页符下方的单元格，单击鼠标右键，在弹出的快捷菜单中单击"删除分页符"命令。

 注意

不能删除自动分页符。

2.　使用鼠标设置页面大小

在"分页预览"视图中，表格的外边框是用蓝色的粗实线围起来的，用鼠标拖曳蓝色的粗实线可以快速调整页面的大小。

⑧ 打印工作表

对工作表进行页面设置和预览后，如果对设置效果满意，就可以打印了。打印时，可以打印整个工作簿，也可以打印部分工作表，还可以打印多份相同的工作表。

1. 打印整个工作簿

如果需要打印当前工作簿中的所有工作表，就可按以下步骤进行操作。

① 单击"文件">"打印"命令。

② 设置打印整个工作簿。单击"打印活动工作表">"打印整个工作簿"命令。

③ 打印整个工作簿。单击"打印"按钮。

> **注意**
>
> 设置为"打印整个工作簿"后，会一次性将工作簿中的所有工作表都打印出来。

2. 打印部分工作表

如果希望打印工作簿上的某几个工作表，可以在按住【Ctrl】键的同时，逐个单击待打印的工作表标签，然后单击"文件">"打印">"打印"命令。

> **技巧**
>
> 若希望打印的多个工作表具有连续的页码，则可按以下步骤进行操作。
>
> ① 打开"页面设置"对话框。选定待打印的工作表，并打开"页面设置"对话框。
>
> ② 设置页码。单击"页眉/页脚"选项卡，然后单击"自定义页眉"或"自定义页脚"按钮，在打开的对话框的"左""中"或"右"编辑框中插入页码。
>
> ③ 结束设置。单击"确定"按钮，关闭"页眉"或"页脚"对话框。然后单击"确定"按钮，关闭"页面设置"对话框。

3. 打印多份相同的工作表

如果需要打印多份相同的工作表，可按以下步骤进行操作。

① 单击"文件">"打印"命令。

② 设置打印份数。在"打印"下方"份数"文本框中输入待打印的份数，如图1-114所示。

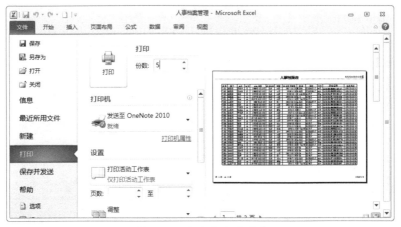

图 1-114 打印份数的设置

从图1-114可以看出，在当前状态下还可以设置打印机属性、打印页数的范围、打印纸张的方向、纸张的大小等。

1.3.4　延伸知识点

01　缩放窗口

在打印工作表前，或在编辑、美化工作表的过程中，常常需要显示工作表中的相关内容。例如，希望显示工作表的不同部分，或显示工作表中更多的数据。利用 Excel 的拆分窗口、冻结窗格和并排查看功能，或调整窗口的显示比例可以满足上述需求。

一般情况下，当工作表内容字体较小不容易分辨，或者工作表内容较多无法在一个窗口中查看整个工作表时，可以将工作表的显示比例调整为所需大小。操作步骤如下。

① 打开"显示比例"对话框。在"视图"选项卡的"显示比例"命令组中，单击"显示比例"命令，或直接单击状态栏上的"缩放级别"按钮，打开"显示比例"对话框。

② 确定显示比例。在"显示比例"对话框中，选择需要的显示比例，或者在"自定义"文本框中输入所需的显示比例值，单击"确定"按钮。

> **技巧**
>
> 除使用"显示比例"对话框调整工作表的显示比例外，按住【Ctrl】键的同时滚动鼠标滚轮，也可以方便、直观地调整显示比例。

> **注意**
>
> 窗口缩放比例设置只对当前工作表窗口有效。实际上，可对不同的工作表设置不同的缩放比例，或是为同一工作表的不同窗口设置不同的缩放显示比例。另外，更改显示比例并不会影响打印比例，工作表仍将按照 100% 的比例进行打印。

02　拆分窗口

当工作表内容较多时，其数据无法全部显示在一个窗口中。若希望同时显示工作表中不同部分的数据，可以使用 Excel 提供的拆分窗口功能。拆分窗口是以工作表当前单元格为分隔点，拆分成多个窗格，并且在每个被拆分的窗格中都可以通过滚动条来显示工作表的某一部分数据。操作步骤如下。

① 选定拆分位置。选定作为拆分点的单元格。例如，选定 H7 单元格。

② 拆分窗口。在"视图"选项卡的"窗口"命令组中，单击"拆分"命令，系统自动在选定的单元格处将工作表分为 4 个独立的窗格，如图 1-115 所示。

图 1-115　拆分窗口

> **注意**
>
> 如果要将窗口拆分为左右两个窗格，应选定第一行的某个单元格；如果要将窗口拆分为上下两个窗格，应选定第一列的某个单元格。

每个拆分得到的窗格都是独立的，可以根据需要使其显示同一个工作表不同位置的数据。如果不再使用拆分的窗格，可以再次单击"视图"选项卡"窗口"命令组中的"拆分"命令，将其取消。

❸ 冻结窗口

对于比较复杂的大型表格，一般都会有标题行或者标题列。当向右或向下移动工作表时，这些标题行或标题列可能会被移出当前窗口，此时无法知道在当前窗口中看到的单元格所属的行或列。解决此问题的方法是使用冻结窗格功能。冻结窗格是将当前单元格上方和左侧的所有单元格冻结。操作步骤如下。

① 选定冻结位置。选定作为冻结点的单元格。例如，选定 E4 单元格。

② 冻结窗格。在"视图"选项卡的"窗口"命令组中，单击"冻结窗格" > "冻结拆分窗格"命令，系统自动将选定单元格上方和左侧的所有单元格冻结，并一直保留在屏幕上，如图 1-116 所示。

	A	B	C	D	H	I	J	K	L	M	N
1											
2							**人事档案表**				
3		工号	部门	姓名	籍贯	参加工作日期	职务	职称	学历	身份证号	联系电话
61		7713	业务二部	李历宁	北京	1997/4/16	业务员	工程师	大本	110101197207304257	13512341291
62		7714	业务二部	孙燕	湖北	1999/1/16	业务员	高级工程师	大本	110101197602164672	13512341292
63		7715	业务二部	刘利	山西	1999/2/26	业务员	工程师	博士	110101197106114676	13512341293
64		7716	业务二部	李红	黑龙江	2000/10/15	业务员	工程师	硕士	110102197501293702	13512341294
65		7717	业务二部	李丹	北京	2000/12/4	业务员	工程师	博士	110104197303194925	13512341295
66		7718	业务二部	郝放	四川	2005/12/29	业务员	工程师	硕士	110106197901264977	13512341296

图 1-116　冻结窗格

从图 1-116 可以看到，D 列右侧和第 3 行下方各出现了一条实的黑细线，表示 E 列左侧和第 4 行上方单元格被冻结，这时当使用滚动条上下或左右滚动时，A、B、C、D 列和第 1、2、3 行将不会移出窗口。当不再需要冻结窗格时，可以在"视图"选项卡的"窗口"命令组中，单击"冻结窗格" > "取消冻结窗格"命令，将其取消。

　注意

冻结窗格与拆分窗口无法在同一工作表上同时使用。

❹ 并排查看

有时需要浏览的内容可能保存在一个工作簿的两个工作表或两个工作簿中。如果希望同步滚动浏览其中的内容，可以使用"并排查看"功能。

同时浏览同一工作簿内两个工作表中的内容的操作步骤如下。

① 打开工作簿。

② 新建窗口。在"视图"选项卡的"窗口"命令组中，单击"新建窗口"命令。

③ 重排窗口。在"视图"选项卡的"窗口"命令组中，单击"全部重排"命令，在打开的"重排窗口"对话框中，选定所需的排列方式，单击"确定"按钮。

④ 并排查看。在"视图"选项卡的"窗口"命令组中，单击"并排查看"命令，系统自动将选定同一工作簿的两个工作表并排显示在 Excel 工作簿窗口中。

设置并排查看后，当在其中一个窗口滚动浏览内容时，另一个窗口也会随之同步滚动，这个"同步滚动"功能是并排查看与单纯的重排窗口之间在功能上的最大区别。

> **提示**
>
> 要关闭并排查看工作模式，可以再次单击"窗口"命令组中的"并排查看"命令。

> **注意**
>
> 并排查看只能作用于两个工作簿窗口，而无法作用于两个以上的工作簿窗口。参与并排查看的工作簿窗口，可以是同一个工作簿的不同工作表，也可以是完全不相同的两个工作簿。

1.3.5 独立实践任务

♦ 任务背景

刘洁按照办公室王主任的要求，为员工基本信息表进行了编辑和美化。现在王主任希望刘洁按部门打印员工的基本信息。

♦ 任务要求

将已经编辑和格式化后的"员工基本信息"表打印输出。要求如下。

（1）按照"任务效果参考图"设置页面、页眉、页脚和标题内容。

（2）按部门打印员工的基本信息。

♦ 任务效果参考图

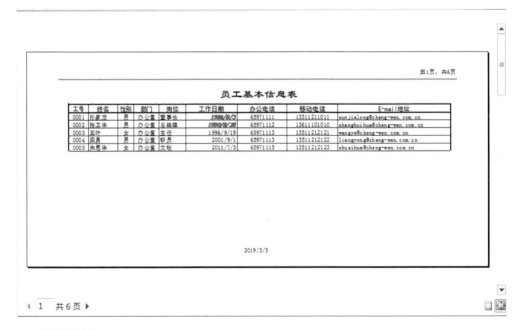

♦ 4. 任务分析

打开"员工基本信息管理"工作簿文件。分析题目要求，确定操作对象及操作内容，然后使用 Excel 相关功能进行相应操作。

1.3.6 课后练习

1. 填空题

（1）在 Excel 中，为了查看对比工作表不同位置的数据，应该进行_____操作。

（2）打印工作表时，通过设置_____，可将工作表某一行内容打印在每页最上端。

（3）并排查看与单纯的重排窗口在功能上最大的区别是_____。

（4）按_____组合键可以直接进入打印预览窗口。

（5）设置"打印整个工作簿"后，会一次性将工作簿中的_____工作表打印出来。

2. 选择题

（1）打印工作表时，无法实现的功能是（   ）。

    A. 调整打印内容的缩放比例

    B. 将打印的内容压缩在指定的页高内

    C. 将打印的内容压缩在指定的页宽内

    D. 将不连续的单元格区域的内容连续打印

（2）在"页面设置"对话框中，设置打印方向应使用的选项卡是（   ）。

    A. 页面   B. 页边距   C. 页眉/页脚   D. 工作表

（3）Excel 拆分窗口的目的是（   ）。

    A. 使表内容分成明显的两个部分

    B. 将工作表分成多个以方便管理

    C. 拆分工作表以方便看到工作表不同部分

    D. 将大工作表拆分为两个以上的小工作表

（4）下列关于设置页眉和页脚的叙述中，正确的是（   ）。

    A. 在"页面设置"对话框的"页面"选项卡中进行设置

    B. 在"页面设置"对话框的"页边距"选项卡中进行设置

    C. 在"页面设置"对话框的"页眉/页脚"选项卡中进行设置

    D. 只能在打印预览中进行设置

（5）若希望在浏览工作表时，最上一行和最左三列固定，应将冻结窗格的单元格设置在（   ）。

    A. C1   B. D1   C. C2   D. D2

3. 问答题

（1）使用 Excel 提供的冻结窗格功能的目的是什么？

（2）打印预览时，分页预览的作用是什么？

（3）怎样控制打印输出的比例？

（4）如何在每一页打印出标题行？

（5）图 1-117 所示为使用 Excel 制作的销售提成表，若只打印北京和杭州的数据，应如何设置？请具体说明设置的内容和过程。

编号	日期	销售员	商品	城市	数量	单价	销售额	底薪	奖金	应发金额	罚款	实发金额
							优美公司2018年1月-6月销售提成表					
1	2015年3月29日	陈德生	电视机	北京	29台	¥2,599.00	¥75,371.00	¥5,000.00	¥2,500.00	¥7,500.00	¥0.00	¥7,500.00
2	2015年4月28日	丁凯	洗衣机	北京	48台	¥690.00	¥33,120.00	¥5,000.00	¥0.00	¥5,000.00	¥0.00	¥5,000.00
3	2015年5月26日	曾伦清	音响	北京	28台	¥1,400.00	¥39,200.00	¥5,000.00	¥0.00	¥5,000.00	¥0.00	¥5,000.00
4	2015年5月9日	陆浩	空调	成都	12台	¥3,800.00	¥45,600.00	¥5,000.00	¥0.00	¥5,000.00	¥0.00	¥5,000.00
5	2015年5月20日	袁芳	洗衣机	成都	55台	¥690.00	¥37,950.00	¥5,000.00	¥0.00	¥5,000.00	¥0.00	¥5,000.00
6	2015年4月3日	陈桂兰	音响	广州	27台	¥2,999.00	¥80,973.00	¥5,000.00	¥2,500.00	¥7,500.00	¥0.00	¥7,500.00
7	2015年6月1日	张新民	空调	广州	26台	¥3,800.00	¥98,800.00	¥5,000.00	¥2,500.00	¥7,500.00	¥0.00	¥7,500.00
8	2015年1月19日	嘉继炎	电视机	邯郸	11台	¥4,300.00	¥47,300.00	¥5,000.00	¥0.00	¥5,000.00	¥0.00	¥5,000.00
9	2015年5月23日	曹雪芹	音响	邯郸	67台	¥1,400.00	¥93,800.00	¥5,000.00	¥2,500.00	¥7,500.00	¥0.00	¥7,500.00
10	2015年4月20日	赵鹏飞	电磁炉	杭州	31台	¥300.00	¥9,300.00	¥5,000.00	¥0.00	¥5,000.00	¥1,000.00	¥4,000.00
11	2015年5月13日	王晓燕	电视机	杭州	19台	¥5,200.00	¥98,800.00	¥5,000.00	¥2,500.00	¥7,500.00	¥0.00	¥7,500.00
12	2015年6月18日	袁媛媛	冰箱	杭州	15台	¥6,400.00	¥96,000.00	¥5,000.00	¥2,500.00	¥7,500.00	¥0.00	¥7,500.00
13	2015年6月25日	徐峰	冰箱	杭州	10台	¥6,400.00	¥64,000.00	¥5,000.00	¥0.00	¥5,000.00	¥0.00	¥5,000.00
14	2015年1月26日	王丽	音响	聊城	34台	¥2,389.00	¥81,226.00	¥5,000.00	¥2,500.00	¥7,500.00	¥0.00	¥7,500.00
15	2015年2月15日	梁鸿	电视机	聊城	23台	¥2,500.00	¥57,500.00	¥5,000.00	¥2,500.00	¥7,500.00	¥0.00	¥7,500.00
16	2015年2月20日	刘尚武	冰箱	聊城	25台	¥3,999.00	¥99,975.00	¥5,000.00	¥2,500.00	¥7,500.00	¥0.00	¥7,500.00
17	2015年2月26日	苏小君	冰箱	聊城	13台	¥3,799.00	¥49,387.00	¥5,000.00	¥0.00	¥5,000.00	¥0.00	¥5,000.00

图 1-117 销售提成表

项目二

核算员工薪酬

内容提要

　　Excel 的数据计算和分析功能主要体现在公式和函数的应用上。本项目将通过员工薪酬管理案例，介绍应用 Excel 进行数据计算的步骤和要点、数据计算的方法和技巧及函数的输入方法和常用函数的应用。

能力目标

- 能够使用 Excel 公式计算工作表
- 能够综合应用函数计算工作表
- 能够运用合并计算功能计算工作表

专业知识目标

- 理解单元格引用的概念
- 了解公式的基本形式
- 能根据计算需要灵活运用公式
- 理解函数的概念及其格式
- 理解多表之间单元格引用的概念和格式
- 理解按位置合并计算和按分类合并计算的含义
- 了解按位置合并计算和按分类合并计算的不同特点
- 了解选择性粘贴与普通粘贴的区别

软件知识目标

- 掌握公式和函数的输入方法
- 掌握常用函数中各参数的含义及其使用方法
- 掌握多表之间单元格引用的具体方法
- 掌握函数中各参数的含义及应用方法
- 了解选择性粘贴的内容和方法
- 掌握合并计算的方法

任务 2.1 计算工资表 ——Excel 公式的应用与简单计算

2.1.1 任务导入

♦ 任务背景

成文文化用品公司有 35 名业务员，主要负责市场销售。财务人员已经将员工的基本工资信息填入工资表中，还需要计算一些工资项目。

♦ 任务要求

按照公司规定的计算方法，计算"洗理费""书报费""奖金""公积金""医疗险""养老险""失业险""应纳税所得额""税金""应发工资""实发工资"等。计算方法如下。

奖金："1 月业绩奖金表"中的总奖金。

洗理费：男员工每人每月 40 元，女员工每人每月 60 元。

书报费：高级职称每人每月 60 元，其他职称每人每月 40 元。

社保缴费：(岗位工资 + 薪级工资) × 缴费比例。其中，缴费比例如下表所示。

	公积金	医疗险	养老险	失业险
缴费比例	12%	2%	8%	0.5%

应发工资：岗位工资 + 薪级工资 + 职务补贴 + 工龄补贴 + 交通补贴 + 生活费 + 洗理费 + 书报费 + 奖金。

应纳税所得额：应发工资 - 公积金 - 医疗险 - 养老险 - 失业险 - 专项附加扣除 -5000。

税金：应纳税所得额 × 税率 - 速算扣除数。税率及速算扣除数如下表所示。

级数	应纳税所得额	免征额	税率	速算扣除数
0	1 ~ 5000	5000	0	0
1	5001 ~ 8000	5000	3%	0
2	8001 ~ 17000	5000	10%	210
3	17001 ~ 无限	5000	20%	1410

实发工资：应发工资 - 公积金 - 医疗险 - 养老险 - 失业险 - 税金。

● **任务效果参考图**

工号	姓名	岗位工资	薪级工资	职务补贴	工龄补贴	交通补贴	生活费	洗理费	书报费	奖金	应发工资	公积金	医疗险	养老险	失业险	专项附加扣除	应纳税所得额	税金	实发工资
T601	张海	2670.00	3251.00	1245.00	300	25	50	40	40	5728.75	13349.75	710.52	118.42	473.68	29.61	666	6351.53	¥190.55	11826.98
T602	沈楼	2670.00	3251.00	1245.00	300	25	50	40	60	6001.75	13642.75	710.52	118.42	473.68	29.61	1000	6310.53	¥189.32	12121.21
T603	王利华	2670.00	3251.00	1245.00	190	25	50	60	60	4930.5	12481.5	710.52	118.42	473.68	29.61	546	5603.28	¥168.10	10981.18
T604	靳晋夏	2670.00	3251.00	1245.00	200	25	50	60	60	6643.75	14204.75	710.52	118.42	473.68	29.61	1000	6872.53	¥205.18	12666.35
T605	范平	2606.00	2300.00	1150.00	280	25	50	40	40	5402.25	11893.25	588.72	98.12	392.48	24.53	456	5333.40	¥160.00	10629.40
T606	李惠	2606.00	2300.00	1150.00	300	25	50	60	40	2502	9033	588.72	98.12	392.48	24.53	666	2261.15	¥0.00	7929.15
T607	郜海为	2606.00	2300.00	1150.00	300	25	50	60	40	5400	11941	588.72	98.12	392.48	24.53	666	4807.15	¥0.00	10807.15
T608	廖什国	2606.00	2300.00	1150.00	300	25	50	60	40	2308.2	8819.2	588.72	98.12	392.48	24.53	546	2169.35	¥0.00	7715.35
T609	宋继昆	2606.00	2300.00	1150.00	180	25	50	60	40	5030.7	11421.7	588.72	98.12	392.48	24.53	1000	4317.85	¥0.00	10317.85
T610	谭文广	2670.00	3251.00	1245.00	300	25	50	60	40	5480.1	13121.1	710.52	118.42	473.68	29.61	456	6332.88	¥189.99	11598.89
T611	邵林	2670.00	3251.00	1150.00	300	25	50	60	40	11385	17980	596.4	99.4	397.6	24.85	668	11193.75	¥909.38	15952.38
T612	张山	2606.00	1900.00	1050.00	230	25	50	60	40	853.25	6794.25	540.72	90.12	360.48	22.53	666	111.40	¥0.00	5780.40
T613	李仪	2606.00	2300.00	1150.00	220	25	50	60	40	5569	12020	588.72	98.12	392.48	24.53	1000	4916.15	¥0.00	10916.15
T614	陈工川	2606.00	2300.00	1150.00	210	25	50	60	40	4620	11041	588.72	98.12	392.48	24.53	456	4391.15	¥0.00	9937.15
T615	彭平利	2606.00	2300.00	1150.00	150	25	50	60	40	6022	12383	588.72	98.12	392.48	24.53	1000	5279.15	¥158.37	11120.78
T616	李进	2606.00	2300.00	1150.00	260	25	50	60	40	2232	8703	588.72	98.12	392.48	24.53	546	2143.15	¥0.00	7599.15
T617	曹明菲	2606.00	1900.00	1050.00	270	25	50	60	40	2230.7	8231.7	540.72	90.12	360.48	22.53	668	1549.85	¥0.00	7217.85
T701	祝明	2606.00	2300.00	1150.00	300	25	50	60	40	2491	10112	588.72	98.12	392.48	24.53	500	3279.78	¥0.00	8779.78
T702	张霞	2670.00	3251.00	1245.00	300	25	50	60	60	5319.75	12890.75	710.52	118.42	473.68	29.61	546	5892.53	¥176.78	11381.75
T703	李小平	2606.00	2300.00	1150.00	230	25	50	60	40	2618	9059	588.72	98.12	392.48	24.53	1000	1955.15	¥0.00	7955.15
T704	陆元	2606.00	2300.00	1150.00	110	25	50	60	40	2419.5	8740.5	588.72	98.12	392.48	24.53	668	2090.65	¥0.00	7623.65
T705	王进	2606.00	2300.00	1150.00	240	25	50	60	40	11027.5	17478.5	588.72	98.12	392.48	24.53	1000	10374.65	¥827.47	15547.19
T706	李大德	2606.00	2300.00	1150.00	210	25	50	60	40	2306	8727	588.72	98.12	392.48	24.53	456	2167.15	¥0.00	7623.15
T707	魏光苻	2606.00	2300.00	1150.00	240	25	50	60	40	2352.5	8823.5	588.72	98.12	392.48	24.53	668	2051.65	¥0.00	7719.65
T708	赵丽明	2606.00	2300.00	1150.00	300	25	50	60	40	12955	19486	588.72	98.12	392.48	24.53	1000	12382.15	¥1,028.22	17353.94
T709	戴家宏	2606.00	1900.00	1050.00	300	25	50	60	40	4585.95	10596.95	540.72	90.12	360.48	22.53	546	4037.10	¥0.00	9583.10
T710	黄灿中	2670.00	3251.00	1245.00	300	25	50	60	40	2346.5	9917.5	710.52	118.42	473.68	29.61	1000	2585.28	¥0.00	9585.28
T711	程光凡	2606.00	2300.00	1150.00	130	25	50	60	40	2828.5	9169.5	588.72	98.12	392.48	24.53	456	2609.65	¥0.00	8065.65
T712	俞丽	2606.00	2300.00	1150.00	250	25	50	60	40	5604	12085	588.72	98.12	392.48	24.53	668	5313.15	¥159.39	10821.15
T713	宋厉宁	2606.00	2300.00	1150.00	200	25	50	60	40	2400	8911	588.72	98.12	392.48	24.53	456	2138.15	¥0.00	7807.15
T714	沙惠	2670.00	3251.00	1245.00	290	25	50	60	60	5039.7	12890.7	710.52	118.42	473.68	29.61	1000	5358.48	¥160.75	11197.72
T715	刘利	2606.00	2300.00	1150.00	220	25	50	60	40	12870	19391	588.72	98.12	392.48	24.53	546	12741.15	¥1,064.12	17223.04
T716	李红	2606.00	2300.00	1150.00	280	25	50	60	40	10162.5	16673.5	588.72	98.12	392.48	24.53	1000	9569.65	¥746.97	14822.69
T717	李丹	2606.00	2300.00	1150.00	300	25	50	40	40	2393	8904	588.72	98.12	392.48	24.53	456	2344.15	¥0.00	7800.15
T718	郜放	2606.00	2300.00	1150.00	300	25	50	40	40	2713.9	9224.9	588.72	98.12	392.48	24.53	668	2453.05	¥0.00	8121.05

● **任务分析**

　　员工薪酬中最主要的部分是工资，工资计算应用非常普遍，处理也很频繁，计算规则相对规范和简单。不同的企事业单位在工资计算方面差异较大，有的按计时工资计算，有的按计件工资计算；有的单位的工资是按月发放，有的则是按周发放。但管理的方式和步骤是类似的，基本上都采用二维表格进行处理。

　　计算工资通常需要根据各企事业单位的特点，由财务部门按照本单位员工收入的构成来设计。一般来说，企事业单位规模与工资条目成正比，即企事业单位规模越大，工资条目越多。但是，无论工资表的条目、外观如何变换，都先按定额输入，再按一定比例计算出各类明细项，然后求一批数据之和构成应发工资，求另一批数据之和构成应扣工资，应发工资减去应扣工资构成实发工资。

　　在本任务中，要计算的明细项目包括"洗理费""书报费""奖金""公积金""医疗险""养老险""失业险""应纳税所得额""税金""应发工资""实发工资"等。其中，"公积金""医疗险""养老险""失业险"4项的计算方法相似，计算公式为"（岗位工资＋薪级工资）× 相应比例"。计算"洗理费"时，需要通过判断员工的性别确认相应的值；"书报费"的计算也类似，需要判断是否是高级职称确定书报费的值，而高级职称也要根据职称的前两个字来判断；计算"税金"时，要依据"应纳税所得额"选择规定的"税率"和"速算扣除数"。这 3 个项目的计算有一个共同特点，就是都需要通过判断来获取所需的值，此时可以使用 IF 函数处理。"奖金"是另一个表中"总奖金"的数值，直接表达为引用另一个表的相应数据即可。"应发工资""实发工资"和"应纳税所得额"三项的计算方法相似，通过简单的加减运算即可完成。

2.1.2　模拟实施任务

打开工作簿

1 启动 Excel，单击"文件" > "打开"命令，打开"打开"对话框。在左窗格中找到文件所在的位置，在右窗格中找到需要打开的“工资管理”工作簿文件，双击该文件名。打开的“工资管理”工作簿有 3 个工作表，分别是“人事档案表”、“工资表”和“1 月业绩奖金表”。其中，“人事档案表”内容包含“项目一”所建“人事档案表”中“业务一部”和“业务二部”所有员工信息；“工资表”和“1 月业绩奖金表”内容如图 2-1 所示。

工资管理.xlsx

工号	姓名	岗位工资	薪级工资	职务补贴	工龄补贴	交通补贴	生活费	洗理费	书报费	奖金	应发工资	公积金	医疗险	养老险	失业险	专项附加扣除	应纳税所得额	税金	实发工资
7601	张涛	2670.00	3251.00	1245.00	300	25	50									666			
7602	沈核	2670.00	3251.00	1245.00	300	25	50									1000			
7603	王利华	2670.00	3251.00	1245.00	190	25	50									546			
7604	靳晋复	2670.00	3251.00	1245.00	200	25	50									1000			
7605	苑平	2606.00	2300.00	1150.00	280	25	50									456			
7606	李燕	2606.00	2300.00	1150.00	300	25	50									668			
7607	郝海为	2606.00	2300.00	1150.00	300	25	50									1000			
7608	盛代国	2606.00	2300.00	1150.00	300	25	50									546			
7609	宋维昆	2606.00	2300.00	1150.00	180	25	50									1000			
7610	谭文广	2670.00	3251.00	1245.00	300	25	50									456			
7611	邵林	2670.00	2300.00	1150.00	300	25	50									668			
7612	张山	2606.00	1900.00	1050.00	230	25	50									669			
7613	李仪	2606.00	2300.00	1150.00	220	25	50									1000			
7614	陈江川	2606.00	2300.00	1150.00	210	25	50									546			
7615	彭平利	2606.00	2300.00	1150.00	150	25	50									1000			
7616	李进	2606.00	2300.00	1150.00	260	25	50									456			
7617	曹明菲	2606.00	1900.00	1050.00	270	25	50									668			
7701	倪明	2670.00	3251.00	1245.00	300	25	50									500			
7702	张爽	2670.00	3251.00	1245.00	230	25	50									666			
7703	李小平	2606.00	2300.00	1150.00	230	25	50									1000			
7704	陆元	2606.00	2300.00	1150.00	110	25	50									546			
7705	王进	2606.00	2300.00	1150.00	240	25	50									1000			
7706	李大德	2606.00	2300.00	1150.00	210	25	50									456			
7707	魏光符	2606.00	2300.00	1150.00	240	25	50									668			
7708	赵希明	2606.00	2300.00	1150.00	300	25	50									1000			

人事档案表 1月业绩奖金表 工资表

（a）工资表

	1月业务员业绩奖金表						
工号	姓名	累计销售业绩	奖金百分比	本月销售业绩	奖励奖金	总奖金	累计销售额
7601	张涛	74947	20%	31525	1000	7305	48185
7602	沈核	68060	20%	33345	1000	7669	83860
7603	王利华	64900	20%	32870	1000	7574	46882
7604	靳晋复	18432	20%	37625	1000	8525	106057
7605	苑平	58830	20%	36015	1000	8203	53948
7606	李燕	58111	15%	25020	1000	4753	63131
7607	郝海为	51310	20%	36000	1000	8200	56421
7608	盛代国	12252	10%	23082	0	2308.2	85334
7609	宋维昆	56223	20%	33538	1000	7707.6	69761
7610	谭文广	52122	20%	36534	1000	8306.8	51746
7611	邵林	61630	25%	41540	1000	11385	64173
7612	张山	74947	5%	17065	1000	1853.25	33725
7613	李仪	68060	20%	30460	1000	7092	80975
7614	陈江川	54900	20%	30800	1000	7160	44812
7615	彭平利	18432	20%	33480	1000	7696	101912
7616	李进	68830	10%	22320	1000	3232	40253
7617	曹明菲	58111	10%	22307	1000	3230.7	60418
7701	倪明	61310	10%	24910	1000	3491	45331
7702	张爽	12252	20%	35465	0	7093	97717
7703	李小平	56223	15%	26180	1000	4927	62403
7704	陆元	56212	10%	24195	1000	3419.5	39407
7705	王进	52633	25%	44110	1000	12027.5	66743
7706	李大德	515	10%	23060	0	2306	73575
7707	魏光符	50012	10%	23525	1000	3352.5	37537
7708	赵希明	18432	25%	47820	1000	12955	116252
7709	戴家宏	50933	20%	30573	1000	7114.6	48506
7710	黄和中	58111	10%	23465	1000	3346.5	61576
7711	程光凡	50421	15%	28285	1000	5242.75	48706
7712	俞丽	12252	20%	37360	0	7472	99612
7713	李历宁	515	10%	24000	0	2400	74515
7714	孙燕	52012	20%	33598	1000	7719.6	47610
7715	刘利	18432	25%	47480	1000	12870	115912
7716	李红	57933	25%	40650	1000	11162.5	58583
7717	李丹	58111	10%	23930	1000	3393	62041
7718	郝放	50421	15%	27139	1000	5070.85	47560

（b）1 月业绩奖金表

图 2-1　计算前的“工资表”和“1 月业绩奖金表”

计算公积金

2 公司规定“公积金”按岗位工资与薪级工资之和的 12% 计算。计算第 1 个员工“公积金”的计算公式[01]为“=(C2+D2)*0.12”。选定第 1 个员工“公积金”所在的单元格 M2。

3 输入公式 =(C2+D2)*0.12[02]，单击编辑栏的“输入”按钮✓[03]，结果如图 2-2 所示。由图 2-2 可以看出，M2 单元格中存储的是计算公式，显示的则是公式的计算结果。

图 2-2 计算第 1 个员工的公积金

4. 将鼠标指针放到 M2 单元格右下角填充柄上，双击鼠标左键，将 M2 单元格的公式填充到 M3:M36⁰⁴单元格区域中，结果如图 2-3 所示。

	A	B	C	D	E	F	G	H	I	J	K	L	M	N	O	P	Q	R	S	T
1	工号	姓名	岗位工资	薪级工资	职务补贴	工龄补贴	交通补贴	生活费	洗理费	书报费	奖金	应发工资	公积金	医疗险	养老险	失业险	专项附加扣除	应纳税所得额	税金	实发工资
32	T714	孙燕	2670.00	3251.00	1245.00	290	25	50					710.52				1000			
33	T715	刘利	2606.00	2300.00	1150.00	290	25	50					588.72				546			
34	T716	宇红	2606.00	2300.00	1150.00	280	25	50					588.72				1000			
35	T717	宇丹	2606.00	2300.00	1150.00	300	25	50					588.72				456			
36	T718	郝帅	2606.00	2300.00	1150.00	300	25	50					588.72				668			

图 2-3 "公积金"计算结果

计算医疗险、养老险和失业险

5. "医疗险"按岗位工资和薪级工资之和的 2% 计算，"养老险"按岗位工资和薪级工资之和的 8% 计算，"失业险"按岗位工资和薪级工资之和的 0.5% 计算，第 1 个员工的"医疗险""养老险"和"失业险"计算公式分别为

医疗险：=(C2+D2)*0.02

养老险：=(C2+D2)*0.08

失业险：=(C2+D2)*0.005

6. "医疗险"的计算与"公积金"的计算类似，即先在第 1 个员工"医疗险"所在单元格 N2 中输入计算公式 =(C2+D2)*0.02⁰⁵，然后将该公式填充到 N3:N36 单元格区域。"养老险"和"失业险"的操作步骤与此类似，计算结果如图 2-4 所示。

	A	B	C	D	E	F	G	H	I	J	K	L	M	N	O	P	Q	R	S	T
1	工号	姓名	岗位工资	薪级工资	职务补贴	工龄补贴	交通补贴	生活费	洗理费	书报费	奖金	应发工资	公积金	医疗险	养老险	失业险	专项附加扣除	应纳税所得额	税金	实发工资
2	T601	张涛	2670.00	3251.00	1245.00	300	25	50					710.52	118.42	473.68	29.605	666			
3	T602	沈焱	2670.00	3251.00	1245.00	300	25	50					710.52	118.42	473.68	29.605	1000			
4	T603	王利华	2670.00	3251.00	1245.00	190	25	50					710.52	118.42	473.68	29.605	546			
5	T604	靳富宜	2670.00	3251.00	1245.00	300	25	50					710.52	118.42	473.68	29.605	1000			
6	T605	范平	2606.00	2300.00	1150.00	280	25	50					588.72	98.12	392.48	24.53	456			

图 2-4 "医疗险""养老险"和"失业险"计算结果

计算洗理费

7. 公司规定"洗理费"标准按男员工每人每月 40 元，女员工每人每月 60 元发放。第 1 个员工的"洗理费"计算公式分别为"=IF (人事档案表 !D2="男",40,60)"。选定第 1 个员工"洗理费"所在单元格 I2。

8. 在"开始"选项卡的"编辑"命令组中，单击"自动求和"⁰⁶下拉箭头，在弹出的下拉菜单中选择"其他函数"选项，打开"插入函数"对话框。

9. 一般情况下，可以在常用函数列表中找到 IF 函数⁰⁷。如果没有列出，可以在"或选择类别"下拉列表中选择"逻辑"选项，然后在下面的"选择函数"列表框中选择"IF"选项，如图 2-5 所示。单击"确定"按钮，打开 IF 函数的"函数参数"对话框。

10. 将焦点定位到 IF 函数的第 1 个参数框"Logical_test"中，单击"人事档案表"标签，然后单击该员工对应的"性别"单元格 D2；接着输入 ="男 "，如图 2-6 所示。

图 2-5　选择 IF 函数

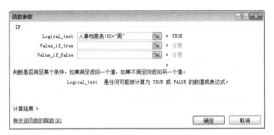

图 2-6　输入第 1 个参数

⓫ 在"Value_if_true"和"Value_if_false"文本框中分别输入 40 和 60，结果如 2-7 所示。单击"确定"按钮。

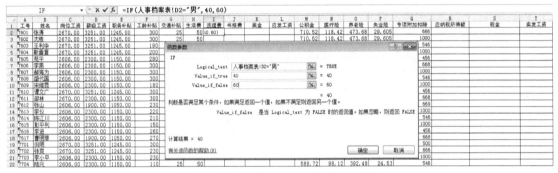

图 2-7　输入完成的"函数参数"对话框

⓬ 将鼠标指针放在 I2 单元格的填充柄上，双击鼠标左键，将 I2 单元格的公式填充到 I3:I36 单元格区域，如图 2-8 所示。

图 2-8　"洗理费"计算结果

计算书报费

⓭ 公司规定"书报费"标准按高级职称每人每月 60 元，其他职称每人每月 40 元发放。第 1 个员工的"书报费"计算公式分别为"=IF(LEFT⁰⁸(人事档案表 !J2,2)=" 高级 ",60,40)"。选定第 1 个员工"书报费"所在单元格 J2。

⓮ 输入 =IF (LEFT(人事档案表 !J2,2)=" 高级 ",60,40) ⁰⁹（说明：公式中 J2 为第 1 个员工职称值所在的单元格地址），结果如图 2-9 所示。

图 2-9　计算第 1 个员工的书报费

⓯ 将 J2 单元格的公式填充到 J3:J36 单元格区域，计算结果如图 2-10 所示。

	J2		*f*x	=IF(LEFT(人事档案表!J2,2)="高级",60,40)														
	A	B	C	D	E	F	G	H	I	J	K	L	M	N	O	P	Q	R	S	T
1	工号	姓名	岗位工资	薪级工资	职务补贴	工龄补贴	交通补贴	生活费	洗理费	书报费	奖金	应发工资	公积金	医疗险	养老险	失业险	专项附加扣除	应纳税所得额	税金	实发工资
2	T601	张涛	2670.00	3251.00	1245.00	300	25	50	40	40			710.52	118.42	473.68	29.605	666			
3	T602	沈核	2670.00	3251.00	1245.00	300	25	50	60	60			710.52	118.42	473.68	29.605	1000			
4	T603	王利华	2670.00	3251.00	1245.00	190	25	50	60	60			710.52	118.42	473.68	29.605	546			
5	T604	靳蕾夏	2670.00	3251.00	1245.00	200	25	50	60	60			710.52	118.42	473.68	29.605	1000			
6	T605	苑平	2606.00	2300.00	1150.00	280	25	50	40	40			588.72	98.12	392.48	24.53	456			
7	T606	李惠	2606.00	2300.00	1150.00	300	25	50	60	40			588.72	98.12	392.48	24.53	668			
8	T607	郝海为	2606.00	2300.00	1150.00	300	25	50	40	40			588.72	98.12	392.48	24.53	1000			

图 2-10　"书报费"计算结果

计算奖金

16　"奖金"是"1月业绩奖金表"中"总奖金"的数值。第 1 个员工的"奖金"计算公式为"= 人事档案表 !G3"。选定第 1 个员工"奖金"所在单元格 K2。

17　输入公式 ='1 业绩奖金表 '!G3，然后将该公式填充到 K3:K36 单元格区域，计算结果如图 2-11 所示。

	K2		*f*x	='1月业绩奖金表'!G3														
	A	B	C	D	E	F	G	H	I	J	K	L	M	N	O	P	Q	R	S	T
1	工号	姓名	岗位工资	薪级工资	职务补贴	工龄补贴	交通补贴	生活费	洗理费	书报费	奖金	应发工资	公积金	医疗险	养老险	失业险	专项附加扣除	应纳税所得额	税金	实发工资
2	T601	张涛	2670.00	3251.00	1245.00	300	25	50	40	40	5728.75		710.52	118.42	473.68	29.605	666			
3	T602	沈核	2670.00	3251.00	1245.00	300	25	50	60	60	6001.75		710.52	118.42	473.68	29.605	1000			
4	T603	王利华	2670.00	3251.00	1245.00	190	25	50	60	60	4930.5		710.52	118.42	473.68	29.605	546			
5	T604	靳蕾夏	2670.00	3251.00	1245.00	200	25	50	60	60	6643.75		710.52	118.42	473.68	29.605	1000			
6	T605	苑平	2606.00	2300.00	1150.00	280	25	50	40	40	5402.25		588.72	98.12	392.48	24.53	456			
7	T606	李惠	2606.00	2300.00	1150.00	300	25	50	60	40	2502		588.72	98.12	392.48	24.53	668			
8	T607	郝海为	2606.00	2300.00	1150.00	300	25	50	40	40	5400		588.72	98.12	392.48	24.53	1000			

图 2-11　"奖金"计算结果

计算应发工资

18　"应发工资"的计算公式为"=(岗位工资 + 薪级工资 + 职务补贴 + 工龄补贴 + 交通补贴 + 生活费 + 洗理费 + 书报费 + 奖金)"。从上述公式可以发现，需要汇总的项数比较多，公式较长，对于此种计算，使用 SUM 函数求和更为简单方便。计算第 1 个员工"应发工资"的计算公式为"=SUM(C2:K2)" ⑩。选定第 1 个员工"应发工资"所在单元格 L2。

19　输入公式 =SUM(C2:K2)，或在"开始"选项卡的"编辑"命令组中，单击"自动求和"命令 ⑥。然后单击编辑栏的"输入"按钮 ✓。

20　将 L2 单元格中的公式填充到 L3:L36 单元格区域，计算结果如图 2-12 所示。

	L2		*f*x	=SUM(C2:K2)														
	A	B	C	D	E	F	G	H	I	J	K	L	M	N	O	P	Q	R	S	T
1	工号	姓名	岗位工资	薪级工资	职务补贴	工龄补贴	交通补贴	生活费	洗理费	书报费	奖金	应发工资	公积金	医疗险	养老险	失业险	专项附加扣除	应纳税所得额	税金	实发工资
2	T601	张涛	2670.00	3251.00	1245.00	300	25	50	40	40	5728.75	13349.75	710.52	118.42	473.68	29.605	666			
3	T602	沈核	2670.00	3251.00	1245.00	300	25	50	60	40	6001.75	13642.75	710.52	118.42	473.68	29.605	1000			
4	T603	王利华	2670.00	3251.00	1245.00	190	25	50	60	40	4930.5	12461.50	710.52	118.42	473.68	29.605	546			
5	T604	靳蕾夏	2670.00	3251.00	1245.00	200	25	50	60	40	6643.75	14204.75	710.52	118.42	473.68	29.605	1000			
6	T605	苑平	2606.00	2300.00	1150.00	280	25	50	40	40	5402.25	11893.25	588.72	98.12	392.48	24.53	456			
7	T606	李惠	2606.00	2300.00	1150.00	300	25	50	60	40	2502	9033.00	588.72	98.12	392.48	24.53	668			
8	T607	郝海为	2606.00	2300.00	1150.00	300	25	50	40	40	5400	11911.00	588.72	98.12	392.48	24.53	1000			

图 2-12　"应发工资"计算结果

计算税金

21　"税金"的计算需要使用 IF 函数，但是比计算"洗理费"和"书报费"要复杂的多，需要多个 IF 函数嵌套使用。按照任务要求中给出的不同级数对应的税率和速算扣除数，第 1 个员工"税金"的计算公式为"=IF(R2<5000,0,IF(R2<8000,R2*0.03,IF(R2<17000,R2*0.1-210, R2*0.2-1410)))"。选定第 1 个员工"税金"所在单元格 S2。

22　输入上述公式，然后将 S2 单元格中的公式填充到 S3:S36 单元格区域。

计算应纳税所得额

23　"应纳税所得额"的计算公式为"= 应发工资 - 医疗险 - 公积金 - 养老险 - 失业险 - 专

项附加扣除 -5000"。这里使用 SUM 函数计算"医疗险""公积金""养老险""失业险""专项附加扣除"之和。第 1 个员工的"应纳税所得额"计算公式为"=L2-SUM(M2:Q2)-5000"。选定第 1 个员工"应纳税所得额"所在单元格 R2。

24 输入 =L2-，然后单击编辑栏最左侧下拉箭头❻，在弹出的下拉列表中选择"SUM"选项，如图 2-13 所示，打开所选函数的"函数参数"对话框。

图 2-13 选择 SUM 函数

25 在"Number1"文本框中输入 M2:Q2，如图 2-14 所示。

图 2-14 输入 SUM 函数的第 1 个参数

26 单击编辑栏中公式的最末端，输入 -5000，如图 2-15 所示。

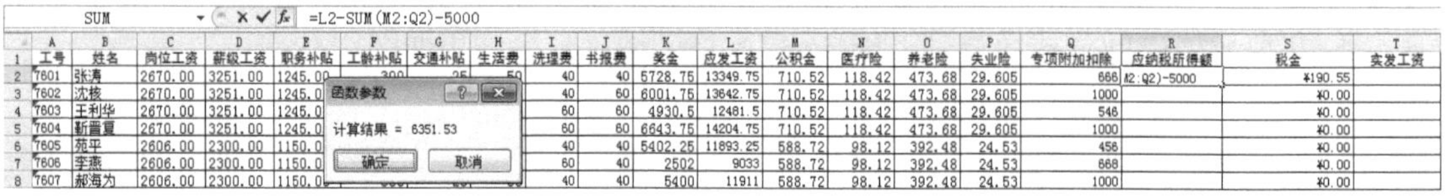

图 2-15 计算第 1 个员工的应纳税所得额

27 单击"函数参数"对话框中的"确定"按钮，然后将 S2 单元格的公式填充到 S3:S36 单元格区域，结果如图 2-16 所示。

图 2-16 "应纳税所得额"计算结果

计算实发工资

28 "实发工资"的计算公式分别为"= 应发工资 - 公积金 - 医疗险 - 养老险 - 失业险 - 税金"。这里用 SUM 函数计算"公积金""医疗险""养老险""失业险"之和。第 1 个员工的"实发工资"计算公式为"=L2-SUM(M2:P2)-S2"。选定第 1 个员工"实发工资"

所在单元格 T2。

⚹ 使用计算"应纳税所得额"相同的操作步骤和方法计算实发工资，最终计算结果如图
2-17 所示。

	A	B	C	D	E	F	G	H	I	J	K	L	M	N	O	P	Q	R	S	T
1	工号	姓名	岗位工资	薪级工资	职务补贴	工龄补贴	交通补贴	生活费	流理费	书报费	奖金	应发工资	公积金	医疗险	养老险	失业险	专项附加扣除	应纳税所得额	税金	实发工资
2	7601	张涛	2670.00	3251.00	1245.00	300	25	50	40	40	5728.75	13349.75	710.52	118.42	473.68	29.605	666	6351.53	¥190.55	11826.98
3	7602	沈秩	2670.00	3251.00	1245.00	300	25	50	40	60	6001.75	13642.75	710.52	118.42	473.68	29.605	1000	6310.53	¥189.32	12121.21
4	7603	王利华	2670.00	3251.00	1245.00	190	25	50	60	60	4930.5	12481.50	710.52	118.42	473.68	29.605	548	5603.28	¥168.10	10981.18
5	7604	靳蕾夏	2670.00	3251.00	1245.00	200	25	50	60	60	6643.75	14204.75	710.52	118.42	473.68	29.605	1000	6872.53	¥206.18	12666.35
6	7605	苑平	2606.00	2300.00	1150.00	280	25	50	60	40	5402.25	11893.25	588.72	98.12	392.48	24.53	456	5333.40	¥180.00	10829.40
7	7606	李燕	2606.00	2300.00	1150.00	300	25	50	60	40	2502	9033.00	588.72	98.12	392.48	24.53	668	2261.15	¥0.00	7929.15
8	7607	郝海为	2606.00	2300.00	1150.00	300	25	50	40	40	5400	11911.00	588.72	98.12	392.48	24.53	1000	4807.15	¥0.00	10807.15

图 2-17 "实发工资"计算结果

保存工资表

⚹ 单击"文件">"保存"命令，或单击快速访问工具栏上的"保存"按钮，保存"工资管理"
工作簿。

2.1.3 拓展知识点

01 公式

公式是指以"="开始，通过使用运算符将数据、函数等数据分量按一定顺序连接在一起，
从而实现对工作表中的数据进行计算和操作的等式。Excel 公式由前导符等号（=）、常量、
单元格引用、区域名称、函数、括号及相应的运算符组成。其中，常量是指输入工作表中
的数字或者文本，如 2008、"time"等。单元格引用是指通过使用一些固定的格式引用单
元格中的数据，如 C2、$D$3、$A1:D$10 等。区域名称是指直接引用为该区域定义的名称。
假设将区域 A1:C5 命名为"time"，那么在计算时可以使用该名称代替此区域。例如，求
该区域数据之和，可将计算公式写为"=sum(time)"。函数是 Excel 提供的各种内置函数，
使用时直接给出函数名及参数即可。括号是为了区分运算顺序而增加的一种符号。运算符
是连接公式中基本运算量并完成特定计算的符号，如"+""&"等。

> 💡 **注意**
>
> 公式中的"="不可省略，否则 Excel 会将其识别为文本。

> 🔖 **提示**
>
> 为单元格或单元格区域新建名称的操作步骤如下。
>
> ① 打开"新建名称"对话框。选定需要命名的单元格或单元格区域，在"公式"选项卡的"定义的名称"
> 命令组中，单击"定义名称"命令或单击"定义名称"下拉箭头，在弹出的下拉列表中选择"定义名称"
> 选项，打开"新建名称"对话框。也可以直接按【Ctrl】+【F3】组合键，
> 打开"名称管理器"对话框，再单击"新建"按钮，打开"新建名称"对
> 话框。
>
> ② 设置单元格或单元格区域名称。在"名称"文本框中输入名称，
> 单击"确定"按钮，结果如图 2-18 所示。

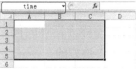

图 2-18 新建名称结果

ⓘ2 运算符

运算符是公式中不可缺少的部分，主要包括算术运算符、文本运算符和关系运算符等 3 种。

1. 算术运算符

使用算术运算符可以实现基本的算术运算。算术运算符包括加（＋）、减（－）、乘（＊）、除（/）、百分号（%）和乘方（^）。由算术运算符、数值常量、值为数值的单元格引用及数值函数等组成的表达式称为算术表达式。算术表达式运算的结果为数值型。例如，C3 和 D3 单元格中存放的是数值型数据，那么 C3/D3*100 就属于算术表达式。

2. 文本运算符

使用文本运算符可以实现文本型数据的连接运算。文本运算符只有一个，即连接符（&），其功能是将两个文本型数据首尾连接在一起，形成一个新的文本型数据。由文本运算符、文本型常量、值为文本的单元格引用及文本型函数等组成的表达式称为文本表达式。文本表达式运算结果为文本型。例如，"中国"&"计算机用户"的运算结果为"中国计算机用户"；又如，2008&8 的运算结果为 20088。

> 💡 **注意**
>
> 使用文本运算符"&"连接数值型数据时，数据两侧的引号可以省略，但连接文本型数据时，数据两侧的引号不能省略，否则将返回错误值。

3. 关系运算符

使用关系运算符可以实现比较运算。关系运算符包括大于（＞）、大于等于（＞＝）、小于（＜）、小于等于（＜＝）、等于（＝）和不等于（＜＞）6 种。关系运算用于比较两个数据的大小。由关系运算符、数值表达式、文本表达式等组成的表达式称为关系表达式。关系表达式运算的结果为一个逻辑值：TURE 或 FALSE。关系运算符两侧的表达式为同一种类型。例如，"DEF"＞"123"是一个关系表达式，关系运算符两侧均为文本表达式，比较结果为 FALSE。在 Excel 中，除错误值外，数值、文本和逻辑值之间均存在大小关系，即数值小于文本，文本小于逻辑值。

> 💡 **注意**
>
> 文本型数值与数值是两个不同的概念，Excel 允许数值以文本类型存储。如果一定要比较文本型数值与数值的大小，可将二者相减的结果与 0 比较大小来实现。

4. 运算符的优先级

如果一个表达式用到了多个运算符，那么这个表达式中的运算将按一定的顺序进行，这种顺序称为运算的优先级。运算符的优先级为：^（乘方）→ －（负号）→ %（百分比）→ *、/（乘或除）→ +、－（加或减）→ &（文本连接）→ ＞、＞=、＜、＜=、=、＜＞（比较）。如果公式中包含相同优先级的运算符，如公式中同时包含乘法和除法，Excel 将从左到右进行计算。如果要修改运算顺序，可将先运算的部分放在括号内。

注意

括号的优先级最高。也就是说，如果在公式中包含括号，那么应先计算括号内的表达式，再计算括号外的表达式。

03 输入公式

输入公式与输入数据类似，可以在单元格中输入，也可以在编辑栏中输入。无论在什么位置输入，均可以使用两种方法，即手工输入和单击单元格输入。

1. 手工输入

手工输入是指完全通过键盘来输入整个公式。方法是先输入一个等号，然后依次输入公式中的各分量。例如，在 C4 单元格中输入 =A4+B4。在输入过程中可以发现，当输入 A4 时，A4 单元格的边框变为蓝色，表示已成为公式中的引用分量；输入了 B4 后，B4 单元格的边框变为绿色，同样表示成为公式中的引用分量。如果后面还有更多的引用分量，将分别以不同的颜色显示出来。

2. 单击单元格输入

使用手工输入公式，需要逐个输入公式中所有的分量。事实上，Excel 提供了一种简捷、快速的输入公式方法，即通过单击单元格输入运算分量，手工只输入运算符。例如，在 C4 单元格中输入公式 "=A4+B4" 的操作步骤如下。

① 选定单元格。选定输入公式的单元格 C4，输入 =。

② 选定引用分量。单击 A4 单元格，这时 A4 单元格的边框变为一个活动虚线框，C4 单元格内容变为 "=A4"。

③ 输入运算符。输入 +，此时 A4 单元格的边框变为蓝色实线，同时状态栏中再次显示 "输入"，表示要输入下一个分量。

④ 选定引用分量。单击 B4 单元格，这时 B4 单元格的边框变为一个活动虚线框，C4 单元格内容变为 "=A4+B4"。

⑤ 结束输入。单击编辑栏上的 "输入" 按钮。

当单元格 A4 或 B4 的数据发生变化时，C4 中的内容也随之发生改变，而不需要手工修改其中的信息，这正是公式的优势所在。

04 编辑公式

如果输入的公式有误，可以对其进行修改。修改公式的方法与修改单元格中数据的方法相同。除此之外，还可以对已输入的公式进行复制、显示、删除等操作。

1. 复制公式

可以使用自动填充方法将公式从一个单元格复制到另一个单元格。也可以使用 "复制" 命令复制公式。使用自动填充方法复制公式的操作步骤如下。

① 选定要复制公式的单元格。

② 执行复制操作。将鼠标指针移到所选单元格的填充柄处，当鼠标指针变为十字形状时，按住鼠标左键不放拖曳至所需单元格放开或双击鼠标左键，此时可以看到填充的单元格立即

显示出计算结果。

⚙ **技巧**

可以通过组合键实现公式的快速复制，操作步骤如下。

① 选择单元格区域。选择公式所在单元格及需要复制公式的连续单元格区域。例如，将 C4 单元格中的公式"=A4+B4"复制到 C5:C10 中，应选择 C4:C10。

② 复制公式。按【Ctrl】+【D】组合键。

---

2. 显示公式

默认情况下，含有公式的单元格中显示的数据是公式的计算结果。若希望将公式显示出来，则可以在"公式"选项卡的"公式审核"命令组中，单击"显示公式"命令，这时工作表中所有的公式将立即显示出来。如果希望使含有公式的单元格恢复显示计算结果，可以再次单击"公式"选项卡"公式审核"命令组中的"显示公式"命令。

3. 删除公式

如果希望在含有公式的单元格中只显示和保留其中的数据，可将公式删除，操作步骤如下。

① 复制含有公式的单元格。选定需要删除公式的单元格或单元格区域，然后单击"开始"选项卡"剪贴板"命令组中的"复制"命令，或者直接按【Ctrl】+【C】组合键。

② 打开"选择性粘贴"对话框。单击鼠标右键，在弹出的快捷菜单中单击"选择性粘贴">"选择性粘贴"命令，打开"选择性粘贴"对话框。

③ 设置粘贴内容。选择"粘贴"选项区中的"数值"单选按钮，设置结果如图 2-19 所示。

④ 确认删除。单击"确定"按钮，即可将选定单元格中的公式删除。

图 2-19　粘贴内容设置结果

💡 **注意**

按【Delete】键，将删除包括数值和公式在内的所有内容。

---

⑤ 单元格引用

使用 Excel 处理数据时，几乎所有的公式都要引用单元格或单元格区域，引用的作用相当于链接，指明公式中使用数据的位置。公式的计算结果取决于被引用单元格中的值，并随着其值变化发生相应的改变。Excel 共有 4 种引用单元格的方式，分别是相对引用、绝对引用、混合引用和外部引用。

1. 相对引用

相对引用是指公式所在单元格与公式中引用的单元格之间的相对位置。若公式所在单元格的位置发生了变化，那么公式中引用的单元格的位置也将随之发生改变，这种改变是以公式所在单元格为基点的。例如，在 C4 单元格中输入了公式 =A4+B4，公式中使用了相对引用 A4 和 B4，被引用的 A4 是以公式所在单元格 C4 为基点，向左移动 2 列的单元格，被引用的 B4 是以公式所在单元格 C4 为基点，向左移动 1 列的单元格。当将 C4 单元格中的公式复制到 C5 单元格时，公式中被引用的单元格是以公式所在单元格 C5 为基点，向左移动 2 列、向下移动 1 行的单元格是 A5，向左移动 1 列、向下移动 1 行的单元格是 B5，因此 C5 单元格中的公式变为"=A5+B5"，这就是相对引用。也就是说，相对引用是随着公式所在单元格位置的变化而相对变化的。

2. 绝对引用

有时在公式中需要引用某个固定的单元格，无论将引用该单元格的公式复制或者填充到什么位置，都不希望它发生任何改变，这时就要使用单元格的绝对引用。绝对引用的方法是在列标和行号前分别加上"$"符号。例如，$F$2 表示工作表 F2 单元格的绝对引用，而 $A$1:$B$6 则表示 A1:B6 单元格区域的绝对引用。绝对引用与公式所在单元格位置无关，即使公式所在单元格位置发生了变化，引用的公式不会改变，引用的内容也不会发生任何改变。

3. 混合引用

有时希望公式中使用单元格引用的一部分固定不变，而另一部分自动改变。例如，行号变化、列标不变，或者列标变化、行号不变，这时可以使用混合引用。混合引用有两种形式：一是行号使用相对引用，列标使用绝对引用；二是行号使用绝对引用，列标使用相对引用。例如，$C3、C$3 均为混合引用。若公式所在单元格位置改变，则相对引用改变，而绝对引用不变。

> **技巧**
>
> 若要改变公式中的引用方式，可以通过快捷键【F4】来完成。当输入一个单元格引用后，反复按【F4】键可以在 4 种类型中循环选择。例如，在编辑栏中输入 =A4，按一下【F4】键，公式变为"=$A$4"；再按一下【F4】键，变为"=A$4"；再按一次【F4】键，变为"=$A4"；再按一次【F4】键，又返回到开始时的"=A4"。

4. 外部引用

在公式中引用单元格，不仅可以引用同一工作表中的单元格，还可以引用同一工作簿其他工作表中的单元格或不同工作簿中的单元格。

（1）引用同一工作簿不同工作表中的单元格。当需要引用同一工作簿其他工作表中的单元格时，引用格式如下：

工作表引用！单元格引用

其中，工作表引用即为工作表名。例如，若引用"人事档案表"工作表中 J2 单元格，则引用格式为"人事档案表 !$J$2"。一般来说，引用另一个工作表单元格的数据时，采用绝对引用，这样即使将该公式移到其他单元格，所引用的单元格也不会发生变化。

> **注意**
>
> 若工作表名包含空格，则必须用单引号将工作表名括起来。

（2）引用不同工作簿中的单元格。当需要引用其他工作簿中的单元格时，引用格式如下：

[工作簿名称] 工作表引用！单元格引用

例如，若引用"工资管理"工作簿的"人事档案表"工作表中的 J2 单元格，则引用格式为"[工资管理 . xlsx] 人事档案表 !\$J\$2"。若引用的工作簿未打开，则在引用中应写出该工作簿存放位置的路径，并用单引号括起来。例如，= 'D:\Excel\[工资管理 .xlsx] 人事档案表' !\$J\$2。

（3）三维引用。如果需要同时引用工作簿中多个工作表的单元格或单元格区域，可使用三维引用，引用格式如下。

工作表名 1: 工作表名 N! 单元格引用

例如，在某个工作簿中存放了 12 个月销售情况表，名称依次为"1 月""2 月""3 月"…"12月"，每个表的结构相同。假定每个表的 G18 单元格存放的是月销售利润，现需要计算全年销售总利润。引用方法为：在存放"年销售总利润"的单元格中输入公式 =SUM(1 月 :12 月 !\$G\$18)。

06 函数及输入

公式是对工作表中数据进行计算和操作的等式，函数是一些预先编写的、按特定顺序或结构执行计算的特殊公式。Excel 函数由 Excel 内部预先定义并按照特定的顺序、结构来执行计算、分析等数据处理任务的功能模块，也称为"特殊公式"。与公式一样，函数的最终返回结果也是值。Excel 函数有唯一的名称且不区分大小写。

每个 Excel 函数都具有相同的结构形式，其格式为：函数名 (参数 1, 参数 2…)。例如，IF(D2>0,40,60)。其中，函数名即函数的名称，唯一标识一个函数；参数是函数的输入值，用来计算所需的数据。参数可以是数字、文本、表达式、单元格引用、区域名称、逻辑值，或其他函数。有时函数不带参数，如 NOW()、TODAY() 等。

当函数的参数也是函数时，称为函数的嵌套。例如，=IF(LEFT(人事档案表 !J2,2)=" 高级 ",60,40)。其中，IF 和 LEFT 都是函数名，IF 函数有 3 个参数，第 1 个参数"LEFT(人事档案表 !J2,2)=" 高级 ""是一个逻辑表达式，也是作为参数形式出现的嵌套函数；第 2 个和第 3 个参数分别为 60 和 40，均是一个数值常量。当"人事档案表"J2 单元格内数据的前两个字符为"高级"时，函数值为 60，否则函数值为 40。

函数作为公式来使用，输入时应以等号"="开始，后面是函数。输入函数有 4 种方法：使用"插入函数"对话框，使用"自动求和"按钮，手工直接输入及函数的嵌套输入。

1. 使用"插入函数"对话框

对于比较复杂的函数或者参数较多的函数，可以使用"插入函数"对话框完成输入。操作步骤如下。

① 选定存放函数公式的单元格。

② 打开"插入函数"对话框。单击编辑栏上的"插入函数"按钮 𝑓ₓ，打开"插入函数"对话框。

🌐 **提示**

打开"插入函数"对话框的其他方法是：单击"公式"选项卡"函数库"命令组中的"插入函数"命令，或按【Shift】+【F3】组合键。

---

③ 选择函数。在"或选择类别"下拉列表中选择函数的类别；在"选择函数"列表框中

选择所需函数，如图 2-20 所示，然后单击"确定"按钮，打开"函数参数"对话框。

图 2-20 选择函数

④ 输入函数参数。输入函数所需的各项参数，每个文本框会显示该参数的当前值。对话框的下方有关于所选函数的一些描述性文字，以及对当前参数的相关说明，如图 2-22 所示。

提示

如在"搜索函数"编辑框中输入查找信息，如输入统计，再单击"转到"按钮，会显示一个"推荐"列表。如图 2-21 所示，可以通过查看列表中的函数简介以确定使用哪个函数。

图 2-21 "推荐"列表

图 2-22 输入参数

注意

个别函数的参数提示是错误的。如 IF 函数的第 2 个参数下方显示"当 Logical_test 为 TRUE 时的返回值。如果忽略，则返回 TRUE"，如图 2-22 所示。这个提示就是错误的，这个参数不能忽略。

⑤ 结束输入。单击"确定"按钮完成输入。

2. 使用"自动求和"按钮

为了方便使用，Excel 在"开始"选项卡的"编辑"命令组中设置了一个"自动求和"按钮 Σ，单击该按钮可以自动添加求和函数；单击该按钮右侧的下拉箭头，会出现一个下拉菜单，其中包含求和、平均值、计数、最大值、最小值和其他函数，如图 2-23 所示。

选择前 5 个选项中的任意一个，系统会识别出待统计的单元格区域，并将单元格区域地址自动加到函数的参数中，以方便输入。选择"其他函数"选项，打开"插入函数"对话框，可以在其中选择函数，并设置相关参数。

图 2-23 "自动求和"按钮下拉菜单

3. 手工直接输入

若已熟练掌握了函数的格式，则可以在单元格中直接输入函数。当依次输入了等号、函数名和左括号后，系统会自动出现当前函数语法结构的提示信息，如图 2-24 所示。

如果希望进一步了解函数信息，按【Shift】+【F3】组合键，可以打开"插入函数"对话框。

图 2-24　手工输入函数时的提示信息

4. 函数的嵌套输入

在处理复杂问题时，计算公式往往需要使用函数嵌套。例如，函数公式：

=IF(LEFT(人事档案表 !J2,2)=" 高级 ",60,40)

输入该公式的操作步骤如下。

① 选定存放函数公式的单元格。

② 打开"插入函数"对话框。单击编辑栏上的"插入函数"按钮 fx，打开"插入函数"对话框。

③ 选择函数。在"或选择类别"下拉列表中选择"逻辑"选项；在"选择函数"列表框中选择"IF"函数，然后单击"确定"按钮，打开"函数参数"对话框。

④ 输入第 1 个函数参数。单击编辑栏最左侧函数右侧的下拉箭头，弹出下拉列表，如图 2-25 所示。选择"其他函数"选项，打开"插入函数"对话框，在"或选择类别"下拉列表中选择"文本"选项；在"选择函数"列表框中选择"lEFT"函数，打开"函数参数"对话框。在"Tcst"文本框中输入人事档案表 !J2，在"Num_chars"中输入 2，结果如图 2-26 所示。单击编辑栏上的公式尾部，回到 IF 函数参数输入框，单击第一个参数值尾部，输入=" 高级 "。

图 2-25　选择嵌套函数

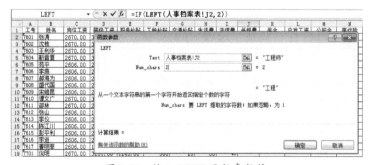

图 2-26　输入 LEFT 函数参数值

⑤ 输入其他两个参数。在第 2 个文本框中输入 60，在第 3 个文本框中输入 40，结果如图 2-27 所示。

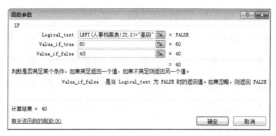

图 2-27 函数参数值设置结果

⑥ 结束输入。单击“确定”按钮完成输入。

07 IF 函数

函数格式：IF(logical_test,value_if_true,value_if_false)

函数功能：判断条件是否成立，若条件成立，返回第一个值，否则返回第二个值。

说明：logical_test 为逻辑判断条件；value_if_true 是条件为真时返回的结果；value_if_false 是条件为假时返回的结果。计算时，IF 函数对 logical_test 的值进行逻辑判断，根据其真假而返回不同的结果。

示例：根据学生的平均成绩，确定图 2-28 所示的学生成绩表中每名学生的交费情况，若平均成绩小于 60，需要交费，否则免费。

计算公式：=IF(E2<60," 交费 "," 免费 ")

在 F2 单元格中输入计算公式 =IF(E2<60," 交费 "," 免费 ")，然后将其填充到 F3:F9 单元格区域中，计算结果如 2-29 所示。

	A	B	C	D	E	F
1	姓名	计算机基础	高等数学	英语	平均成绩	交费
2	郑南	91	90	89	90.0	
3	邓加	90	93	88	90.3	
4	朱凯	87	64	85	78.7	
5	王鹏	54	45	58	52.3	
6	李丽	73	72	99	81.3	
7	陈小东	60	83	76	73.0	
8	沈云	83	85	90	86.0	
9	张红	96	95	88	93.0	

图 2-28 学生成绩表

F2 =IF(E2<60,"交费","免费")

	A	B	C	D	E	F	G
1	姓名	计算机基础	高等数学	英语	平均成绩	交费	
2	郑南	91	90	89	90.0	免费	
3	邓加		93	88	90.5	免费	
4	朱凯	87		85	86.0	免费	
5	王鹏	54	45	58	52.3	交费	
6	李丽	73	72	99	81.3	免费	
7	陈小东		83	76	79.5	免费	
8	沈云	83	85		84.0	免费	
9	张红	96	95	88	93.0	免费	
10							
11							

图 2-29 交费情况计算结果

08 LEFT 函数

函数格式：LEFT(text,num_chars)

函数功能：从一个文本字符串的第一个字符开始返回指定个数的字符。

说明：text 为要提取字符的字符串；num_chars 为要提取的字符个数。num_chars 必须大于或等于 0。若 num_chars 大于文本长度，则 LEFT 返回所有文本；若忽略 num_chars，则假定其为 1。

示例：假设 A1 单元格内容为“Microsoft Excel”，截取 A1 单元格中前 5 个字符。

计算公式：=LEFT(A1,5)

计算结果：Micro

09 SUM 函数

函数格式：SUM(number1, number2,⋯)

函数功能：计算单元格区域中所有数值之和。

说明：SUM 函数最多允许包含 30 个参数。参数可以是数字、包含数字的名称、含有数值型数据的单元格及含有数值型数据的单元格区域。若参数为文本、空格或逻辑值，则这些值将被忽略。若参数为错误值或为不能转换成数字的文本，则会出现错误。

示例：图 2-30 所示为商品销售表，计算"一月"商品销售合计。

计算公式：=SUM(B2:B5)

将计算公式输入 B6 单元格中，其中 B2:B5 为需要求和的单元格区域地址。如果需要计算各月商品销售合计，只需将 B6 单元格中的计算公式填充到 C6:D6 单元格区域即可。计算结果如图 2-31 所示。

月份	一月	二月	三月
家用电器	253547	141414	212121
服装鞋帽	253331	121212	212121
日用百货	354889	161616	212121
食品饮料	254786	181818	254788
合计			

图 2-30　商品销售表

月份	一月	二月	三月
家用电器	253547	141414	212121
服装鞋帽	253331	121212	212121
日用百货	354889	161616	212121
食品饮料	254786	181818	254788
合计	1116553	606060	891151

图 2-31　销售合计计算结果

技巧

有时需要按照合并单元格求对应金额小计。如图 2-32 所示的表格中，A、B、E 列均做了单元格合并，且大小不一致，如果希望计算 E 列小计，可按如下步骤进行操作。

① 选定使用公式的单元格区域。选定 E2:E11 单元格区域。

② 输入公式。输入计算公式 =SUM(D2:D$11)-SUM(E3:E$12)，然后按【Ctrl】+【Enter】组合键，结果如图 2-33 所示。

姓名	部门	报账项目	金额	小计
黄振华	经理室	交通费	870	
		办公费	960	
		招待费	1120	
赵文	人事部	差旅费	3470	
		交通费	320	
		办公费	450	
		电话费	310	
焦戈	财务部	办公费	670	
		电话费	320	
		交通费	180	

图 2-32　计算金额小计前的报账表

姓名	部门	报账项目	金额	小计
黄振华	经理室	交通费	870	2950
		办公费	960	
		招待费	1120	
赵文	人事部	差旅费	3470	4550
		交通费	320	
		办公费	450	
		电话费	310	
焦戈	财务部	办公费	670	1170
		电话费	320	
		交通费	180	

图 2-33　金额小计计算结果

这个例子将相对引用和混合引用结合使用。其中，SUM(D2:D$11) 计算的是 D 列第 2 ~ 11 行的总和，SUM(E3:E$12) 是从公式所在的 E 列当前行（第 2 行）下一行到第 12 行的总和。也就是说，先计算总额再扣除多余部分，得到每个人的小计金额。在合并单元格中输入公式，仅相当于在合并区域的第一个单元格输入公式，因此，不会出现重复计算的现象。

2.1.4　延伸知识点

01 使用公式的常见错误

在使用公式或函数进行计算时，如果使用错误，那么 Excel 将在相应单元格中显示一个错误值。例如，在需要数字的公式中使用了文本或删除了被公式引用的单元格等，都将产生错误值。常见的错误值及其功能如表 2-1 所示。

表 2-1　常见的错误值及其功能

错　误　值	功　　能
######	当列宽不够，或者使用了负的日期或负的时间时，产生此类错误
#DIV/0!	当数值被 0 除时，产生此错误值
#N/A	当函数或公式中没有可用数值时，产生此错误值
#NAME?	当公式中使用了 Excel 不能识别的名字时，产生此错误值
#NULL!	当指定两个并不相交的区域交叉点时，产生此错误值
#NUM!	当公式或函数中使用了无效数值时，产生此错误值
#REF!	当公式引用了无效的单元格时，产生此错误值
#VALUE!	当使用错误的参数或运算对象类型时，产生此错误值

⑫　追踪单元格

"正确的数据"是 Excel 进行数据计算最重要的基本条件之一。但是，如果工作表中的公式太多，就很难发现潜在的错误，这时可以使用公式审核工具追踪单元格，了解某一公式的来龙去脉。如果某单元格因为公式错误而出现错误信息，也可以通过公式审核工具找出公式错误的根源，从而找出引起错误的单元格。Excel 的审核工具可以追踪两种单元格：引用单元格和从属单元格。

1. 追踪引用单元格

公式或函数中引用的其他单元格称为引用单元格。例如，公式"=LEFT(A1,5)"中，引用了 A1 单元格，A1 单元格就是该公式的引用单元格。追踪引用单元格的操作步骤如下。

① 选定要审核的单元格。

② 执行追踪引用单元格操作。在"公式"选项卡的"公式审核"命令组中，单击"追踪引用单元格"命令。

这时，Excel 将该公式的引用单元格用蓝色箭头标出。如果想要取消引用单元格追踪箭头，可单击"公式审核"命令组中的"移去箭头"命令，或单击"公式审核"命令组中的"移去箭头"命令右侧的下拉箭头，并在弹出的下拉菜单中单击"移去引用单元格追踪箭头"命令。

2. 追踪从属单元格

若选定一个单元格，而这个单元格又被一个公式所引用，则选定的单元格就是包含公式单元格的从属单元格。追踪从属单元格的操作步骤如下。

① 选定要观察的单元格。

② 执行追踪从属单元格操作。在"公式"选项卡的"公式审核"命令组中，单击"追踪从属单元格"命令。

这时，Excel 在工作表中将使用该单元格的公式所在单元格用蓝色箭头线标出，表明选定的单元格被蓝色箭头线指向的单元格所引用。同样，如果需要继续观察下一级从属单元格，可再次执行此命令。如果想要取消从属单元格追踪箭头，可使用上述相同方法。

💡 注意

在追踪单元格后，如果对工作表进行了修改操作，如修改某单元格中的公式、插入一行、删除一列等，那么工作表中的追踪箭头线将自动消失。

03 追踪错误

如果某单元格因为公式错误而出现错误信息，如 #VALUE!、#NULL!、#DIV/0！等，可以使用"公式审核"命令组中的"追踪错误"命令来追踪。操作步骤如下。

① 选定要追踪错误的单元格。

② 执行追踪错误操作。在"公式"选项卡的"公式审核"命令组中，单击"检查错误"右侧的下拉箭头，然后在弹出的下拉菜单中单击"追踪错误"命令。

这时 Excel 用蓝色箭头显示引起错误的单元格，从而可以发现并分析造成错误的原因，对其进行修改。如果希望清除所有追踪箭头，只需单击"公式审核"命令组中的"移去箭头"命令即可。

04 添加监视

在监视窗口中添加监视，可以监视指定单元格的公式及其内容的变化，即使该单元格已经被移出屏幕，仍然可以由监视窗口查看其内容。操作步骤如下。

① 打开"监视窗口"对话框。在"公式"选项卡的"公式审核"命令组中，单击"监视窗口"命令，打开"监视窗口"对话框。

② 添加监视。单击"添加监视"按钮，打开"添加监视点"对话框，选定要监视的单元格，如图 2-34 所示。

③ 关闭"添加监视点"对话框。单击"添加"按钮，可以看到"监视窗口"中显示了所监视单元格的内容及公式，如图 2-35 所示。

图 2-34 添加监视点结果

图 2-35 监视窗口添加结果

05 查看公式计算结果

可以单击"公式审核"命令组中的"公式求值"命令，查看公式的计算结果，以确定公式的正确性。查看公式计算结果的操作步骤如下。

① 选定要查看公式计算结果的单元格。

② 打开"公式求值"对话框。单击"公式审核"命令组中的"公式求值"命令，打开"公式求值"对话框，如图 2-36 所示。

③ 分步显示公式计算结果。单击"求值"按钮，在"求值"框中将显示出计算结果，如图 2-37 所示。若公式中有多个求值项，则在"求值"框中将按公式计算顺序逐步显示公式的计算过程，即每单击一次"求值"按钮计算一个值。

图 2-36 "公式求值"对话框

图 2-37 查看公式计算结果

> **技巧**
>
> 如果希望在编辑栏中直接查看公式或公式中部分对象的计算结果，可以使用【F9】键。方法是：在编辑栏选定公式中需要显示计算结果的部分，按【F9】键，即可在编辑栏中显示该部分的计算结果。注意，在选定时，应选定包含整个运算的对象。

2.1.5 独立实践任务

● 任务背景

凯撒文化用品公司劳资室工作人员按照公司要求建立了"劳资管理"工作簿，其中包含"工资表"和"考勤表"，并已将员工部分工资信息和考勤信息填入工资表和考勤表中，如下图所示。现在公司管理者希望按照公司制定的工资计算规则和标准，计算工资表中的相关工资项目。

工资表

考勤表

● 任务要求

按照公司规定标准，计算"岗位津贴""加班工资""应发工资""养老保险""医疗保险""失业保险""公积金""应纳税所得额""代扣个税""实发工资"等。计算方法如下。

岗位津贴：销售部为 800 元，其他部门为 1000 元。

加班工资：加班小时工资为 50 元，加班工资的计算方法为"小时工资*加班工时"。

应发工资：基本工资+岗位津贴+行政工资+交通补助+加班工资。

社保缴费：基本工资*缴费比例。其中，缴费比例如下表所示。

	养老保险	医疗保险	失业保险	公积金
缴费比例	8%	2%	1%	10%

应纳税所得额：应发工资－养老保险－医疗保险－失业保险－公积金－3000。

代扣个税：假设以 3000 元作为个人收入所得税免征额。代扣个税的计算方法为"应纳税所得额＊税率－速算扣除数"。其中，税率及速算扣除数如下表所示。

级　数	应纳税所得额	税　率	速算扣除数
0	1 ~ 3000	3%	0
1	3001 ~ 12000	10%	210
2	12001 ~ 25000	20%	1410
3	25001 ~ 无限	25%	2660

实发工资：应发工资－养老保险－医疗保险－失业保险－公积金－代扣个税。

♦ **任务效果参考图**

	A	B	C	D	E	F	G	H	I	J	K	L	M	N	O	P	Q
1	工号	姓名	部门	岗位	基本工资	岗位津贴	行政工资	交通补助	加班工资	应发工资	养老保险	医疗保险	失业保险	公积金	应纳税所得额	代扣个税	实发工资
2	0001	孙家龙	办公室	董事长	2600	1000	3000	800	800	8200	208	52	26	260	4654	139.62	7514.38
3	0002	张卫华	办公室	总经理	2150	1000	2800	800	640	7390	172	43	21.5	215	3938.5	118.155	6820.35
4	0003	王叶	办公室	主任	1600	1000	2500	800	400	6300	128	32	16	160	2964	0	5964.00
5	0004	梁勇	办公室	职员	1800	1000	2000	800	0	5600	144	36	18	180	2222	0	5222.00
6	0005	朱里华	办公室	文秘	2000	1000	1800	800	960	6560	160	40	20	200	3140	94.2	6045.80
7	0006	陈关敏	财务部	主任	2050	1000	2500	800	320	6670	164	41	20.5	205	3239.5	97.185	6142.32
8	0007	陈德生	财务部	出纳	1600	1000	1800	800	0	5200	128	32	16	160	1864	0	4864.00
9	0008	陈桂兰	财务部	会计	1800	1000	2000	800	1120	6720	144	36	18	180	3342	100.26	6241.74
10	0009	彭庆华	市场部	主任	1800	1000	2500	800	800	6900	144	36	18	180	3522	105.66	6416.34
11	0010	王成祥	市场部	业务员	1800	1000	2000	800	0	5600	144	36	18	180	2222	0	5222.00
12	0011	何富强	市场部	业务员	2000	1000	2000	800	0	5800	160	40	20	200	2380	0	5380.00
13	0012	曾伦清	市场部	业务员	2000	1000	2000	800	0	5800	160	40	20	200	2380	0	5380.00
14	0013	张新民	市场部	业务员	1800	1000	2000	800	800	6400	144	36	18	180	3022	90.66	5931.34
15	0014	张跃华	劳资室	主任	2050	1000	2500	800	0	6350	164	41	20.5	205	2919.5	0	5919.50
16	0015	邓翎平	劳资室	职员	2600	1000	2000	800	160	6560	208	52	26	260	3014	90.42	5923.58
17	0016	朱京丽	劳资室	职员	2250	1000	2000	800	0	6050	180	45	22.5	225	2577.5	0	5577.50
18	0017	蓖继淡	销售部	经理	1900	800	2000	800	0	6000	152	38	19	190	2601	0	5601.00
19	0018	王丽	销售部	销售主管	2150	800	2000	800	960	6710	172	43	21.5	215	3258.5	97.755	6160.75
20	0019	梁鸿	销售部	销售员	1800	800	1900	800	0	5300	144	36	18	180	1922	0	4922.00
21	0020	刘尚武	销售部	销售员	1800	800	2500	800	0	5900	144	36	18	180	2522	0	5522.00
22	0021	朱强	销售部	销售主管	1900	800	1900	800	880	6280	152	38	19	190	2881	0	5881.00
23	0022	丁小飞	销售部	销售员	1600	800	1800	800	960	5960	128	32	16	160	2624	0	5624.00
24	0023	孙宝彦	销售部	销售员	1500	800	1800	800	0	4900	120	30	15	150	1585	0	4585.00
25	0024	张港	销售部	销售员	1600	800	1800	800	640	5640	128	32	16	160	2304	0	5304.00

♦ **任务分析**

打开"劳资管理"工作簿文件。分析计算要求、计算规则和计算标准，确定计算公式，然后输入并填充公式。

2.1.6　课后练习

1. 填空题

（1）在 Excel 中，如果希望含有公式的单元格显示计算公式，可以单击"公式"选项卡_____命令组中的"显示公式"命令。

（2）使用文本运算符"&"连接文本型数据时，不能省略数据两侧的_____。

（3）在 Excel 中，若某个公式引用了 F3 单元格，并且希望该公式在填充到其他任意单元格时引用不变，则应将该单元格的引用地址书写为_____。

（4）Excel 函数只有唯一的名称且_____大小写。

（5）若选定一个单元格，而这个单元格又被另一个公式所引用，则被选定的单元格就是包含公式单元格的_____单元格。

2. 选择题

（1）在 Excel 中，公式的第一个符号是（　　）。

    A. ＝　　　　　　　B. ｜　　　　　　　C. ＃　　　　　　　D. ＆

（2）在 Excel 中，若将 B2 单元格的公式"＝A1+A2-C1"复制到 C3 单元格，则 C3 单元格的公式为（　　）。

    A. ＝A1+A2+C6　　　　　　　　　B. ＝B2+B3-D2

    C. ＝D1+D2-F1　　　　　　　　　D. ＝D1+D2-F3

（3）在 Excel 中，已知 A1 和 A2 单元格的值分别为 3 和 6，则 IF(A1=A2,A1+1,A2-1) 函数的返回值是（　　）。

    A. 3　　　　　　　B. 4　　　　　　　C. 5　　　　　　　D. 6

（4）在 Excel 中，单元格中的公式引用了某单元格的相对地址，则（　　）。

    A. 当复制和填充公式时，公式中的单元格地址会随之改变

    B. 当复制和填充公式时，公式中的单元格地址不随之改变

    C. 仅当填充公式时，公式中的单元格地址会随之改变

    D. 仅当复制公式时，公式中的单元格地址会随之改变

（5）在 C4 单元格中输入公式 ＝D4+E4，若 E4 单元格的值为"YES"，则 C4 单元格显示的内容为（　　）。

    A. #NUM!　　　　B. #VALUE!　　　　C. #N/A　　　　D. #REF!

3. 问答题

（1）单元格引用有哪些？各自特点是什么？

（2）什么是函数？函数的作用是什么？

（3）输入函数时，如果希望了解函数中各参数的含义，应该如何做？

（4）追踪引用单元格和追踪从属单元格的目的是什么？

（5）当单元格出现错误值时，如何判断错误产生的原因？

任务 2.2　计算奖金表
——Excel 函数的应用与复杂计算

2.2.1　任务导入

◆ 任务背景

    成文文化用品公司负责销售各种复印纸的业务员有 35 名。公司管理者希望每月都对业务人员的销售业绩进行统计，计算他们的奖金，并希望随时了解业务员的销售信息。

● 任务要求

（1）按照公司规定的奖金计算方法，计算 1 月份的销售业绩和奖金，并将计算结果填入"1月业绩奖金表"工作表中。计算项目和方法分别如下。

累计销售业绩：需要根据上一个月奖励奖金进行计算，具体计算方法如下。

$$累计销售业绩 = \begin{cases} 上月累计销售业绩 + 上月销售业绩, & 上月奖励奖金 = 0 \\ 上月累计销售业绩 + 上月销售业绩 - 50000, & 上月奖励奖金 \neq 0 \end{cases}$$

本月销售业绩：本月销售额之和。其中，本月销售额数据来源于"销售情况表"。

奖金百分比：按照基本奖金标准获取对应的奖金比例，奖金标准如下。

	19999 以下	20000~24999	25000~29999	30000~34999	35000 以上
销售业绩对照	0	20000	25000	30000	35000
奖金比例	5%	10%	15%	20%	25%

奖励奖金：当"累计销售业绩"与"本月销售业绩"合计数超过 5 万元时，发放 1000 元奖励奖金。

总奖金：本月销售业绩 × 奖金百分比 + 奖励奖金。

累计销售额：上月累计销售额 + 本月销售业绩。

（2）根据输入的业务员工号，统计业务员的销售信息，并将结果填入"业务员业绩检索表"中。

● 任务效果参考图

1 月业绩奖金表

业务员业绩检索表

● 任务分析

在激烈的市场竞争中，企业为了生存和发展，一方面要提高产品的质量，使其具有更强的市场竞争力；另一方面也要加强销售管理，提高企业的经济效益。销售管理是企业管理信息系统的重要组成部分，其主要特点是需要对销售情况进行统计和分析。例如，了解每名业务员的销售业绩，以便进行绩效考核。

在本任务的第 1 个题目中，需要计算的销售业绩明细项目包括"累计销售业绩""本月销售业绩""奖金百分比""奖励奖金""总奖金""累计销售额"等。其中，"累计销售业绩"的计算比较复杂，首先，需要使用函数⑪找到业务员在去年 12 月份得到的奖励奖金数额，这里使用 VLOOKUP 函数根据业务员姓名来查找；其次，需要判断奖励奖金是否为 0，并根据判断结果按照计算方法计算累计销售业绩，这里需要使用 IF 函数。"奖金百分比"的计算是根据本月销售业绩，在"奖金标准"表中查找对应的比例，因为这个操作需要返回同一列中指定行的数值，所以可以使用 HLOOKUP 函数来实现。

在本任务的第 2 个题目中，需要根据业务员工号来查找业务员的姓名，并要统计该业务员的"数量合计"、"销售额合计"、"占数量总计百分比"和"占销售额总计百分比"。其中，查找业务员姓名可以使用 VLOOKUP 函数；计算该业务员的"数量合计"和"销售额合计"可以使用 SUMIF 函数。但应注意的是，若没有给出业务员工号，则无法进行查找和计算，因此在本题目中均需要先使用 IF 函数进行工号有无的判断。

由于，业务人员销售情况的明细信息存放在"销售情况表"中，计算的结果存放在"1月业绩奖金表"和"业务员业绩检索表"中，因此，两个题目均需要引用同一工作簿不同工作表中的数据。

2.2.2　模拟实施任务

打开工作簿

1 启动 Excel，单击"文件">"打开"命令，打开"打开"对话框。在左窗格中找到文件所在的位置，在右窗格中找到需要打开的"销售业绩管理"文件，双击该文件名。"销售业绩管理"工作簿中已经建立了"业务员名单""奖金标准""销售情况表""12 月业绩奖金表""1 月业绩奖金表"和"业务员业绩检索表"等工作表，记录了业务员名单、奖金标准、上一年 12 月业绩奖金信息、本年 1 月的销售信息，以及要计算的本年 1月业绩奖金项目和要查询的业务员业绩项目等。如图 2-38 所示。

计算累计销售业绩

2 首先需要知道业务员在 1 月得到的奖励奖金数额，可以使用 VLOOKUP⑫函数根据业务员姓名来查找。例如，张涛的数据存放在"12 月业绩奖金表"的第 3 行，那么查找张涛奖励奖金的计算公式为"=VLOOKUP(B3,'12 月业绩奖金表 '!\$B\$3:\$H\$37,5,0)"。其中，第 1 个参数为姓名，第 2 个参数为查找的单元格区域地址，第 3 个参数为返回值的列号。由于奖励奖金位于所查区域的第 5 列，所以第 3 个参数值为 5。接下来需要判断奖励奖金是否为 0，并根据判断结果按上述计算方法计算累计销售业绩，这里需要使用 IF 函数。计算第 1 个业务员"累计销售业绩"的计算公式为"=IF(VLOOKUP(B3,'12 月业绩奖金表 '!\$B\$3:\$H\$37,5,0)=0,'12 月业绩奖金表 '!C3+'12 月业绩奖金表 '!E3,'12 月业绩奖金表 '!C3+'12 月业绩奖金表 '!E3-50000)"。单击"1 月业绩奖金表"工作表标签，选定第

1 个业务员 "累计销售业绩" 所在单元格 C3。

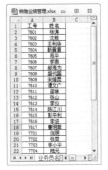

（a）业务员名单

（b）资金标准

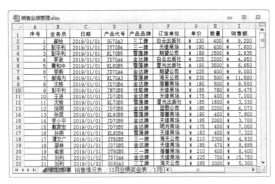

（c）销售情况表

（d）12 月业绩资金表

（e）1 月业绩资金表

（f）业务员业绩检索表

图 2-38 "销售业绩管理" 工作簿中已建的工作表

3 输入计算公式 =IF(VLOOKUP(B3,'12 月业绩奖金表'!$B$3:$H$37,5,0)=0,'12 月业绩奖金表'!C3+'12 月业绩奖金表'!E3,'12 月业绩奖金表'!C3+'12 月业绩奖金表'!E3-50000)。其中，第 1 个参数为查找该业务员 12 月奖励奖金，并判断奖励奖金是否为 0。单击编辑栏的 "输入" 按钮，结果如图 2-39 所示。

图 2-39 计算第 1 个业务员的累计销售业绩

4　将鼠标指针指向 C3 单元格右下角的填充柄，然后双击鼠标左键，将 C3 单元格的公式填充到 C4:C37 单元格中，结果如图 2-40 所示。

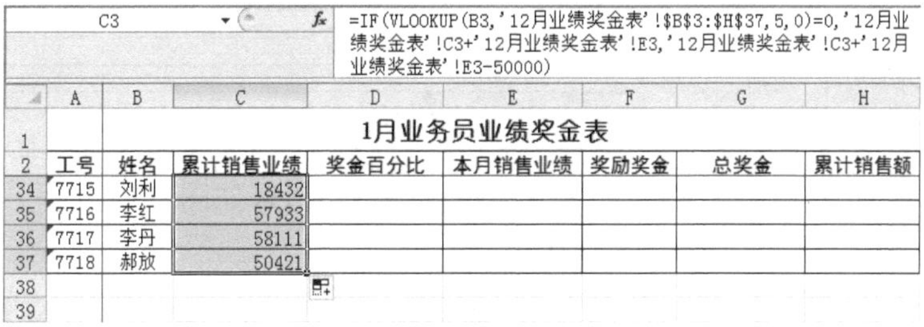

	C3			fx	=IF(VLOOKUP(B3,'12月业绩奖金表'!$B$3:$H$37,5,0)=0,'12月业绩奖金表'!C3+'12月业绩奖金表'!E3,'12月业绩奖金表'!C3+'12月业绩奖金表'!E3-50000)

图 2-40　"累计销售业绩"计算结果

计算奖金百分比

5　计算奖金百分比是用"本月销售业绩"与"奖金标准"工作表进行对比，然后将相应的比值取出。由于这个操作需要返回同一列中指定行的数值，所以可以使用 HLOOKUP [03] 函数来实现。计算第 1 个业务员"奖金百分比"的计算公式为"=HLOOKUP(E3, 奖金标准 !$A$3:$F$4,2)"。选定第 1 个业务员"奖金百分比"所在单元格 D3。

6　输入计算公式 =HLOOKUP(E3, 奖金标准 !$A$3:$F$4,2)，然后单击编辑栏的"输入"按钮，结果如图 2-41 所示。

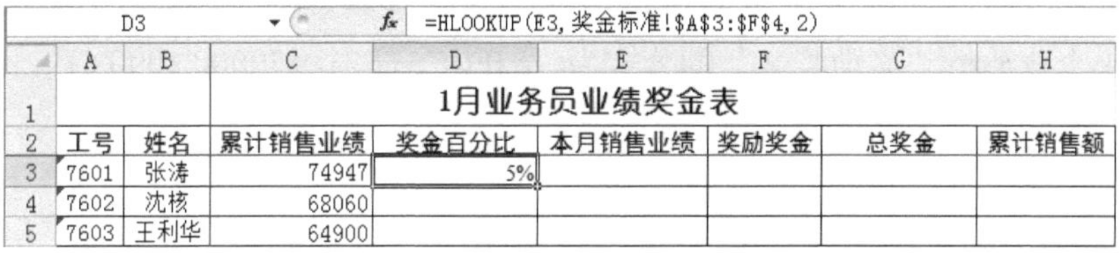

图 2-41　计算第 1 个业务员的奖金百分比

7　将 D3 单元格的公式填充到 D4:D37 单元格区域中，计算结果如图 2-42 所示。

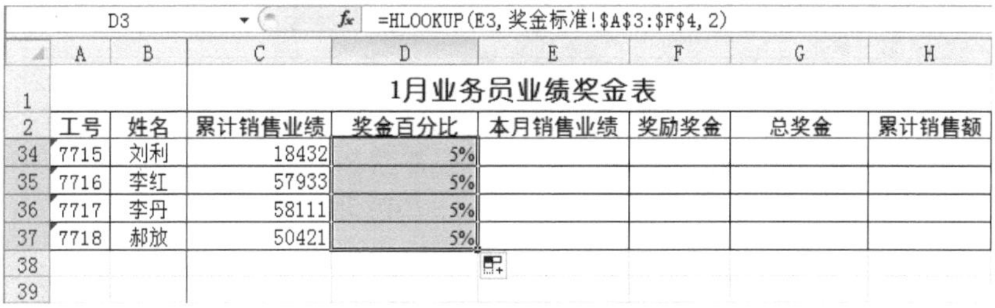

图 2-42　"奖金百分比"计算结果

计算本月销售业绩

8　每名业务员的销售业绩记录在"销售情况表"中。计算第 1 个业务员"本月销售业绩"，可以使用 SUMIF 函数 [04]，计算公式为"=SUMIF(销售情况表 !$B$3:$B$181,B3, 销售情况表 !$I$3:$I$181)"。单击第 1 个业务员"本月销售业绩"所在单元格 E3。

9　输入计算公式 =SUMIF(销售情况表 !$B$3:$B$181,B3, 销售情况表 !$I$3:$I$181)，然后单击编辑栏的"输入"按钮，结果如图 2-43 所示。

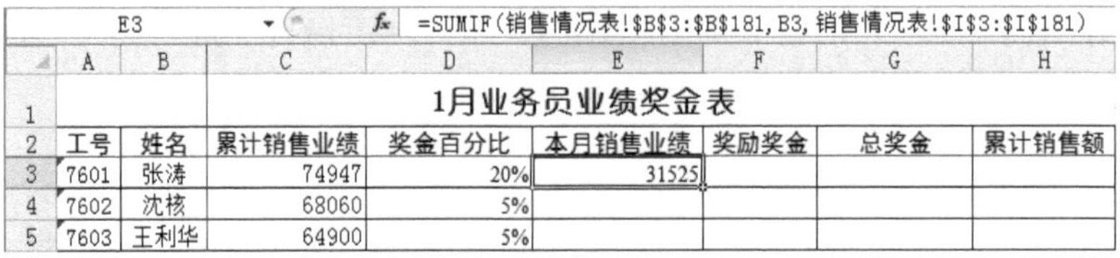

图 2-43　计算第 1 个业务员的本月销售业绩

🔟　将 E3 单元格的公式填充到 E4:E37 单元格区域中，结果如图 2-44 所示。从图 2-44 中可以看出，奖金百分比的值也随之变化了。

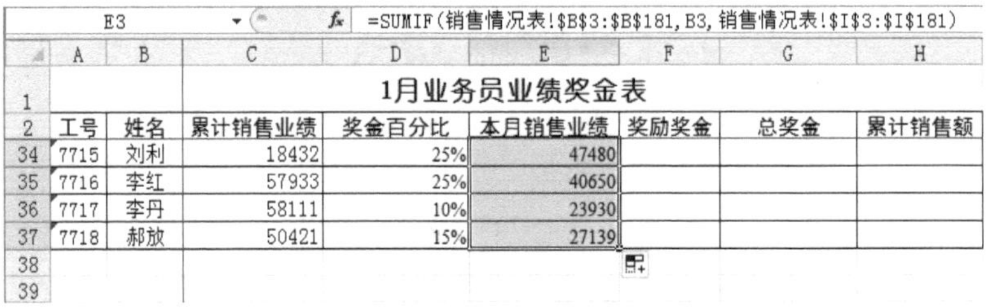

图 2-44　"本月销售业绩"计算结果

计算奖励奖金

⓫　按照奖励奖金发放标准，当"累计销售业绩"与"本月销售业绩"合计数超过 5 万元时，发放 1000 元奖励奖金。按照此算法，可以使用 IF 函数计算每名业务人员的奖励奖金。计算第 1 个业务员"奖励奖金"的公式为"=IF((C3+E3)>=50000,1000,0)"。选定第 1 个业务员"奖励奖金"所在单元格 F3。

⓬　输入计算公式 =IF((C3+E3)>=50000,1000,0)，单击"编辑栏"上的"输入"按钮。

⓭　将 F3 单元格的公式填充到 F4:F37 单元格区域中，计算结果如 2-45 所示。

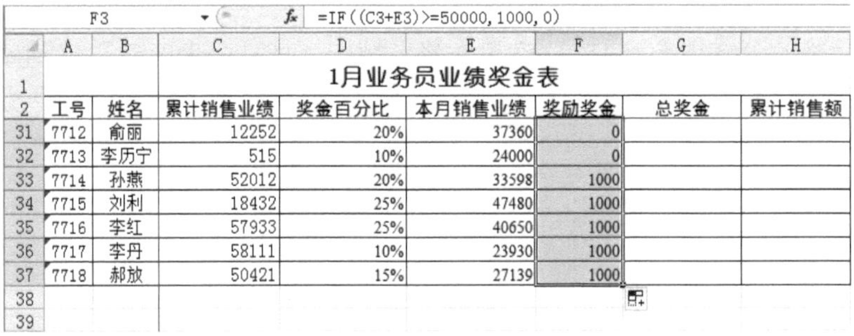

图 2-45　"奖励奖金"计算结果

计算总奖金

⓮　总奖金计算方法为：总奖金＝（本月销售业绩 × 奖金百分比）＋ 奖励奖金。计算第 1 个业务员"总奖金"的公式为"=(E3*D3)+F3"。选定第 1 个业务员"总奖金"所在单元格 G3。

⓯　输入计算公式 =(E3*D3)+F3，单击"编辑栏"上的"输入"按钮。

⓰　将 G3 单元格的公式填充到 G4:G37 单元格区域中，计算结果如 2-46 所示。

	G3		fx	=(E3*D3)+F3			
	A	B	C	D	E	F	G	H

	A	B	C	D	E	F	G	H
1				1月业务员业绩奖金表				
2	工号	姓名	累计销售业绩	奖金百分比	本月销售业绩	奖励奖金	总奖金	累计销售额
34	7715	刘利	18432	25%	47480	1000	12870	
35	7716	李红	57933	25%	40650	1000	11162.5	
36	7717	李丹	58111	10%	23930	1000	3393	
37	7718	郝放	50421	15%	27139	1000	5070.85	
38								
39								

图 2-46　"总奖金"计算结果

计算累计销售额

⑰ 累计销售额是到目前为止业务员销售业绩的总和，没有去除奖励奖金所涉及的部分。该项目能够帮助管理者了解每名业务人员的销售成绩和销售能力。累计销售额的计算方法是：累计销售额＝上月累计销售额＋本月销售业绩。计算第 1 个业务员"累计销售额"的公式为"=E3+'12 月业绩奖金表'!H3"。选定第 1 个业务员"累计销售额"所在单元格 H3。

⑱ 输入计算公式 =E3+'12 月业绩奖金表'!H3，单击"编辑栏"上的"输入"按钮。

⑲ 将 H3 单元格的公式填充到 H4:H37 单元格区域中，计算结果如图 2-47 所示。

	H3		fx	=E3+'12月业绩奖金表'!H3				

	A	B	C	D	E	F	G	H	I
1				1月业务员业绩奖金表					
2	工号	姓名	累计销售业绩	奖金百分比	本月销售业绩	奖励奖金	总奖金	累计销售额	
33	7714	孙燕	52012	20%	33598	1000	7719.6	47610	
34	7715	刘利	18432	25%	47480	1000	12870	115912	
35	7716	李红	57933	25%	40650	1000	11162.5	58583	
36	7717	李丹	58111	10%	23930	1000	3393	62041	
37	7718	郝放	50421	15%	27139	1000	5070.85	47560	
38									
39									

图 2-47　"累计销售额"计算结果

查找并显示业务员姓名

⑳ 按任务要求应将查找到的业务员信息填充到"业务员业绩检索表"工作表中。因此先选定"业务员业绩检索表"工作表标签。如果在 B1 单元格中未输入工号或输入工号为 0，那么 A3 单元格不应显示任何信息。查找第 1 个业务员姓名的计算公式为"=IF($B$1=" "," ",IF($B$1=0," ",VLOOKUP($B$1, 业务员名单 !$A$2:$B$36,2)))"。选定 A3 单元格。

㉑ 输入查找公式 =IF($B$1=" "," ",IF($B$1=0," ",VLOOKUP($B$1, 业务员名单 !$A$2:$B$36,2)))，单击"确认"按钮。结果如图 2-48 所示。如果此时在 B1 单元格中输入某业务员工号，如输入 7601，那么 A3 单元格将显示该业务员的姓名，如图 2-49 所示。

图 2-48　未输入工号时的显示结果

图 2-49　输入工号后的显示结果

计算数量合计和销售额合计

㉒ 若 A3 单元格未显示任何信息，则不进行任何计算处理，否则将计算的数量合计和销售额合计分别显示在 B3 和 C3 单元格中。计算第 1 个业务员数量合计的公式为"=IF(A3="

"," ",SUMIF(销售情况表 !$B$2:$B$181,A3,销售情况表 !$H$2:$H$181))"。选定 B3 单元格，输入计算公式，并确认输入。

23 计算第 1 个业务员销售额合计的公式为 "=IF(A3=" "," ",SUMIF(销售情况表 !$B$2:$B$181,A3,销售情况表 !$I$2:$I$181))"。选定 C3 单元格，输入计算公式，并确认输入，结果如图 2-50 所示。

图 2-50　数量合计及销售额合计计算结果

计算销售数量占总销售数量的百分比

24 首先计算出所有业务员的数量总和，然后计算该业务员的数量合计占数量总和的百分比。如果 A3 单元格显示了姓名，那么在 D3 单元格显示百分比。计算公式为 "=IF(A3=" "," ",B3/SUM(销售情况表 !$H$2:$H$181))"。选定 D3 单元格。

25 输入公式 =IF(A3=" "," ",B3/SUM(销售情况表 !$H$2:$H$181))，并确认输入，结果如图 2-51 所示。这里已事先设置 D3 和 E3 单元格按百分比显示，并保留两位小数。

图 2-51　销售数量占总销售数量的百分比计算结果

计算销售额占总销售额的百分比

26 与销售数量占总销售数量的百分比计算方法相似，计算公式为 "=IF(A3=" "," ",C3/SUM(销售情况表 !$I$2:$I$181))"。选定 E3 单元格。

27 输入公式 =IF(A3=" "," ",C3/SUM(销售情况表 !$I$2:$I$181))，并确认输入，结果如图 2-52 所示。

图 2-52　业务员业绩检索表结果

2.2.3　拓展知识点

❶ 函数及函数种类

Excel 提供了各种各样的函数，使用函数可以简化公式，并能实现更为复杂的计算。根据应用领域的不同，Excel 函数一般分为：财务、日期与时间、数学与三角、统计、查找与引用、数据库、文本、逻辑、信息、工程等。

账务函数：用于进行一般的账务计算。例如，确定贷款的支付额、投资的未来值或净现值，以及债券的价值等。

日期与时间函数：用于分析和处理公式中的日期值或时间值。

数学与三角函数：用于进行简单或复杂的数学计算。例如，数字取整、计算单元格区域的数值总和等。

统计函数：用于对单元格区域进行统计分析。例如，计算单元格区域的个数、确定一个数据在一列数据中的排位等。

查找与引用函数：用于在工作表中查找特定的数据，或者引用特定的单元格。

数据库函数：用于数据清单的统计计算。

文本函数：用于在公式中处理字符串。例如，字符串截取、查找替换、英文字母的大小写转换等。

逻辑函数：用于进行真假值的判断，或者进行复合检验。例如，使用IF函数确定条件真假，并由此返回不同的数值。

信息函数：用于返回单元格区域的格式、保存路径及系统有关信息。

工程函数：用于复数和积分处理、进制转换等计算。

02 VLOOKUP 函数

函数格式：VLOOKUP(lookup_value,table_array,col_index_num,range_lookup)

函数功能：在指定单元格区域的首列查找满足条件的数值，并按指定的列号返回查找区域中的值。

说明：该函数有 4 个参数。lookup_value 为需要在指定单元格区域中第 1 列查找的数值，可以为数值、引用或文本字符串。table_array 为指定的需要查找数据的单元格区域。col_index_num 为 table_array 中待返回的匹配值的列号。range_lookup 为一逻辑值，决定 VLOOKUP 函数的查找方式，如果为 0 或 FALSE，函数进行精确查找；如果为 1 或 TRUE 或省略，函数进行模糊查找。当找不到时会返回小于 lookup_value 的最大值。但是，这种查找方式要求数据表必须按第 1 列升序排列。

示例：在图 2-53 中，D2:I6 单元格区域显示的是某公司年度职工加班情况表，需查询“邱月清”第 4 季度的加班情况，并将查询结果显示在 B4 单元格中。

计算公式：=VLOOKUP(B3,$D$2:$I$6,5)

提示

第 1 个参数为要查找的季度值；第 2 个参数为指定的需要查找数据的单元格区域；第 3 个参数为待返回的匹配值的列号，由于邱月清位于要查找的单元格区域的第 5 列，所以第 3 个参数值为 5。

将公式输入 B4 单元格中，查询结果如图 2-53 所示。

	A	B	C	D	E	F	G	H	I
1	查询邱月清加班次数								
2				季度	林晓彤	江雨薇	郝思嘉	邱月清	曾云儿
3	季度	4		1	2	1	3	3	2
4	邱月清	3		2	1	2	4	1	4
5	查询结果			3	3	1	1	2	1
6				4	1	2	2	3	2

图 2-53 年度职工加班情况表及查询结果

03 HLOOKUP 函数

函数格式：HLOOKUP(lookup_value,table_array,row_index_num,range_lookup)

函数功能：在指定单元格区域的首行查找满足条件的数值，并按指定的行号返回查找区域中的值。

说明：该函数有 4 个参数。lookup_value 为需要在指定单元格区域中第 1 行查找的数值，可以为数值、引用或文本字符串。table_array 为指定的需要查找数据的单元格区域。row_index_num 为 table_array 中待返回的匹配值的行号。range_lookup 为一个逻辑值，它决定 HLOOKUP 函数的查找方式，如果为 0 或 FALSE，函数进行精确查找；如果为 1 或 TRUE 或省略，函数进行模糊查找。当找不到时会返回小于 lookup_value 的最大值。但是，这种查找方式要求数据表必须按第 1 行升序排列。

示例：在图 2-54 中，单元格区域 D2:H7 显示的是某公司年度职工加班情况表，查询"邱月清"第 4 季度的加班情况，并将查询结果显示在 B4 单元格中。

计算公式：=HLOOKUP(B3,$D$2:$H$7,5)

将公式输入 B4 单元格中，查询结果如图 2-54 所示。

图 2-54　年度职工加班情况表及查询结果

> **注意**
>
> HLOOKUP 函数和 VLOOKUP 函数的语法非常相似，用法基本相同，区别在于 HLOOKUP 函数按列查询，VLOOKUP 函数按行查询。使用这两个函数时应注意，函数的第 3 个参数中的行（列）号，不能理解为数据表中实际的行（列）号，而应该是需要返回的数据在查找区域中的第几行（列）。

04 SUMIF 函数

函数格式：SUMIF(range,criteria,sum_range)

函数功能：对满足给定条件的单元格或单元格区域求和。

说明：该函数有 3 个参数。range 为用于条件判断的单元格区域；criteria 为确定哪些单元格将被相加求和的条件，其形式可以为数字、表达式或文本；sum_range 为需要求和的实际单元格区域。只有当 range 中的相应单元格满足条件时，才对 sum_range 中对应的单元格求和。若省略 sum_range，则直接对 range 中的单元格求和。

示例：在图 2-55 中，单元格区域 A2:I8 显示的是某公司业务员销售情况，计算"彭平利"总销售额，并将计算结果显示在 L2 单元格中。

计算公式：=SUMIF(B2:B8,K2,I2:I8)

在 L2 单元格中输入计算公式，其中 B2:B8 为用于条件判断的单元格区域，K2 为条件，I2:I8 为需要求和的单元格区域。计算结果如图 2-55 所示。

	A	B	C	D	E	F	G	H	I	J	K	L
1	序号	业务员	日期	产品代号	产品品牌	订货单位	单价	数量	销售额		业务员	销售额
2	1	郝放	2019/01/01	SG70A3	三工牌	白云出版社	¥ 230	400	9200		彭平利	10435
3	2	彭平利	2019/01/01	SY70B4	三一牌	天缘商场	¥ 190	400	7600			
4	3	彭平利	2019/01/01	XL70B5	雪莲牌	期望公司	¥ 189	1500	2835			
5	4	李进	2019/01/01	JD70A4	金达牌	白云出版社	¥ 225	2200	4950			
6	5	黄和中	2019/01/01	XL80B5	雪莲牌	星光出版社	¥ 190	3500	6650			
7	6	李燕	2019/01/01	JD70A4	金达牌	期望公司	¥ 225	400	9000			
8	7	郝海为	2019/01/01	XL70A3	雪莲牌	海天公司	¥ 230	500	11500			

图 2-55　彭平利总销售额计算结果

SUMIF 函数采用“遍历”方式进行统计，当它引用范围发生变化时，该函数会重新“遍历”一次。因此该函数属于“高能低效”函数。

2.2.4　延伸知识点

01 数学函数

Excel 提供了多种数学函数，如取整函数 INT、求余数函数 MOD、求和函数 SUM、条件求和函数 SUMIF 等。其中，求余数、求和、条件求和等函数常用于公式或嵌套在较为复杂的公式应用中。任务 2.1 介绍了 SUM 函数，任务 2.2 介绍了 SUMIF 函数，下面简单介绍另外几种常用的数学函数。

1. INT 函数

函数格式：INT(number)

函数功能：将数字向下舍入到最接近的整数。

说明：number 为要进行取整的数值。

示例：假设 A1=120.536，B1=-120.537，将 A1 和 B1 取整。

计算公式：INT(A1)，INT(B1)

计算结果：120、-121

2. MOD 函数

函数格式：MOD(number,divisor)

函数功能：计算两数相除的余数。结果的正负号与除数相同。

说明：该函数有 2 个参数。number 为被除数；divisor 为除数。若 divisor 为零，则返回错误值 #DIV/0!。

示例：假设 A1=8，B1=3，计算 A1 除以 B1 的余数。

计算公式：MOD(A1,B1)

计算结果：2

3. ROUND 函数

函数格式：ROUND(number, num_digits)

函数功能：按指定位数对数值进行四舍五入。

说明：该函数有 2 个参数。number 为要进行舍入的数值；num_digits 为指定舍入的位数。若 num_ digits 大于 0，则四舍五入到指定的小数位；若 num_digits 等于 0，则四舍五入为最接近的整数；若 num_digits 小于 0，则在小数点左侧进行四舍五入。

示例：假设 A1=120.536，分别对 A1 保留 2 位小数、保留整数、保留到百位数。

计算公式：ROUND(A1, 2)，ROUND(A1, 0)，ROUND(A1, −2)

计算结果：120.54、121、100

⑫ 统计函数

Excel 提供了多种统计函数，有些可以统计选定单元格区域的数据个数，有些可以确定数字在某组数字中的排位，还有些可以根据条件进行相关统计。这些函数在实际应用中都非常有用。下面简单介绍几种常用的统计函数。

1. AVERAGE 函数

函数格式：AVERAGE(number1,number2,…)

函数功能：计算单元格区域中所有数值的平均值。

说明：AVERAGE 函数最多允许包含 255 个参数。参数可以是数值、包含数值的名称、含有数值型数据的单元格及含有数值型数据的单元格区域。若参数为文本、空格或逻辑值，则将被忽略。

示例：计算图 2-56 所示表格中郑南 3 门课程的平均成绩，且将计算结果保留 1 位小数。

计算公式：= ROUND(AVERAGE(C2:E2),1)

将计算公式输入 F2 单元格中，其中 C2:E2 为需要计算平均值的单元格区域。如果需要计算所有同学的平均成绩，只需将 F2 单元格中的计算公式填充到 F3:F9 单元格区域中即可。计算结果如图 2-57 所示。

	A	B	C	D	E	F	G	H
1	学号	姓名	计算机基础	高等数学	英语	平均成绩	排名	检查情况
2	20190101	郑南	91	90	89			
3	20190102	邓加	89	93				
4		朱凯	87	89	85			
5	20190104	王鹏	54	45	58			
6	20190105		73		99			
7	20190106	陈小东	89	83	76			
8	20190107	沈云	83	85				
9	20190108	张红	96	95	88			

图 2-56 学生成绩表

	A	B	C	D	E	F	G	H
1	学号	姓名	计算机基础	高等数学	英语	平均成绩	排名	检查情况
2	20190101	郑南	91	90	89	90.0		
3	20190102	邓加	89	93		91.0		
4		朱凯	87	89	85	87.0		
5	20190104	王鹏	54	45	58	52.3		
6	20190105		73		99	86.0		
7	20190106	陈小东	89	83	76	82.7		
8	20190107	沈云	83	85		84.0		
9	20190108	张红	96	95	88	93.0		

图 2-57 平均成绩计算结果

2. COUNT 函数

函数格式：COUNT(value1,value2,…)

函数功能：统计单元格区域中包含数字的单元格个数。使用该函数可以统计出单元格区域中数字的输入项个数。

说明：COUNT 函数最多允许包含 255 个参数。参数可以是数字、日期，或以文本代表的数字。注意，错误值或其他无法转换成数字的文本将被忽略。

示例：计算图 2-57 所示表格中的人数，并填入 K3 单元格中。

计算公式：=COUNT(F2:F9)

将计算公式输入 K3 单元格中，其中 F2:F9 为需要计算人数的单元格区域。计算结果如图 2-58 所示。

	A	B	C	D	E	F	G	H	I	J	K
1	学号	姓名	计算机基础	高等数学	英语	平均成绩	排名	检查情况		统计项目	统计结果
2	20190101	郑南	91	90	89	90.0				班级总人数	8
3	20190102	邓加	89	93		91.0				填写了姓名信息的人数	
4		朱凯		89	85	87.0				平均成绩小于60的人数	
5	20190104	王鹏	54	45	58	52.3				平均成绩最高分	
6	20190105		73		99	86.0				平均成绩最低分	
7	20190106	陈小东	89	83	76	82.7					
8	20190107	沈云	83	85		84.0					
9	20190108	张红	96	95	88	93.0					

图 2-58 班级总人数的计算结果

3. COUNTA 函数

函数格式：COUNTA(value1,value2,…)

函数功能：统计单元格区域中非空单元格的个数。

说明：COUNTA 函数最多允许包含 255 个参数。参数可以是任何类型，参数为空文本也会被计算在内，只有空单元格不被计数。

示例：计算图 2-58 所示表格中填写了姓名信息的人数，并填入 K4 单元格中。

计算公式：= COUNTA (B2:B9)

其中，B2:B9 为需要计算非空单元格个数的单元格区域，计算结果如图 2-59 所示。

	A	B	C	D	E	F	G	H	I	J	K
1	学号	姓名	计算机基础	高等数学	英语	平均成绩	排名	检查情况		统计项目	统计结果
2	20190101	郑南	91	90	89	90.0				班级总人数	8
3	20190102	邓加	89	93		91.0				填写了姓名信息的人数	7
4		朱凯		89	85	87.0				平均成绩小于60的人数	
5	20190104	王鹂	54	45	58	52.3				平均成绩最高分	
6	20190105		73		99	86.0				平均成绩最低分	
7	20190106	陈小东	89	83	76	82.7					
8	20190107	沈云	83	85		84.0					
9	20190108	张红	96	95	88	93.0					

图 2-59 填写了姓名信息的人数计算结果

技巧

使用 IF 函数和 COUNTA 函数可以检查输入的数据是否有遗漏。图 2-59 所示表格中 A2:E9 共有 5 列数据，检查该单元格区域中是否存在空单元格，如果存在空单元格，在相应行的"检查情况"列中显示"数据有遗漏"。操作步骤如下。

① 输入公式。在 G2 单元格中输入计算公式 =IF(COUNTA(A2:E2)=5," "," 数据有遗漏")，然后单击编辑栏上的"输入"按钮。

② 填充公式。将鼠标指针移到 H2 单元格的填充柄处，双击鼠标左键。检查结果如图 2-60 所示。

	A	B	C	D	E	F	G	H
1	学号	姓名	计算机基础	高等数学	英语	平均成绩	排名	检查情况
2	20190101	郑南	91	90	89	90.0		
3	20190102	邓加	89	93		91.0		数据有遗漏
4		朱凯		89	85	87.0		数据有遗漏
5	20190104	王鹂	54	45	58	52.3		
6	20190105		73		99	86.0		数据有遗漏
7	20190106	陈小东	89	83	76	82.7		
8	20190107	沈云	83	85		84.0		数据有遗漏
9	20190108	张红	96	95	88	93.0		

图 2-60 检查结果

---

4. COUNTIF 函数

函数格式：COUNTIF(range,criteria)

函数功能：计算单元格区域中满足给定条件的单元格的个数。

说明：该函数有 2 个参数。range 为需要计算其中满足条件的单元格数目的单元格区域，range 必须是对单元格区域的直接引用，或引用函数对单元格区域的间接引用，不能是常量数组或使用公式运算后生成的数组；criteria 为统计条件，可以是数字、表达式或文本。例如，条件可以表示为 32、"32"、">32" 或 "apples"。

示例：计算图 2-60 所示表格中平均成绩小于 60 的人数，并填入 K5 单元格中。

计算公式：=COUNTIF(F2:F9,"<60")

将计算公式输入 K5 单元格中，其中 F2:F9 为需要计算单元格个数的单元格区域；"<60" 为统计条件，计算结果如图 2-61 所示。

	A	B	C	D	E	F	G	H	I	J	K
1	学号	姓名	计算机基础	高等数学	英语	平均成绩	排名	检查情况		统计项目	统计结果
2	20190101	郑南	91	90	89	90.0				班级总人数	8
3	20190102	邓加	89	93		91.0		数据有遗漏		填写了姓名信息的人数	7
4		朱凯		89	85	87.0		数据有遗漏		平均成绩小于60的人数	1
5	20190104	王鹏	54	45	58	52.3				平均成绩最高分	
6	20190105		73		99	86.0		数据有遗漏		平均成绩最低分	
7	20190106	陈小东	89	83	76	82.7					
8	20190107	沈云	83	85		84.0		数据有遗漏			
9	20190108	张红	96	95	88	93.0					

图 2-61   平均成绩小于 60 的人数计算结果

技巧

使用 COUNTIF 函数设置数据有效性，可以用来检查是否输入了重复的数据。例如，在图 2-62 所示的补贴清单表中不允许输入相同的姓名。操作步骤如下。

① 选定要设置数据有效性的单元格区域。此处选择 A2:A10。

② 打开"数据有效性"对话框。在"数据"选项卡的"数据工具"命令组中，单击"数据有效性">"数据有效性"命令，打开"数据有效性"对话框。

	A	B	C
1	姓名	职务	补贴金额
2	黄振华	董事长	1100
3	尹洪群	总经理	900
4	扬灵	副总经理	700
5	沈宁	秘书	400
6	赵文	部门主管	500
7	胡方	业务员	450
8			
9			
10			

图 2-62   补贴清单表

③ 设置数据有效性。单击"设置"选项卡，在"允许"下拉列表中选择"自定义"选项，在"公式"文本框中输入 =COUNTIF($A$2:$A$10,A2)<2。该公式的含义是，计算 $A$2:$A$10 区域中与 A2 单元格值相同的个数是否小于 2。若小于 2 说明无重复数据，否则说明有重复数据。

④ 完成设置。单击"确定"按钮，关闭"数据有效性"对话框。

完成上述设置后，如果在 A2:A10 单元格区域任一单元格中输入了已有的姓名，系统会弹出错误提示框，禁止输入重复内容。很多时候，可以通过灵活运用函数满足所需的处理要求。

---

5. MAX 函数

函数格式：MAX(number1,number2,…)

函数功能：返回给定参数的最大值。

说明：MAX 函数最多允许包含 255 个参数。参数可以是数字、空单元格、逻辑值或以数字代表的文本表达式。若参数为数组引用中的空单元格、逻辑值或文本，则这些值将被忽略；若参数值为错误值或其他无法转换成数字的文本，则将会出现错误；若参数不含数字，则函数值为 0。

示例：计算图 2-61 所示表格中平均成绩的最高分，并填入 K6 单元格中。

计算公式：=MAX(F2:F9)

将计算公式输入 K6 单元格中，其中 F2:F9 为需要查找最大值的单元格区域，计算结果如图 2-63 所示。

	A	B	C	D	E	F	G	H	I	J	K
1	学号	姓名	计算机基础	高等数学	英语	平均成绩	排名	检查情况		统计项目	统计结果
2	20190101	郑南	91	90	89	90.0				班级总人数	8
3	20190102	邓加	89	93		91.0		数据有遗漏		填写了姓名信息的人数	7
4		朱凯		89	85	87.0		数据有遗漏		平均成绩小于60的人数	1
5	20190104	王鹏	54	45	58	52.3				平均成绩最高分	93.0
6	20190105		73		99	86.0		数据有遗漏		平均成绩最低分	
7	20190106	陈小东	89	83	76	82.7					
8	20190107	沈云	83	85		84.0		数据有遗漏			
9	20190108	张红	96	95	88	93.0					

图 2-63   最高分的计算结果

技巧

有时需要为合并单元格填充连续序号。如图 2-64 所示，A、B、C、F 列均为合并的单元格，且大小不一致，如果将连续序号填入 A 列，可按如下步骤进行操作。

① 选定使用公式的单元格区域。选定 A2:A11 单元格区域。

② 输入公式。输入计算公式 =MAX($A$1:A1)+1。该公式的含义是计算自 A1 单元格至公式上一行这个动态范围内的最大值，再用计算结果加 1，以此实现连续序号的效果。

③ 按【Ctrl】+【Enter】组合键，序号填充结果如图 2-65 所示。

▲	A	B	C	D	E	F
1	序号	姓名	部门	报账项目	金额	小计
2				交通费	870	
3		黄振华	经理室	办公费	960	2950
4				招待费	1120	
5				差旅费	3470	
6		赵文	人事部	交通费	320	4550
7				办公费	450	
8				电话费	310	
9				办公费	670	
10		焦戈	财务部	电话费	320	1170
11				交通费	180	

图 2-64 序号填充前的报账表

▲	A	B	C	D	E	F
1	序号	姓名	部门	报账项目	金额	小计
2				交通费	870	
3	1	黄振华	经理室	办公费	960	2950
4				招待费	1120	
5				差旅费	3470	
6	2	赵文	人事部	交通费	320	4550
7				办公费	450	
8				电话费	310	
9				办公费	670	
10	3	焦戈	财务部	电话费	320	1170
11				交通费	180	

图 2-65 序号填充结果

在编写公式时需要注意的是公式引用的起始单元格位置，应在首个活动单元格之上。本例中，首个活动单元格是 A2，因此公式中引用的起始位置是 A1。

6. MIN 函数

函数格式：MIN(number1,number2,…)

函数功能：返回给定参数的最小值。

说明：MIN 函数最多允许包含 255 个参数。参数可以是数字、空单元格、逻辑值或以数字代表的文本表达式。若参数为数组引用中的空单元格、逻辑值或文本，则这些值将被忽略；若参数值为错误值或其他无法转换成数字的文本，则将会出现错误；若参数不含数字，则函数值为 0。

示例：计算 2-63 所示表格中平均成绩的最低分，并填入 K7 单元格中。

计算公式：=MIN(F2:F9)

将计算公式输入 K7 单元格中，其中 F2:F9 为需要查找最小值的单元格区域，计算结果如图 2-66 所示。

▲	A	B	C	D	E	F	G	H	I	J	K
1	学号	姓名	计算机基础	高等数学	英语	平均成绩	排名	检查情况		统计项目	统计结果
2	20190101	郑南	91	90	89	90.0				班级总人数	8
3	20190102	邓加	89	93		91.0		数据有遗漏		填写了姓名信息的人数	7
4		朱凯		89	85	87.0		数据有遗漏		平均成绩小于60的人数	1
5	20190104	王鹏	54	45	58	52.3				平均成绩最高分	93.0
6	20190105		73		99	86.0		数据有遗漏		平均成绩最低分	52.3
7	20190106	陈小东	89	83	76	82.7					
8	20190107	沈云	83	85		84.0		数据有遗漏			
9	20190108	张红	96	95	88	93.0					

图 2-66 最低分的计算结果

7. RANK 函数

函数格式：RANK(number,ref,order)

函数功能：返回一个数字在数字列表中的排位。

说明：该函数有 3 个参数。number 为需要进行排位的数字；ref 为数字列表或对数字列表的引用，即排位的范围，ref 中的非数值型参数将被忽略；order 为一数字，指明排位的方式，即按何种方式排。如果 order 为 0（零）或省略，Excel 对数字的排位是基于 ref 按照降序排列的列表；否则是基于 ref 按照升序排列的列表。

示例：使用图 2-66 所示表格中的数据，按平均成绩确定郑南的排名。

计算公式：=RANK(F2,F$2:F$9,0)

将计算公式输入 G2 单元格中，其中 F2 单元格为需要进行排位的数字，F$2:F$9 单元格区域为排位的范围，第 3 个参数 0 表示排位按降序方式。如果需要对每名同学进行排名，只需将 G2 单元格中的计算公式填充到 G3:G9 单元格区域中即可。计算结果如图 2-67 所示。

	A	B	C	D	E	F	G	H
1	学号	姓名	计算机基础	高等数学	英语	平均成绩	排名	检查情况
2	20190101	郑南	91	90	89	90.0	3	
3	20190102	邓加	89	93		91.0	2	数据有遗漏
4		朱凯		89	85	87.0	4	数据有遗漏
5	20190104	王鹏	54	45	58	52.3	8	
6	20190105		73		99	86.0	5	数据有遗漏
7	20190106	陈小东	89	83	76	82.7	7	
8	20190107	沈云	83	85		84.0	6	数据有遗漏
9	20190108	张红	96	95	88	93.0	1	

图 2-67　按平均成绩排名的计算结果

注意

对于每名同学来说，排位基于的列表范围是不允许改变的。因此，第 2 个参数应使用混合引用（F$2:F$9）来限制该范围内行号的变化。

03 日期与时间函数

与日期或时间有关的处理可以使用日期与时间函数。下面简单介绍几种常用的日期与时间函数。

1. DATE 函数

函数格式：DATE(year,month,day)

函数功能：生成指定的日期。

说明：该函数有 3 个参数。year 可以为 1 ~ 4 位数字，代表年份，若 year 为 0（零）~ 1899（包含）之间的数字，则将该值加上 1900，再计算年份；若 year 位于 1900 ~ 9999（包含）之间，则使用该数值作为年份。month 代表该年中月份的数字，若所输入的月份大于 12，则将从指定年份的 1 月份开始往上累加；day 代表在该月份中第几天的数字，若 day 大于该月份的最大天数，则将从指定月份的第 1 天开始往上累加。

示例：=DATE(108,8,8) 返回代表“2008 年 8 月 8 日”的日期，显示值为“2008-8-8”
=DATE(2008,8,8) 返回代表“2008 年 8 月 8 日”的日期，显示值为“2008-8-8”
=DATE(2008,14,2) 返回代表“2009 年 2 月 2 日”的日期，显示值为“2009-2-2”
=DATE(2008,7,39) 返回代表“2008 年 8 月 8 日”的日期，显示值为“2008-8-8”

2. MONTH 函数

函数格式：MONTH(serial_number)

函数功能：返回指定日期对应的月份，返回值是 1 ~ 12 之间的整数。

说明：该函数有 1 个参数。serial_number 为一个日期值，其中包含要查找的月份。若日期以文本形式输入，则会出现问题。

示例：计算“2008/8/8”的月份值。

计算公式：= MONTH("2008/8/8") 或 =MONTH(DATE(2008,8,8))

计算结果：8

注意

serial_number 给出的日期值一定要用引号括起来，否则将无法返回正确的月份值。这是因为 Excel 先进行算术运算，再将运算结果换算为对应的日期。

3. YEAR 函数

函数格式：YEAR(serial_number)

函数功能：返回指定日期对应的年份，返回值是 1900 ～ 9999 之间的数字。

说明：该函数有 1 个参数。serial_number 为一个日期值，其中包含要查找年份的日期。若日期以文本形式输入，则会出现问题。

示例：计算"2008/8/8"的年份值。

计算公式：=YEAR ("2008/8/8") 或 =YEAR(DATE(2008,8,8))

计算结果：2008

注意

对于 MONTH 函数和 YEAR 函数，如果 serial_number 为一个具体日期，最好的输入方法是使用 DATE 函数输入该日期。例如，YEAR(DATE(2008,8,8)) 是正确的表示方式。

技巧

使用上述函数，可以计算并显示出本月末的日期。计算公式为

=DATE(YEAR(NOW()),MONTH(NOW())+1,0)

例如，当前计算机系统日期为"2019-3-17"，使用该公式计算结果为"2019-3-31"。

4. TODAY 函数

函数格式：TODAY()

函数功能：返回计算机的系统日期。

说明：该函数没有参数。

示例：假设当前系统日期为"2019-3-17"，则 TODAY() 值为"2019-3-17"。

技巧

函数不仅用于计算，还可以将计算结果作为条件进行相关设置。例如，图 2-68 合同信息记录表，若设置在合同到期 7 日内自动提醒，可设置条件格式，计算公式为

	A	B	C	D	E
1	序号	姓名	合同内容	客户单位	合同到期日期
2	1	黄振华	保安聘任	宏达保安公司	2019/3/15
3	2	赵文	办公用品购置	亿元文化用品公司	2019/3/23
4	3	焦戈	绿植采购	市园林局	2019/4/1

图 2-68　合同信息记录表

=($E2>TODAY())*($E2-TODAY()<=7)

这里使用了两个条件对 E2 单元格中的日期进行判断，第一个条件是大于系统当前日期，目的是过滤掉已经截止的合同；第二个条件是和系统当前日期的间隔小于等 7。假定当前的系统日期为"2019/3/17"，设置条件的操作步骤如下。

①选定需要设置格式的单元格区域。选定 A2:E4 单元格区域。

②打开"新建格式规则"对话框。在"开始"选项卡"样式"命令组中，单击"条件格式"＞"新建格式"命令，打开"新建格式规则"对话框。

③ 设置条件及格式。在"选择规则类型"列表框中选择"使用公式确定要设置格式的单元格"选项；在"为符合此公式的值设置格式"文本框中输入公式 =($E2>TODAY())*($E2-TODAY()<=7)；单击"格式"按钮，打开"设置单元格格式"对话框，单击"填充"选项卡，选择所需颜色，单击"确定"按钮回到"新建格式规则"对话框，如图 2-69 所示。

④ 确认设置结果。单击"确定"按钮，设置结果如图 2-70 所示。

| 图 2-69 | "新建格式规则"对话框 |

	A	B	C	D	E
1	序号	姓名	合同内容	客户单位	合同到期日期
2	1	黄振华	保安聘任	宏达保安公司	2019/3/15
3	2	赵文	办公用品购置	亿元文化用品公司	2019/3/23
4	3	焦戈	绿植采购	市园林局	2019/4/1

图 2-70 合同到期自动提醒设置结果

04 逻辑函数

Excel 提供了 6 种逻辑函数，包括与、或、非、真、假和条件判断。真和假这两个逻辑函数没有参数；与、或、非逻辑函数的参数均为逻辑值；条件判断函数的第 1 个参数为逻辑值。当需要进行逻辑判断时，可以使用此类函数。任务 2.1 中已经介绍了 IF 函数，下面简单介绍 AND 函数。

函数格式：AND(logical1,logical2,…)

函数功能：所有参数的逻辑值为真时，返回 TRUE；有一个参数的逻辑值为假时，返回 FALSE。

说明：AND 函数最多允许包含 255 个参数。每个参数必须是逻辑值 TRUE 或 FALSE，或者包含逻辑值的数组或引用。若数组或引用参数中包含文本或空单元格，则这些值将被忽略。若指定的单元格区域中包括非逻辑值，则 AND 将返回错误值 #VALUE!。

示例：假定"人事档案表"中第 G 列存放员工的性别，员工数据从第 2 行开始，试判断第 1 位员工是否为女员工。

计算公式：=AND(G2=" 女 ")

05 文本函数

与文本有关的处理可以使用文本函数。例如，计算文本的长度、从文本中取子字符串、大小写字母转换、数字与文本的转换等。任务 2.1 中介绍的 LEFT 函数是一种文本函数，下面再简单介绍几种常用的文本函数。

1. FIND 函数

函数格式：FIND(find_text,within_text,start_num)

函数功能：查找指定字符在一个文本字符串中的位置。

说明：该函数有 3 个参数。find_text 为需要查找的字符；within_text 为包含要查找字符的文本字符串；start_num 为开始查找的位置，默认为 1。使用时，FIND 函数从 start_num 开始，查找 find_text 在 within_text 中第 1 次出现的位置。

示例：假设 A1="Microsoft Excel"，若查找字符 c 在 A1 中第 1 次出现的位置。

计算公式：=FIND("c",A1)

计算结果：3

💡 **注意**

FIND 函数用于查找字符在指定的文本字符串中是否存在，如果存在，返回具体位置，否则返回错误值 #VALUE!。无论是数值还是文本，FIND 函数都将其视为文本进行查找。

⚙ **技巧**

使用 FIND 函数和 COUNT 函数，可以统计出某个数字中不重复数字的个数。假设 A1 单元格中的数值为 12345432，计算该单元格中不重复数字个数的公式可以写为

=COUNT(FIND({0,1,2,3,4,5,6,7,8,9},A1))

计算结果为 5。

---

2. LEN 函数

函数格式：LEN(text)

函数功能：返回文本字符串中的字符数。

说明：该函数只有 1 个参数。text 为需要计算字符数的文本字符串。空格将作为字符进行计数。

示例：假设 A1="Microsoft Excel"，计算 A1 中字符的个数。

计算公式：=LEN(A1)

计算结果：15

3. REPLACE 函数

函数格式：REPLACE(old_text,start_num,num_chars,new_text)

函数功能：对指定字符串的部分内容进行替换。

说明：该函数有 4 个参数。old_text 为被替换的文本字符串；start_num 为开始替换位置；num_chars 为替换的字符个数；new_text 为用于替换的字符。

示例：假设 A1="Mircosoft Excel"，将 A1 中第 3，4 个字符替换为 "cr"。

计算公式：=REPLACE(A1,3,2,"cr")

计算结果：Microsoft Excel

⚙ **技巧**

巧用 REPLACE 函数，可以在字符串的指定位置插入字符。例如，A1 单元格的内容为"Excel"，若要在 E 前面插入"Microsoft"，则计算公式为"=REPLACE(A1,1,,"Microsoft")"，计算结果为"Microsoft Excel"。

---

4. RIGHT 函数

函数格式：RIGHT(text,num_chars)

函数功能：从指定字符串中截取最后一个或多个字符。

说明：该函数有 2 个参数。text 为需要截取的文本字符串；num_chars 为需要截取的字符数，num_chars 必须大于或等于 0。若 num_chars 大于文本长度，则返回所有文本；若忽略 num_chars，则假定其为 1。

示例：假设 A1="Microsoft Excel"，截取 A1 单元格中最后 5 个字符。

计算公式：=RIGHT(A1,5)

计算结果：Excel

5. MID 函数

函数格式：MID(text,start_num,num_chars)

函数功能：从文本字符串指定的起始位置起返回指定个数的字符。

说明：该函数有 3 个参数。text 为需要截取的文本字符串；start_num 为需要截取的第 1 个字符的位置；num_chars 为需要截取的字符数，num_chars 必须大于或等于 0。若 num_chars 大于文本长度，则返回所有文本。

示例：假设 A1="Microsoft Excel"，截取 A1 单元格中第 6 ~ 9 个字符的字符串。

计算公式：=MID(A1,6,4)

计算结果：soft

⚙ **技巧**

身份证号由 18 位数字组成，其中第 17 位数字为奇数时表示"男"，为偶数时表示"女"。若希望根据身份证号判断性别，可以使用 IF 函数、MID 函数和 MOD 函数进行判断。假设 A 列存放身份证号，计算公式为"=IF(MOD(MID($A1,17,1),2)," 男 "," 女 ")"。

⓺ 查找与引用函数

HLOOKUP 函数、MATCH 函数、VLOOKUP 函数、INDIRECT 函数和 ROW 函数都属于查找与引用函数，是在查找数据时使用频率非常高的函数，通常可以满足简单的查询需求。任务 2.2 中已经介绍了 VLOOKUP 函数和 HLOOKUP 函数，下面再简单介绍 MATCH 函数和 ROW 函数。

1. MATCH 函数

函数格式：MATCH(lookup_value,lookup_array,match_type)

函数功能：确定查找值在查找范围中的位置序号。

说明：该函数有 3 个参数。lookup_value 为需要查找的数值，可以是数字、文本或逻辑值，或对数字、文本或逻辑值的单元格引用。lookup_array 为指定的需要查找数据的单元格区域。match_type 为 −1、0 或 1，它决定如何在 lookup_array 中查找 lookup_value，若值为 1，则查找小于或等于 lookup_value 的最大数值，若值为 0，则查找等于 lookup_value 的第 1 个数值；若值为 −1，则查找大于或等于 lookup_value 的最小数值；若省略，则假设为 1。

示例：图 2-71 所示为某公司年度职工加班情况表，确定每季度加班最多的第 1 名职工在表中的位置。

计算公式：=MATCH(MAX(B2:B6),B2:B6,0)

在 B7 单元格中输入公式，然后将其填充到 C7:E7 单元格区域中，计算结果如图 2-72 所示。

	A	B	C	D	E
1	季度	1	2	3	4
2	林晓彤	2	1	3	1
3	江雨薇	1	2	1	2
4	郝思嘉	3	4	1	2
5	邱月清	3	1	2	3
6	曾云儿	2	4	1	2
7	加班次数最多的天数位置				

图 2-71　某公司年度加班情况表

	A	B	C	D	E
1	季度	1	2	3	4
2	林晓彤	2	1	3	1
3	江雨薇	1	2	1	2
4	郝思嘉	3	4	1	2
5	邱月清	3	1	2	3
6	曾云儿	2	4	1	2
7	加班次数最多的天数位置	3	3	1	4

图 2-72　计算结果

2. ROW 函数

函数格式：ROW(reference)

函数功能：返回引用的行号。

说明：该函数只有 1 个参数。reference 为需要得到其行号的单元格或单元格区域。该参数是可选项，若省略了 reference，则假定是对 ROW 函数所在单元格的引用。若 reference 为一个单元格区域，并且 ROW 函数作为垂直数组输入，则 ROW 函数将以垂直数组的形式返回 reference 的行号。

示例：显示当前行号。

计算公式：=ROW()

> **技巧**
>
> 有时需要在多行输入序号，如在 A 列输入 1，2，3，…，10 000 的序号，可以使用 ROW 函数。计算公式为 "=ROW(A1)"。操作步骤如下。
>
> ① 输入公式。在 A1 单元格中输入公式 =ROW(A1)，并按【Enter】键。
>
> ② 选定填充范围。在名称框中输入 A1:A10000，并按【Enter】键。
>
> ③ 填充序号。按【Ctrl】+【D】组合键。

07 财务函数

财务函数专门用于财务计算，使用这些函数可以直接得到结果。下面介绍几种常用的财务函数。

1. FV 函数

函数格式：FV(rate,nper,pmt,pv,type)

函数功能：基于固定利率及等额分期付款方式，返回某项投资的未来值。

说明：该函数有 5 个参数。rate 为各期利率；nper 为总投资期，即该项投资的付款期总数；pmt 为各期应支付的金额；pv 为现值，即从该项投资开始计算时已经入账的款项，或一系列未来付款的当前值的累积和，也称为本金；type 为各期的付款时间。type 若为 0，则付款时间为期末；若为 1，则付款时间为期初。在所有参数中，支出的款项，如银行存款，表示为负数；收入的款项，如股息收入，表示为正数。

示例：假如某人将 10 000 元存入银行账户，以后 12 个月于每月月初存入 2 000 元，年利率为 1.9%，按每月复利率计算，则一年后该账户的存款额如图 2-73 所示。

2. NPER 函数

函数格式：NPER(rate, pmt, pv, fv, type)

函数功能：基于固定利率及等额分期付款方式，返回某项投资的总期数。

说明：该函数有 5 个参数。rate 为各期利率；pmt 为各期应支付的金额；pv 为现值，即从该项投资开始计算时已经入账的款项，或一系列未来付款的当前值的累积和，也称为本金；fv 为未来值，或在最后一次付款后希望得到的现金余额；type 为各期付款时间。type 若为 0 或省略，则付款时间为期末；若为 1，则付款时间为期初。

示例：某人贷款 120 万元，以后每月偿还 8 000 元，现在的年利率为 4.5%，则将贷款还清的年限如图 2-74 所示。

图 2-73　FV 函数示例　　　　　　　　图 2-74　NPER 函数示例

3. NPV 函数

函数格式：NPV(rate,value1,value2,…)

函数功能：通过使用贴现率及一系列未来支出（负值）和收入（正值），返回一项投资的净现值。

说明：rate 为某一期间的贴现率；value1,value2,…,value254 为第 1 ～ 254 个参数，代表支出及收入。单元格、逻辑值或数字的文本表达式，都会计算在内。若参数是错误值或不能转化为数值的文本，则被忽略；若参数是一个数组或引用，则只计算其中的数字，数组或引用中的空单元格、逻辑值、文字及错误值将被忽略。

示例：某公司一年前投资 100 万元，现在年贴现率为 10%，从第 1 年开始，每年的收益分别为 300 000 元、420 000 元、680 000 元，则该投资的净现值如图 2-75 所示。

4. PMT 函数

函数格式：PMT(rate,nper,pv,fv,type)

函数功能：基于固定利率及等额分期付款方式，返回贷款的每期付款额。

说明：该函数有 5 个参数。rate 为贷款利率；nper 为该项贷款的付款总数；pv 为现值，即从该项投资开始计算时已经入账的款项，或一系列未来付款的当前值的累积和，也称为本金；fv 为未来值，或在最后一次付款后希望得到的现金余额；type 为各期的付款时间。type 若为 0，则付款时间为期末；若为 1，则付款时间为期初。

示例：假设某公司要贷款 1 000 万元，年限为 10 年，现在的年利率为 3.86%，分月偿还，则每月的偿还额如图 2-76 所示。

B7　=NPV(B2, B3, B4, B5, B6,)

	A	B
1	投资分析	
2	年贴现率	10%
3	一年前初期投资	-1, 000, 000
4	第一年收益	300, 000
5	第二年收益	420, 000
6	第三年收益	680, 000
7	投资净现值	¥118, 844

图 2-75　NPV 函数示例

B5　=PMT(B3/12, B4*12, B2)

	A	B
1	贷款分析	
2	贷款额	10, 000, 000
3	年利率	3. 86%
4	年限	10
5	月偿还额	¥-100, 581. 11

图 2-76　PMT 函数示例

2.2.5　独立实践任务

任务背景

为了鼓励员工，凯撒文化用品公司办公会决定每季度发放一次季度绩效奖金。现在公司管理者希望由劳资室按照公司制定的季度绩效奖金计算规则计算绩效奖金表中的有关项目，同时还希望对奖金发放情况进行统计和查询。绩效奖金表结构及内容如下图所示。

凯撒文化用品公司绩效奖金表

工号	姓名	部门	上级评分	评定等级	评定系数	绩效奖金
0001	孙家龙	办公室	78			
0002	张卫华	办公室	88			
0003	王叶	办公室	90			
0004	梁勇	办公室	76			
0005	朱思华	办公室	60			
0006	陈关敏	财务部	88			
0007	陈德生	财务部	76			
0008	陈桂兰	财务部	90			
0009	彭庆华	市场部	79			
0010	王成祥	市场部	89			
0011	何家强	市场部	45			
0012	曾伦清	市场部	67			
0013	张新民	市场部	88			
0014	张跃华	劳资室	90			
0015	邓都平	劳资室	67			
0016	朱京丽	劳资室	89			
0017	蓑继炎	销售部	88			
0018	王丽	销售部	76			
0019	梁鸿	销售部	78			
0020	刘尚武	销售部	90			
0021	朱强	销售部	77			
0022	丁小飞	销售部	89			
0023	孙宝彦	销售部	90			
0024	张港	销售部	75			

输入工号：

姓名	
部门	
上级评分	
评定等级	
评定系数	
绩效奖金	

总奖金	
平均奖金	
最高奖金	

评定结果	人数	比例
优秀		
良好		
较好		
合格		
需要改进		

任务要求

（1）计算“评定等级”、“评定系数”和“绩效奖金”等项目。计算方法如下。

评定等级、评定系数：根据“上级评分”确定，确定标准如下表所示。

评　分	评定等级	评定系数
≥90	优秀	1.3
80 ~ 89	良好	1
70 ~ 79	较好	0.7
60 ~ 69	合格	0.5
<60	需要改进	0

绩效奖金：(基本工资 + 岗位津贴 + 行政工资)* 评定系数。其中，各工资项目来源于“工资表”，如下图所示。

工号	姓名	部门	岗位	基本工资	岗位津贴	行政工资	交通补助	加班工资	应发工资	养老保险	医疗保险	失业保险	公积金	应纳税所得额	代扣个税	实发工资
0001	孙家龙	办公室	董事长	2600	1000	3000	800	800	8200	208	52	26	260	4654	255.4	7398.60
0002	张卫华	办公室	总经理	2150	1000	2800	800	640	7390	172	43	21.5	215	3938.5	183.85	6754.65
0003	王叶	办公室	主任	1600	1000	2500	800	400	6300	128	32	16	160	2964	88.92	5875.08
0004	梁勇	办公室	职员	1800	1000	2000	800	0	5600	144	36	18	180	2222	66.66	5155.34
0005	朱思华	办公室	文秘	2000	1000	1800	800	960	6560	160	40	20	200	3140	104	6036.00
0006	陈关敏	财务部	主管	2050	1000	2500	800	320	6670	164	41	20.5	205	3239.5	113.95	6125.55
0007	陈德生	财务部	出纳	1600	1000	1800	800	0	5200	128	32	16	160	1864	55.92	4808.08
0008	陈桂兰	财务部	会计	1800	1000	2000	800	1120	6720	144	36	18	180	3342	124.2	6217.80
0009	彭庆华	市场部	主任	1800	1000	2500	800	800	6900	144	36	18	180	3522	142.2	6379.80
0010	王成祥	市场部	业务主管	1800	1000	2000	800	0	5600	144	36	18	180	2222	66.66	5155.34
0011	何家强	市场部	业务员	2000	1000	1800	800	0	5800	160	40	20	200	2380	71.4	5308.60
0012	曾伦清	市场部	业务员	2000	1000	1800	800	0	5800	160	40	20	200	2380	71.4	5308.60
0013	张新民	市场部	业务员	1800	1000	2000	800	800	6400	144	36	18	180	3022	92.2	5929.80
0014	张跃华	劳资室	主任	2050	1000	2500	800	0	6350	164	41	20.5	205	2919.5	87.585	5831.92
0015	邓郡平	劳资室	职员	2600	1000	2000	800	160	6560	208	52	26	260	3014	91.4	5922.60
0016	朱京丽	劳资室	职员	2250	1000	2000	800	0	6050	180	45	22.5	225	2577.5	77.325	5500.18
0017	蒙继炎	销售部	主任	1900	800	2500	800	0	6000	152	38	19	190	2601	78.03	5522.97
0018	王丽	销售部	销售主管	2150	800	2000	800	960	6710	172	43	21.5	215	3258.5	115.85	6142.65
0019	梁鸿	销售部	销售员	1800	800	1900	800	0	5300	144	36	18	180	1922	57.66	4864.34
0020	刘尚武	销售部	销售主管	1800	800	2500	800	0	5900	144	36	18	180	2522	75.66	5446.34
0021	朱强	销售部	销售主管	1900	800	2500	800	880	6280	152	38	19	190	2881	86.43	5794.57
0022	丁小飞	销售部	销售员	1800	800	2500	800	960	5960	128	32	16	160	2624	78.72	5545.28
0023	孙宝彦	销售部	销售员	1500	800	1800	800	0	4900	120	30	15	150	1585	47.55	4537.45
0024	张港	销售部	销售员	1600	800	1800	800	640	5640	128	32	16	160	2304	69.12	5234.88

（2）统计"总奖金"、"平均奖金"和"最高奖金"，并将结果填入工作表相应单元格中。

（3）统计每类评定结果的人数及占总人数的比例，并将结果填入工作表相应单元格中。

（4）根据在 K4 单元格中输入的工号查找该员工的姓名、部门、上级评分等基本信息和相应的绩效奖金信息，并显示在绩效奖金表相应单元格中。

💧 **任务效果参考图**

💧 **任务分析**

打开"绩效奖金"工作簿文件。分析计算要求及计算规则，确定计算公式，然后输入并填充公式。

2.2.6 课后练习

1. 填空题

（1）在 Excel 中，当 VLOOKUP 函数第 4 个参数省略时，表示查找方式是_____匹配。

（2）在 Excel 中，假设 B2:B50 单元格区域存放高等数学的考试成绩，若要统计成绩为优秀（大于等于 90）的人数，应使用_____函数。

（3）图 2-77 所示为包含出生日期和年龄两列数据的工作表，若年龄由出生日期计算得到，则计算公式应为_____。

（4）图 2-78 所示为包含姓名、性别、出生日期和退休日期等 4 列数据的工作表，计算退休日期的公式应为_____。

	A	B
1	出生日期	年龄
2	1966/4/10	
3	1970/11/8	
4	1973/10/2	
5	1977/10/1	
6	1980/2/5	
7	1990/10/20	

图 2-77　计算年龄原始数据

	A	B	C	D
1	姓名	性别	出生日期	退休日期
2	孙家龙	男	1966/4/10	
3	张卫华	女	1970/11/8	
4	王叶	女	1973/10/2	
5	梁勇	男	1977/10/1	

图 2-78　计算退休日期原始数据

（5）FIND 函数用于查找字符在指定的文本字符串中是否存在。若存在，返回具体位置；否则返回_____错误值。

2. 选择题

（1）下列不属于日期函数的是（ 　　 ）。

　　A. MID 　　　　B. MONTH 　　C. DAY 　　　　D. TODAY

（2）在 A1 单元格中有公式"=AVERAGE(10,-3)-PI()"，则该单元格显示的值（ 　　 ）。

　　A. 大于 0 　　　B. 小于 0 　　　C. 等于 0 　　　D. 不确定

（3）A1 单元格中有公式"=SUM(B2:E6)"，若在 C3 单元格中删除一行，则 A1 单元格中的公式将变为（ 　　 ）。

　　A. =SUM(B2:E4) 　　　　　　　B. =SUM(B2:E5)

　　C. =SUM(B2:D3) 　　　　　　　D. =SUM(B2:E3)

（4）直接打开"插入函数"对话框的组合键是（ 　　 ）。

　　A. 【Shift】+【F8】 　　　　　B. 【Shift】+【F3】

　　C. 【Shift】+【F5】 　　　　　D. 【Ctrl】+【D】

（5）在 Excel 中，设 E 列单元格存放工资总额，F 列单元格存放实发工资。其中，当工资总额 >4500 时，实发工资 = 工资 -（工资总额 -4500）* 税率；当工资总额 <=4500 时，实发工资 = 工资总额。设税率 =0.1，则 F2 单元格中的公式应为（ 　　 ）。

　　A. =IF(E2>4500,E2-(E2-4500)*0.1,E2)

　　B. =IF("E2>4500",E2-(E2-4500)*0.1,E2)

　　C. =IF(E2>4500,E2,E2-(E2-4500)*0.1)

　　D. =IF("E2>4500",E2,E2-(E2-4500)*0.1)

3. 问答题

（1）在公式中引用其他工作簿的单元格的方法是什么？

（2）COUNTIF 函数和 SUMIF 函数的共同特点是什么？

（3）VLOOKUP 函数和 HLOOKUP 函数的主要区别是什么？

（4）假设基金的年收益是 15%，目前账户余额为 10 万元，今后每年末追加 1 万，那么多少年后余额变为 100 万。

（5）假定银行存储利率是 1.9%，现已经存储 10 万元，如果在未来 4 年内分月支取，那么每月初可支取多少元？

任务 2.3 调整工资表 ——Excel 工作表的合并计算

2.3.1 任务导入

● **任务背景**

成文文化用品公司财务部按照公司管理者要求及公司制定的工资计算方法完成了工资表的计算。但随着员工职位、就职时间等因素的变化，员工工资也发生了改变。为了确保员工工资的实时性，公司管理者要求财务部能够对公司员工的工资变动做出及时的调整。

● **任务要求**

调整员工的薪级工资，要求如下。

（1）将所有员工的"薪级工资"向上调整 100 元，并将调整后的工资信息填入一个新工作表中，工作表名为"统一调整"。

（2）调整所有员工的"薪级工资"，调整标准为"部门主管"向上调整 100 元、其他员工向上调整 80 元，并将调整后的工资信息填入一个新工作表中，工作表名为"普调工资"。

（3）调整部分员工的"薪级工资"，调整人员及调整金额如下图所示。将调整后的工资信息填入一个新工作表中，工作表名为"个调工资"。

	A	B	C	D
1	工号	姓名	岗位工资	调整工资额
2	7601	张涛	2670.00	120.00
3	7604	靳晋夏	2670.00	100.00
4	7607	郝海为	2606.00	80.00
5	7612	张山	2606.00	90.00
6	7613	李仪	2606.00	100.00

● **任务效果参考图**

	A	B	C	D	E
1	工号	姓名	岗位工资	薪级工资	职务补贴
2	7601	张涛	2670.00	3351.00	1245.00
3	7602	沈核	2670.00	3351.00	1245.00
4	7603	王利华	2670.00	3351.00	1245.00
5	7604	靳晋夏	2670.00	3351.00	1245.00
6	7605	苑平	2606.00	2400.00	1150.00
7	7606	李燕	2606.00	2400.00	1150.00
8	7607	郝海为	2606.00	2400.00	1150.00
9	7608	盛代国	2606.00	2400.00	1150.00
10	7609	宋维昆	2606.00	2400.00	1150.00
11	7610	谭文广	2670.00	3351.00	1245.00

"统一调整"工作表

	A	B	C	D	E
1	工号	姓名	岗位工资	薪级工资	职务补贴
2	7601	张涛	2670.00	3331.00	1245.00
3	7602	沈核	2670.00	3331.00	1245.00
4	7603	王利华	2670.00	3331.00	1245.00
5	7604	靳晋夏	2670.00	3331.00	1245.00
6	7605	苑平	2606.00	2380.00	1150.00
7	7606	李燕	2606.00	2380.00	1150.00
8	7607	郝海为	2606.00	2380.00	1150.00
9	7608	盛代国	2606.00	2380.00	1150.00
10	7609	宋维昆	2606.00	2380.00	1150.00
11	7610	谭文广	2670.00	3331.00	1245.00

"普调工资"工作表

	A	B	C	D	E
1	工号	姓名	岗位工资	薪级工资	职务补贴
2	7601	张涛	5340.00	3371.00	1245.00
3	7602	沈核	2670.00	3251.00	1245.00
4	7603	王利华	2670.00	3251.00	1245.00
5	7604	靳晋夏	5340.00	3351.00	1245.00
6	7605	苑平	2606.00	2300.00	1150.00
7	7606	李燕	2606.00	2300.00	1150.00
8	7607	郝海为	5212.00	2380.00	1150.00
9	7608	盛代国	2606.00	2300.00	1150.00
10	7609	宋维昆	2606.00	2300.00	1150.00
11	7610	谭文广	2670.00	3251.00	1245.00

"个调工资"工作表

● **任务分析**

在薪酬管理中，很多工资项目会随着时间和环境的变化而发生变动。有时候可能是所有员工的某些工资项按同一幅度调整，有时候是所有员工的某些工资项按不同幅度调整，还有时是对个别员工的某些工资项进行调整。在本任务中，需要完成以下 3 项操作。

（1）调整所有员工的薪级工资。最简单的方法是使用选择性粘贴操作。

（2）按不同幅度调整所有员工的薪级工资。员工职位不同，调整幅度不一样，可以先建立员工的调整工资金额表，这个表根据调整标准输入了调整工资的金额。将两个工作表的布局设置为完全一样，这样就可以通过位置进行工作表的合并计算。

（3）调整部分员工的薪级工资。可以先建立个调工资金额表，使其只包含需要调整薪级工资的员工薪级工资金额，由于工资表与个调工资表的行数不一样，则应通过分类进行合并计算。

2.3.2 模拟实施任务

打开工作簿

1 启动 Excel，单击"文件" > "打开"命令，打开"打开"对话框。在左窗格中找到文件所在的位置，在右窗格中找到需要打开的"工资管理"文件，双击该文件名。"工资管理"工作簿中已经建立了"人事档案表""1 月业绩奖金表"和"工资表"等工作表。本任务需要使用"人事档案表"和"工资表"，这两个表的部分数据如图 2-79 所示。

（a）人事档案表　　　　　　　　　（b）工资表

图 2-79　人事档案表和工资表

将所有员工的薪级工资上调 100 元

2 右键单击"工资表"工作表标签，在弹出的下拉菜单中单击"移动或复制工作表"命令，打开"移动或复制工作表"对话框；在"下列选定工作表之前"列表框中选择"（移至最后）"选项，勾选"建立副本"复选框，单击"确定"按钮。新建工作表名为"工资表（2）"。双击该工作表标签，输入统一调整。

3 在"统一调整"工作表的 V1 单元格中输入工资上调金额，在 V2 单元格中输入 100，如图 2-80 所示。选定 V2 单元格，按【Ctrl】+【C】组合键。

图 2-80　输入上调金额

4 选定"统一调整"工作表的 D2:D36 单元格区域，右键单击选定的区域，在弹出的快捷菜单中单击"选择性粘贴" > "选择性粘贴"命令①，打开"选择性粘贴"对话框，选择"运算"选项组中的"加"单选按钮，如图 2-81 所示。

5 单击"确定"按钮，结果如图 2-82 所示。

图 2-81 "选择性粘贴"对话框

图 2-82 统一上调薪级工资结果

按不同幅度调整员工的薪级工资

6 将"工资表"工作表复制两个。将第 1 个工作表重命名为"普调工资"，将第 2 个工作表重命名为"调整工资金额"。选定"调整工资金额"工作表标签，将 D1 单元格内容改为"调整工资额"，然后根据调整标准输入调整工资项的金额。按照公司调整标准，"部门主管"应上调 100 元、其他员工应上调 80 元。这里通过使用 IF 函数来确定每名员工调整薪级工资的金额,计算公式为"=IF(人事档案表!I2="部门主管",100,80)"。由于"职务"数据来源于"人事档案表"的第 I 列，所以在公式中关于"部门主管"的判断条件应为"人事档案表!I2="部门主管""。在 D2 单元格中输入公式 =IF(人事档案表!I2="部门主管",100,80)，并将该公式填充到 D3:D36 单元格区域中。新建的"调整工资金额"工作表部分数据如图 2-83 所示。

图 2-83 "调整工资金额"工作表

7 选定"普调工资"工作表的 D2:D36 单元格区域，在"数据"选项卡的"数据工具"命令组中，单击"合并计算"命令⑫，打开"合并计算"对话框。

8 单击"引用位置"框后面的"折叠"按钮🔲，选定"工资表"工作表中的 D2:D36 单元格区域，单击"还原"按钮🔲，回到"合并计算"对话框，单击"添加"按钮；再次单击"引用位置"框中的"折叠"按钮，选定"调整工资金额"工作表的 D2:D36 单元格区域，单击"还原"按钮，再单击"添加"按钮。设置好的"合并计算"对话框⑬如图 2-84 所示。

9 单击"确定"按钮，结果如图 2-85 所示。

图 2-84 "合并计算"对话框

图 2-85 普调后的"普调工资"工作表

调整部分员工的薪级工资

🔟 将"工资表"工作表复制两个，将第 1 个工作表重命名为"个调工资金额"，将第 2 个工作表重命名为"个调工资"。在"个调工资金额"表中只保留需要调整工资的员工信息，如图 2-86 所示。

	A	B	C	D
1	工号	姓名	岗位工资	调整工资额
2	7601	张涛	2670.00	120.00
3	7604	靳晋夏	2670.00	100.00
4	7607	郝海为	2606.00	80.00
5	7612	张山	2606.00	90.00
6	7613	李仪	2606.00	100.00

图 2-86　"个调工资金额"工作表

⓫ 选定"个调工资"工作表的 A2:D36 单元格区域。在"数据"选项卡的"数据工具"命令组中，单击"合并计算"命令，打开"合并计算"对话框。

⓬ 将焦点定位到"引用位置"框，选定"工资表"工作表的 A2:D36 单元格区域，单击"添加"按钮；再选定"个调工资金额"工作表的 A2:D6 单元格区域，单击"添加"按钮；勾选"标签位置"选项组中的"最左列"复选框❹。输入完成的"合并计算"对话框如图 2-87 所示，单击"确定"按钮。

⓭ 选定"工资表"的 B2:B36 单元格区域，按【Ctrl】+【C】组合键，选定"个调工资"工作表 B2 单元格，按【Ctrl】+【V】组合键，结果如图 2-88 所示。

图 2-87　"合并计算"对话框

	A	B	C	D	E	F
1	工号	姓名	岗位工资	薪级工资	职务补贴	工龄补贴
2	7601	张涛	5340.00	3371.00	1245.00	300
3	7602	沈核	2670.00	3251.00	1245.00	300
4	7603	王利华	2670.00	3251.00	1245.00	190
5	7604	靳晋夏	5340.00	3351.00	1245.00	200
6	7605	苑平	2606.00	2300.00	1150.00	280
7	7606	李燕	2606.00	2300.00	1150.00	300
8	7607	郝海为	5212.00	2380.00	1150.00	300
9	7608	盛代国	2606.00	2300.00	1150.00	300
10	7609	宋维昆	2606.00	2300.00	1150.00	180
11	7610	谭文广	2670.00	3251.00	1245.00	300
12	7611	邵林	2670.00	2300.00	1150.00	300
13	7612	张山	2670.00	1990.00	1050.00	230
14	7613	李仪	5212.00	2400.00	1150.00	220

图 2-88　个调后的"个调工资"工作表

2.3.3　拓展知识点

❶ 选择性粘贴

复制和粘贴是 Excel 经常使用的操作。有时可能并不需要将原始区域的所有信息都复制到目标区域中，如只复制原始区域中的数值而不复制格式。如果希望更好地控制复制到目标区域的内容，可以复制原始区域数据后，使用"选择性粘贴"命令。

1. 选择性粘贴操作步骤

选择性粘贴操作步骤如下。

① 选定区域执行复制操作，并选定粘贴目标区域。

② 打开"选择性粘贴"对话框。在"开始"选项卡的"剪贴板"命令组中，单击"粘贴"下拉菜单中的"选择性粘贴"命令，打开"选择性粘贴"对话框，如图 2-89 所示。

提示

也可以右键单击目标区域，在弹出的快捷菜单中单击"选择性粘贴">"选择性粘贴"命令，打开"选择性粘贴"对话框。

图 2-89　"选择性粘贴"对话框

③ 设置粘贴方式。在对话框中选择需要粘贴的方式，单击"确定"按钮。

2. 粘贴选项

图 2-89 所示为"选择性粘贴"对话框，"粘贴"选项组内有很多选项，其作用如表 2-2 所示。

表 2-2　粘贴选项及其作用

选　项	作　用
全部	在绝大多数情况下，与默认的常规粘贴相同。即粘贴原始区域中全部复制内容，包括数据、单元格中的所有格式、数据有效性及单元格的批注
公式	只复制原始区域的公式
数值	只复制原始区域的数值。若原始区域是公式，则复制公式的计算结果
格式	只复制原始区域的格式
批注	只复制原始区域的批注
有效性验证	只复制原始区域中设置的数字有效性
边框除外	复制除边框外的所有内容
列宽	复制列宽的信息
公式和数字格式	复制所有公式和数字格式
值和数字格式	复制所有数值和数字格式。若原始区域是公式，则只复制公式的计算结果及其数字格式

3. 运算功能

"运算"选项组包含的是一些粘贴功能选项，允许在粘贴时执行一次简单的数值运算，包括加、减、乘、除。例如，图 2-90 所示为员工补贴金额信息，若将所有员工的补贴金额都上调 100 元，操作步骤如下。

① 复制员工补贴金额信息。将 A3:C8 单元格区域的员工补贴金额信息复制到目标区域 G2:I8 中；在 E3 单元格中输入上调金额 100，结果如图 2-91 所示。

图 2-90　员工补贴金额信息　　　　图 2-91　复制数据操作

② 复制要选择性粘贴的数据。选定 E3 单元格，按【Ctrl】+【C】组合键，选定 I3:I8 单元格区域，右键单击选定的目标区域，在弹出的快捷菜单中单击"选择性粘贴">"选择性粘贴"命令，打开"选择性粘贴"对话框。

③ 设置"选择性粘贴"内容。选择"运算"选项组中的"加"单选按钮，如图 2-92 所示。

④ 执行选择性粘贴操作。单击"确定"按钮，此时目标区域中的每一个单元格的数值均会与 100 进行相加运算，并将结果数值直接保存在目标区域中，如图 2-93 所示。

图 2-92 "选择性粘贴"设置结果

A	B	C	D	E	F	G	H	I
	粘贴前					粘贴后		
姓名	职务	补贴金额	复制数据		姓名	职务	补贴金额
黄振华	董事长	1100	100		黄振华	董事长	1200
尹洪群	总经理	900			尹洪群	总经理	1000
扬灵	副总经理	700			扬灵	副总经理	800
沈宁	秘书	400			沈宁	秘书	500
赵文	部门主管	500			赵文	部门主管	600
胡方	业务员	450			胡方	业务员	550

图 2-93 粘贴中的"加"运算

> **注意**
>
> 在进行"选择性粘贴"的"运算"操作时,参与运算的数据可以是一个,也可以是与粘贴目标区域行列单元格个数相同的原始数据区域。若是一个原始数据区域,则在运用运算方式粘贴时,目标区域中的每一个单元格数据都会与相应位置的原始单元格数据分别进行运算。

4. 跳过空单元格

粘贴时勾选"选择性粘贴"对话框中的"跳过空单元格"复选框,可以有效地防止原始区域中的空单元格覆盖目标区域中的单元格内容。例如,将图 2-94 中 A3:B14 单元格区域的数据复制到 D3:E14 单元格区域中。

如果使用了"选择性粘贴"命令,并且勾选"跳过空单元格"复选框,那么 E6 和 E10 两个单元格原有的数据会在粘贴后保留不变,如图 2-95 所示。

A	B	C	D	E
	粘贴前		粘贴后	
月份	销售额		月份	销售额
1月	¥2,381		1月	
2月	¥8,342		2月	
3月	¥2,391		3月	
4月			4月	¥4,329
5月	¥2,199		5月	
6月	¥3,321		6月	
7月	¥8,391		7月	
8月			8月	¥1,594
9月	¥1,239		9月	
10月	¥2,391		10月	
11月	¥4,592		11月	
12月	¥9,342		12月	

图 2-94 复制区域与目标区域

A	B	C	D	E
	粘贴前		粘贴后	
月份	销售额		月份	销售额
1月	¥2,381		1月	¥2,381
2月	¥8,342		2月	¥8,342
3月	¥2,391		3月	¥2,391
4月			4月	¥4,329
5月	¥2,199		5月	¥2,199
6月	¥3,321		6月	¥3,321
7月	¥8,391		7月	¥8,391
8月			8月	¥1,594
9月	¥1,239		9月	¥1,239
10月	¥2,391		10月	¥2,391
11月	¥4,592		11月	¥4,592
12月	¥9,342		12月	¥9,342

图 2-95 勾选"跳过空单元格"复选框的"选择性粘贴"结果

5. 转置

粘贴时勾选"选择性粘贴"对话框中的"转置"复选框,可以使原始区域数据在复制后行列互换,而且自动调整所有的公式以便转置后仍然能够继续正常计算,如图 2-96 所示。从图 2-96 中可以看出,原始 A2:E7 单元格区域在经过转置后,原始区域中的行标题"月份"变为了目标区域中的列标题。

> **注意**
>
> 使用转置方式,不可在数据区域上进行粘贴,也不可与原始数据区域有任何部分的重叠。

	A	B	C	D	E	F
1				转置前		
2		1月	2月	3月	合计	
3	家用电器	¥25,357	¥131,912	¥213,111	¥370,380	
4	服装鞋帽	¥8,342	¥2,301	¥12,311	¥22,954	
5	日用百货	¥2,391	¥21,100	¥2,321	¥25,812	
6	食品饮料	¥2,199	¥2,319	¥12,333	¥16,851	
7	总计	¥38,289	¥157,632	¥240,076	¥435,997	
8						
9				转置后		
10		家用电器	服装鞋帽	日用百货	食品饮料	总计
11	1月	¥25,357	¥8,342	¥2,391	¥2,199	¥38,289
12	2月	¥131,912	¥2,301	¥21,100	¥2,319	¥157,632
13	3月	¥213,111	¥12,311	¥2,321	¥12,333	¥240,076
14	合计	¥370,380	¥22,954	¥25,812	¥16,851	¥435,997

图 2-96 使用转置进行行列互换

6. 粘贴链接

单击"选择性粘贴"对话框中的"粘贴链接"按钮，将建立一个由公式组成的链接原始区域的动态链接。

⑫ 合并计算概述

在实际应用中，时常会有特殊的情况出现。比如，某公司设立几个分公司，各分公司已经分别建立好了各自的年终报表，公司希望得到总的年终报表，以了解全局情况。事实上，对于这类问题可以使用 Excel 的合并计算功能，将各分公司的年终报表进行汇总。

合并计算可以方便地将多个工作表的数据合并计算，并存放到另一个工作表中。在合并计算中，存放合并计算结果的工作表称为"目标工作表"，其中接收合并数据的区域称为"目标区域"。目标工作表应该是当前工作表，目标区域也应该是当前单元格区域。而被合并计算的各个工作表称为"源工作表"，其中被合并计算的数据区域称为"来源区域"。源工作表可以是打开的，也可以是关闭的。Excel 提供了两种合并计算，即按位置合并计算和按分类合并计算。

⑬ 按位置合并计算

最简单、最常用的合并计算是按位置合并工作表。按位置合并工作表时，要求合并的各工作表结构必须相同。操作步骤如下。

① 选定目标区域。选定要存放合并数据的工作表（目标工作表），然后选定存放合并数据的单元格区域（目标区域）。

② 打开"合并计算"对话框。在"数据"选项卡的"数据工具"命令组中，单击"合并计算"命令，打开"合并计算"对话框。

③ 选择计算函数。在"函数"下拉列表中选择一个函数。

④ 添加来源区域。单击"引用位置"框后面的"折叠"按钮，再选定要合并的工作表中的单元格区域，单击"还原"按钮。单击"添加"按钮，这时选定的要合并的单元格区域添加到"所有引用位置"列表框中。

⑤ 添加其他来源区域。重复步骤④，依次将所有要合并的单元格区域都添加到"所有引用位置"列表框中。

⑥ 执行合并计算操作。单击"确定"按钮完成合并计算，并将合并计算的结果显示在目

标区域中。

04 按分类合并计算

若要合并计算的各个工作表结构不完全相同，则不能简单地使用按位置合并计算的方法汇总数据，而应该按分类合并计算。按分类合并工作表的操作方法与按位置合并工作表的操作方法类似，其操作步骤如下。

① 选定目标区域。选定要存放合并数据的目标工作表，然后选定存放合并数据的目标区域。与按位置合并计算不同的是，这时应同时选定分类依据所在的单元格区域。

② 打开"合并计算"对话框。

③ 选择计算函数。

④ 添加来源区域。添加各工作表需要合并的来源区域。

> **注意**
>
> 按分类合并时，来源区域除了包含待合并的数据区域以外，还包括合并分类的依据所对应的单元格区域，而且各工作表中待合并的数据区域可能不完全相同，因此要逐个选定。

⑤ 指定"标签位置"。在"标签位置"选项组中指定分类合并依据所在的单元格位置。若分类标签在顶端行，勾选"首行"复选框；若分类标签在最左列，则勾选"最左列"复选框，如图 2-97 所示。

> **注意**
>
> 按分类合并计算的关键步骤是要勾选"标签位置"选项组中的"首行"或"最左列"复选框，或同时勾选"首行"和"最左列"复选框，这样 Excel 才能够正确地按指定的分类进行合并计算。

图 2-97　设置标签位置

⑥ 执行合并计算操作。单击"确定"按钮完成合并计算，并将合并计算的结果显示在目标区域中。

> **注意**
>
> 由于在合并计算时只能使用求和、平均值、计数、最大值等 11 种数值运算，所以 Excel 只合并计算源工作表中的数值，含有文字的单元格将被视为空白单元格。

2.3.4　延伸知识点

01 使用剪贴板进行粘贴

当在工作表中进行复制或剪切操作时，如果打开了"剪贴板"任务窗格或勾选"收集而不显示 Office 剪贴板"复选框，那么每次复制或剪切的内容均会依次添加到 Office 剪贴板中，而不会替换之前复制或剪切的内容。因此，使用 Office 剪贴板进行粘贴操作时，可以选择历史复制的记录。操作步骤如下。

① 显示"Office 剪贴板"任务窗格。在"开始"选项卡的"剪贴板"命令组中，单击右

下角的对话框启动按钮,显示"剪贴板"任务窗格,如图 2-98 所示。

图 2-98 "剪贴板"任务窗格

② 复制数据。在工作表中,选定要复制的单元格或单元格区域,执行复制或剪切操作。重复执行本步骤复制多次不同内容。

③ 粘贴数据。选定需要粘贴的目标单元格或单元格区域;在"剪贴板"中,单击需粘贴项,再单击其右侧下拉箭头,在弹出的下拉菜单中单击"粘贴"命令;或单击"剪贴板"中的"全部粘贴"按钮,如图 2-99 所示。

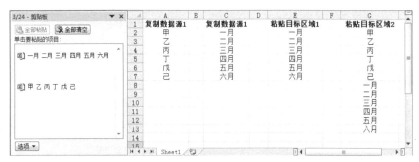

图 2-99 使用"剪贴板"进行粘贴的结果

从图 2-99 可以看出,执行"全部粘贴"操作后,Excel 会将已复制的历史记录粘贴到目标区域的一列中,粘贴数据的顺序由复制操作的先后顺序排列。

> **注意**
>
> 使用"剪贴板"粘贴的数据,只保留原有单元格中的数值、文本及格式,不保留批注、数据有效性、条件格式、公式等。在进行选择性粘贴时,不会打开"选择性粘贴"对话框。

如果需要清除"剪贴板"任务窗格保留的内容,单击相应内容右侧的下拉箭头,在弹出的下拉菜单中单击"删除"命令。如果需要删除全部内容,直接单击"全部清空"命令按钮即可。

⓬ 自动更新合并计算的数据

创建合并计算后,可以利用链接功能来实现计算的自动更新,这样当来源区域数据改变时,系统会自动更新合并计算工作表中的结果。要实现该功能,需要在创建合并计算时,在"合并计算"对话框中勾选"创建指向源数据的链接"复选框,如图 2-100 所示。

图 2-100 为合并计算创建指向源数据的链接

注意

当来源区域和目标区域在同一工作表时，则无法建立这种链接。

如果在合并计算时勾选“创建指向源数据的链接”复选框，那么存放合并数据的工作表中存放的不是单纯的合并数据，而是计算合并数据的公式，此时在合并工作表的左侧将出现分级显示按钮，可以根据需要显示或隐藏源数据。而且当来源区域数据变动时，合并数据会自动更新以保持一致，即合并数据与来源区域数据之间建立了链接关系。若在合并计算时未勾选“创建指向源数据的链接”复选框，则存放合并数据的工作表中仅保存单纯的合并数据，当源数据变动时，需要重新进行合并计算。

2.3.5　独立实践任务

任务背景

凯撒文化用品公司劳资室工作人员按照公司管理者要求及公司制定的计算规则完成了工资表的计算，如下图所示。现在公司需要对员工的部分工资项目进行调整。

	A	B	C	D	E	F	G	H	I	J	K	L	M	N	O	P	Q
1	工号	姓名	部门	岗位	基本工资	岗位津贴	行政工资	交通补助	加班工资	应发工资	养老保险	医疗保险	失业保险	公积金	应纳税所得额	代扣个税	实发工资
2	0001	孙家龙	办公室	董事长	2600	1000	3000	800	800	8200	208	52	26	260	4654	255.4	7398.60
3	0002	张卫华	办公室	总经理	2150	1000	2800	800	640	7390	172	43	21.5	215	3938.5	183.85	6754.65
4	0003	王叶	办公室	主任	1600	1000	2500	800	400	6300	128	32	16	160	2964	88.92	5875.08
5	0004	梁勇	办公室	职员	1800	1000	2000	800	0	5600	144	36	18	180	2222	66.66	5155.34
6	0005	朱思华	办公室	文秘	2000	1000	1800	800	960	6560	160	40	20	200	3140	104	6036.00
7	0006	陈关敏	财务部	主任	2050	1000	2500	800	320	6670	164	41	20.5	205	3239.5	113.95	6125.55
8	0007	陈德生	财务部	出纳	1600	1000	1800	800	0	5200	128	32	16	160	1864	55.92	4808.08
9	0008	陈桂兰	财务部	会计	1800	1000	2000	800	1120	6720	144	36	18	180	3342	124.2	6217.80
10	0009	彭庆华	市场部	主任	1800	1000	2500	800	800	6900	144	36	18	180	3522	142.2	6379.80
11	0010	王成祥	市场部	业务主管	1800	1000	2000	800	0	5600	144	36	18	180	2222	66.66	5155.34
12	0011	何家強	市场部	业务员	2000	1000	2000	800	0	5800	160	40	20	200	2380	71.4	5308.60
13	0012	曾伦清	市场部	业务员	2000	1000	2000	800	0	5800	160	40	20	200	2380	71.4	5308.60
14	0013	张新民	市场部	业务员	1800	1000	2000	800	800	6400	144	36	18	180	3022	92.2	5929.80
15	0014	张跃华	劳资室	主任	2050	1000	2500	800	0	6350	164	41	20.5	205	2919.5	87.585	5831.92
16	0015	邓都平	劳资室	职员	2600	1000	2000	800	160	6560	208	52	26	260	3014	91.4	5922.60
17	0016	朱京丽	劳资室	职员	2250	1000	2000	800	0	6050	180	45	22.5	225	2577.5	77.325	5500.18
18	0017	蒙继炎	销售部	主任	1900	800	2500	800	0	6000	152	38	19	190	2601	78.03	5522.97
19	0018	王丽	销售部	销售主管	2150	800	2000	800	960	6710	172	43	21.5	215	3258.5	115.85	6142.65
20	0019	梁鸿	销售部	销售员	1800	800	1900	800	0	5300	144	36	18	180	1922	57.66	4864.34
21	0020	刘尚武	销售部	销售员	1800	800	2500	800	0	5900	144	36	18	180	2522	75.66	5446.34
22	0021	朱强	销售部	销售主管	1900	800	1900	800	880	6280	152	38	19	190	2881	86.43	5794.57
23	0022	丁小飞	销售部	销售员	1600	800	1800	800	960	5960	128	32	16	160	2624	78.72	5545.28
24	0023	孙宝彦	销售部	销售员	1500	800	1800	800	0	4900	120	30	15	150	1585	47.55	4537.45
25	0024	张港	销售部	销售员	1600	800	1800	800	640	5640	128	32	16	160	2304	69.12	5234.88

工资表

任务要求

（1）将所有员工的“交通补助”上调 100 元。

（2）将所有员工的“基本工资”上调，调整标准为：董事长和总经理 500 元，主任 350 元，其他员工 200 元。

（3）将部分员工的“行政工资”上调，调整人员及调整金额如下图所示。

	A	B	C	D	E	F	G
1	工号	姓名	部门	岗位	基本工资	岗位津贴	调整金额
2	0004	梁勇	办公室	职员	1800	1000	100
3	0010	王成祥	市场部	业务主管	1800	1000	120
4	0011	何家強	市场部	业务员	2000	1000	100
5	0019	梁鸿	销售部	销售员	1800	800	100
6	0020	刘尚武	销售部	销售员	1800	800	100

调整人员及调整金额信息

♦ 任务效果参考图

工号	姓名	部门	岗位	基本工资	岗位津贴	行政工资	交通补助	加班工资	应发工资	养老保险	医疗保险	失业保险	公积金	应纳税所得额	代扣个税	实发工资
0001	孙家龙	办公室	董事长	2600	1000	3000	900	800	8300	208	52	26	260	4754	265.4	7488.60
0002	张卫华	办公室	总经理	2150	1000	2800	900	640	7490	172	43	21.5	215	4038.5	193.85	6844.65
0003	王叶	办公室	主任	1600	1000	2500	900	400	6400	128	32	16	160	3064	96.4	5967.60
0004	梁勇	办公室	职员	1800	1000	2000	900	0	5700	144	36	18	180	2322	69.66	5252.34
0005	朱思华	办公室	文秘	2000	1000	1800	900	960	6660	160	40	20	200	3240	114	6126.00
0006	陈关敏	财务部	主任	2050	1000	2500	900	320	6770	164	41	20.5	205	3339.5	123.95	6215.55
0007	陈德生	财务部	出纳	1600	1000	1800	900	0	5300	128	32	16	160	1964	58.92	4905.08
0008	陈桂兰	财务部	会计	1800	1000	2000	900	1120	6820	144	36	18	180	3442	134.2	6307.80
0009	彭庆华	市场部	主任	1800	1000	2500	900	800	7000	144	36	18	180	3622	152.2	6469.80
0010	王成祥	市场部	业务主管	1800	1000	2000	900	0	5700	144	36	18	180	2322	69.66	5252.34
0011	何家强	市场部	业务员	2000	1000	2000	900	0	5900	160	40	20	200	2480	74.4	5405.60
0012	曾伦清	市场部	业务员	2000	1000	2000	900	0	5900	160	40	20	200	2480	74.4	5405.60
0013	张新民	市场部	业务员	1800	1000	2000	900	800	6500	144	36	18	180	3122	102.2	6019.80
0014	张跃华	劳资室	主任	2050	1000	2500	900	0	6450	164	41	20.5	205	3019.5	91.95	5927.55
0015	邓郡平	劳资室	职员	2600	1000	2000	900	160	6660	208	52	26	260	3114	101.4	6012.60
0016	朱京丽	劳资室	职员	2250	1000	2000	900	0	6150	180	45	22.5	225	2677.5	80.325	5597.18
0017	蒙继炎	销售部	主任	1900	800	2500	900	0	6100	152	38	19	190	2701	81.03	5619.97
0018	王丽	销售部	销售主管	2150	800	2000	900	960	6810	172	43	21.5	215	3358.5	125.85	6232.65
0019	梁鸿	销售部	销售员	1800	800	1900	900	0	5400	144	36	18	180	2022	60.66	4961.34
0020	刘尚武	销售部	销售员	1800	800	2500	900	0	6000	144	36	18	180	2622	78.66	5543.34
0021	朱强	销售部	销售主管	1900	800	1900	900	880	6380	152	38	19	190	2981	89.43	5891.57
0022	丁小飞	销售部	销售员	1600	800	1800	900	960	6060	128	32	16	160	2724	81.72	5642.28
0023	孙宝彦	销售部	销售员	1500	800	1800	900	0	5000	120	30	15	150	1685	50.55	4634.45
0024	张港	销售部	销售员	1600	800	1800	900	640	5740	128	32	16	160	2404	72.12	5331.88

"交通补助"调整结果

工号	姓名	部门	岗位	基本工资	岗位津贴	行政工资	交通补助	加班工资	应发工资	养老保险	医疗保险	失业保险	公积金	应纳税所得额	代扣个税	实发工资
0001	孙家龙	办公室	董事长	3100	1000	3000	800	800	8700	248	62	31	310	5049	294.9	7754.10
0002	张卫华	办公室	总经理	2650	1000	2800	800	640	7890	212	53	26.5	265	4333.5	223.35	7110.15
0003	王叶	办公室	主任	1950	1000	2500	800	400	6650	156	39	19.5	195	3240.5	114.05	6126.45
0004	梁勇	办公室	职员	2000	1000	2000	800	0	5800	160	40	20	200	2380	71.4	5308.60
0005	朱思华	办公室	文秘	2200	1000	1800	800	960	6760	176	44	22	220	3298	119.8	6178.20
0006	陈关敏	财务部	主任	2400	1000	2500	800	320	7020	192	48	24	240	3516	141.6	6374.40
0007	陈德生	财务部	出纳	1800	1000	1800	800	0	5400	144	36	18	180	2022	60.66	4961.34
0008	陈桂兰	财务部	会计	2000	1000	2000	800	1120	6920	160	40	20	200	3500	140	6360.00
0009	彭庆华	市场部	主任	2150	1000	2500	800	800	7250	172	43	21.5	215	3798.5	169.85	6628.65
0010	王成祥	市场部	业务主管	2000	1000	2000	800	0	5800	160	40	20	200	2380	71.4	5308.60
0011	何家强	市场部	业务员	2200	1000	2000	800	0	6000	176	44	22	220	2538	76.14	5461.86
0012	曾伦清	市场部	业务员	2200	1000	2000	800	0	6000	176	44	22	220	2538	76.14	5461.86
0013	张新民	市场部	业务员	2000	1000	2000	800	800	6600	160	40	20	200	3180	108	6072.00
0014	张跃华	劳资室	主任	2400	1000	2500	800	0	6700	192	48	24	240	3196	109.6	6086.40
0015	邓郡平	劳资室	职员	2800	1000	2000	800	160	6760	224	56	28	280	3172	107.2	6064.80
0016	朱京丽	劳资室	职员	2450	1000	2000	800	0	6250	196	49	24.5	245	2735.5	82.065	5653.44
0017	蒙继炎	销售部	主任	2250	1000	2000	800	0	6350	180	45	22.5	225	2877.5	86.325	5791.18
0018	王丽	销售部	销售主管	2350	1000	2000	800	960	6910	188	47	23.5	235	3416.5	131.65	6284.85
0019	梁鸿	销售部	销售员	2000	800	1900	800	0	5500	160	40	20	200	2080	62.4	5017.60
0020	刘尚武	销售部	销售员	2000	800	2500	800	0	6100	160	40	20	200	2680	80.4	5599.60
0021	朱强	销售部	销售主管	2100	800	1900	800	880	6480	168	42	21	210	3039	93.9	5945.10
0022	丁小飞	销售部	销售员	1800	800	1800	800	960	6160	144	36	18	180	2782	83.46	5698.54
0023	孙宝彦	销售部	销售员	1700	800	1800	800	0	5100	136	34	17	170	1743	52.29	4690.71
0024	张港	销售部	销售员	1800	800	1800	800	640	5840	144	36	18	180	2462	73.86	5388.14

"基本工资"调整结果

工号	姓名	部门	岗位	基本工资	岗位津贴	行政工资	交通补助	加班工资	应发工资	养老保险	医疗保险	失业保险	公积金	应纳税所得额	代扣个税	实发工资
0001	孙家龙	办公室	董事长	2600	1000	3000	800	800	8200	208	52	26	260	4654	255.4	7398.60
0002	张卫华	办公室	总经理	2150	1000	2800	800	640	7390	172	43	21.5	215	3938.5	183.85	6754.65
0003	王叶	办公室	主任	1600	1000	2500	800	400	6300	128	32	16	160	2964	88.92	5875.08
0004	梁勇	办公室	职员	3600	1000	2100	800	0	7500	288	72	36	360	3744	164.4	6579.60
0005	朱思华	办公室	文秘	2000	1000	1800	800	960	6560	160	40	20	200	3140	104	6036.00
0006	陈关敏	财务部	主任	2050	1000	2500	800	320	6670	164	41	20.5	205	3239.5	113.95	6125.55
0007	陈德生	财务部	出纳	1600	1000	1800	800	0	5200	128	32	16	160	1864	55.92	4808.08
0008	陈桂兰	财务部	会计	1800	1000	2000	800	1120	6720	144	36	18	180	3342	124.2	6217.80
0009	彭庆华	市场部	主任	1800	1000	2500	800	800	6900	144	36	18	180	3522	142.2	6379.80
0010	王成祥	市场部	业务主管	3600	1000	2120	800	0	7520	288	72	36	360	3764	166.4	6597.60
0011	何家强	市场部	业务员	4000	1000	2100	800	0	7900	320	80	40	400	4060	196	6864.00
0012	曾伦清	市场部	业务员	2000	1000	2000	800	0	5800	160	40	20	200	2380	71.4	5308.60
0013	张新民	市场部	业务员	1800	1000	2000	800	800	6400	144	36	18	180	3022	92.2	5929.80
0014	张跃华	劳资室	主任	2050	1000	2500	800	0	6350	164	41	20.5	205	2919.5	87.585	5831.92
0015	邓郡平	劳资室	职员	2600	1000	2000	800	160	6560	208	52	26	260	3014	91.4	5922.60
0016	朱京丽	劳资室	职员	2250	1000	2000	800	0	6050	180	45	22.5	225	2577.5	77.325	5500.18
0017	蒙继炎	销售部	主任	1900	800	2500	800	0	6000	152	38	19	190	2601	78.03	5522.97
0018	王丽	销售部	销售主管	2150	800	2000	800	960	6710	172	43	21.5	215	3258.5	115.85	6142.65
0019	梁鸿	销售部	销售员	3600	800	2000	800	0	7200	288	72	36	360	3444	134.4	6309.60
0020	刘尚武	销售部	销售员	3600	800	2600	800	0	7800	288	72	36	360	4044	194.4	6849.60
0021	朱强	销售部	销售主管	1900	800	1900	800	880	6280	152	38	19	190	2881	86.43	5794.57
0022	丁小飞	销售部	销售员	1600	800	1800	800	960	5960	128	32	16	160	2624	78.72	5545.28
0023	孙宝彦	销售部	销售员	1500	800	1800	800	0	4900	120	30	15	150	1585	47.55	4537.45
0024	张港	销售部	销售员	1600	800	1800	800	640	5640	128	32	16	160	2304	69.12	5234.88

"行政工资"调整结果

♦ 任务分析

打开"工资管理"工作簿文件。分析计算要求，确定操作方法。调整所有员工的交通补贴，可以使用选择性粘贴功能。按照调整标准调整员工的基本工资，可以准备另一个工作表，存放要调整的工资金额，该工作表建议与工资表布局一致，这样可以按位置进行合并计算。

只调整部分员工的行政工资，可以先将调整工资的员工信息放至一个工作表中，再将工资表与所建表按分类进行合并计算。

2.3.6　课后练习

1. 填空题

（1）在 Excel 中，若只想复制单元格区域中的格式，则应使用＿＿＿＿功能来实现。

（2）在 Excel 中，若希望将复制的原始区域数值与粘贴的目标区域中的数据进行除法运算，则应使用＿＿＿＿功能来实现。

（3）在合并计算中，存放合并计算结果的区域称为＿＿＿＿。

（4）在 Excel 中，按位置合并工作表时，要求合并的各工作表必须具有＿＿＿＿。

（5）在 Excel 中，按分类合并工作表时，在选定要合并的目标区域的同时，还应选定＿＿＿＿所在的单元格区域。

2. 单选题

（1）在 Excel 中，如果只复制单元格格式，应使用的操作是（　　）。

　　A. 选择性粘贴　　　　　　　　B. 直接复制

　　C. 复制后再撤销　　　　　　　D. 无法实现

（2）下列关于选择性粘贴的叙述中，错误的是（　　）。

　　A. 选择性粘贴只能粘贴数值型数据

　　B. 选择性粘贴可以只粘贴格式

　　C. 选择性粘贴可以只粘贴批注

　　D. 选择性粘贴可以只粘贴公式

（3）在 Excel 中，进行多个工作表的合并计算时，为了使合并结果与源数据自动保持一致，应在"合并计算"对话框中，（　　）。

　　A. 设置"引用位置"为来源区域

　　B. 设置"标签位置"为"最左列"

　　C. 勾选"创建指向源数据的链接"复选框

　　D. 合并结果无法与源数据自动的保持一致

（4）在 Excel 中，当来源区域和目标区域在同一工作表时，（　　）。

　　A. 无法建立与源数据的链接

　　B. 可以建立与源数据的链接

　　C. 设置"标签位置"后可以建立与源数据的链接

　　D. 设置"引用位置"后可以建立与源数据的链接

（5）按分类合并计算的关键步骤是需要设置（　　）。

　　A. 引用位置　　　　　　　　　B. 合并计算所需要的函数

　　C. 标签位置　　　　　　　　　D. 创建指向源数据的链接

3. 简答题

（1）在"选择性粘贴"对话框中，"粘贴"与"粘贴链接"有何不同？

（2）在"选择性粘贴"对话框中，"跳过空单元格"的含义及作用是什么？

（3）按位置合并计算与按分类合并计算有何不同？

（4）如何自动更新合并计算的数据？

（5）合并计算的来源区域和目标区域是否允许来自多个工作簿？

项目三

显示销售业绩

内容提要

Excel 提供的图表功能，能够使枯燥的表格数字变得直观。本项目将通过使用"销售业绩管理"工作簿中已有的数据，创建图表来说明 Excel 图表的作用和适用范围、图表操作的方法和技巧。

能力目标

- 能够运用图表功能制作图表
- 能够结合函数制作动态图表

专业知识目标

- 了解图表的种类和形式
- 理解图表中各组成部分的含义
- 掌握各种图表的适应范围
- 能根据显示要求选择图表

软件知识目标

- 掌握制作图表的基本要点和方法
- 掌握编辑图表的方法
- 掌握修饰图表的方法

任务 3.1 制作销售业绩比较图 ——Excel 图表的制作与应用

3.1.1 任务导入

◈ **任务背景**

成文文化用品公司业务员主要负责市场销售。管理者为了全面掌握公司销售情况，需要使用更为直观的方式显示业务员的销售业绩及销售趋势，从而比较、分析业务员的销售能力。

◈ **任务要求**

（1）为每名业务员制作销售业绩趋势图。

（2）制作显示超级业务员的图表，并将超级业务员的累计销售额突出显示在图形中。超级业务员即为累计销售额最高的业务员。

◈ **任务效果参考图**

▲	A	B	C	D	E	F	G	H	I	J	K	L	M	N	O
1	姓名	1月	2月	3月	4月	5月	6月	7月	8月	9月	10月	11月	12月	累计销售额	销售趋势
2	张涛	16120	10350	14800	12710	12958	16100	3780	9500	4410	20365	4770	17000	142863	
3	沈核	17225	11045	11000	17040	18550	19150	14100	16150	11100	16800	15830	9750	177740	
4	王利华	8320	4900	7850	4255	4200	4070	8325	7020	9250	12250	12950	9200	92590	
5	靳晋夏	8400	4025	8370	10875	14450	7900	15620	11500	20520	12969	11340	21330	147299	
6	苑平	12500	7770	8400	8800	9400	12620	16835	11515	9500	11000	11400	11485	131225	
7	李燕	9925	11885	7600	11100	7320	8057	10980	12494	9450	9250	11500	9200	118761	
8	郝海为	8730	4550	10980	9250	12950	9000	16758	8420	10700	11310	9500	11864	124012	
9	盛代国	8970	7400	3610	9200	3990	15385	7600	20550	9350	13300	19860	26820	144435	
10	宋维昆	3500	4830	4840	4070	7875	4180	15400	19930	12250	13300	11700	16200	13030	119405

业务员销售业绩趋势图

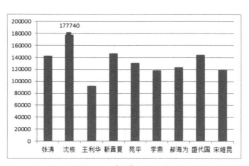

超级业务员标记图

◈ **任务分析**

在销售管理中，虽然以表格方式显示数据能够精确地反映公司的销售情况，并显示业务员的销售业绩及奖励奖金，但是表格不能直观地表达多组数据之间的关系，也不能从中获取更多的信息。图表❶是展示数据最直观、有效的手段，一组数据的各种特征、变化趋势或者多组数据之间的相互关系都可以通过图表一目了然地反映出来。

根据本任务要求，可以使用 Excel 提供的迷你图为每名业务员创建一个反映该业务员销售业绩趋势的图表。累计销售额一般能够反映业务员的销售能力，而管理者也常常需要了解销售能力最强的业务员及其销售情况。若使用图表来显示销售能力最强的业务员的累计销售额，则可以将累计销售额最大值突出显示出来。创建这种图表的基本思路是，使用辅助列存放最大值，然后以此列作为数据源创建图表，再对图表进行修改。

3.1.2　模拟实施任务

打开工作簿

1 启动 Excel，单击"文件"＞"打开"命令，打开"打开"对话框。在左窗格中找到文件所在的位置，在右窗格中找到需要打开的"销售业绩管理"工作簿文件，双击该文件名。在打开的"销售业绩管理"工作簿中有多个工作表，其中，"业务人员销售业绩表"记录了 9 名业务员销售业绩统计信息，如图 3-1 所示。

	A	B	C	D	E	F	G	H	I	J	K	L	M	N	O
1	姓名	1月	2月	3月	4月	5月	6月	7月	8月	9月	10月	11月	12月	累计销售额	销售趋势
2	张涛	16120	10350	14800	12710	12958	16100	3780	9500	4410	20365	4770	17000	142863	
3	沈核	17225	11045	11000	17040	18550	19150	14100	16150	11100	16800	15830	9750	177740	
4	王利华	8320	4900	7850	4255	4200	4070	8325	7020	9250	12250	12950	9200	92590	
5	靳晋夏	8400	4025	8370	10875	14450	7900	15620	11500	20520	12969	11340	21330	147299	
6	苑平	12500	7770	8400	8800	9400	12620	16835	11515	9500	11000	11400	11485	131225	
7	李燕	9925	11885	7600	11100	7320	8057	10980	12494	9450	9250	11500	9200	118761	
8	郝海为	8730	4550	10980	9250	12950	9000	16758	8420	10700	11310	9500	11864	124012	
9	盛代国	8970	7400	3610	9200	3990	15385	7600	20550	9350	11700	19860	26820	144435	
10	宋维昆	3500	4830	4840	4070	7875	4180	15400	19930	12250	13300	16200	13030	119405	

图 3-1　业务人员销售业绩表

创建销售趋势迷你图

2 选定存放迷你图 的单元格 O2。

3 在"插入"选项卡的"迷你图"命令组中，单击"折线图"按钮，打开"创建迷你图"对话框。在"数据范围"文本框中输入 B2:M2，或单击右侧的"折叠"按钮，然后选定 B2:M2 单元格区域，设置结果如图 3-2 所示。

4 单击"确定"按钮，关闭"创建迷你图"对话框，同时将在当前单元格中创建出迷你图，如图 3-3 所示。

图 3-2　"创建迷你图"对话框

	A	B	C	D	E	F	G	H	I	J	K	L	M	N	O	P
1	姓名	1月	2月	3月	4月	5月	6月	7月	8月	9月	10月	11月	12月	累计销售额	销售趋势	
2	张涛	16120	10350	14800	12710	12958	16100	3780	9500	4410	20365	4770	17000	142863		
3	沈核	17225	11045	11000	17040	18550	19150	14100	16150	11100	16800	15830	9750	177740		
4	王利华	8320	4900	7850	4255	4200	4070	8325	7020	9250	12250	12950	9200	92590		
5	靳晋夏	8400	4025	8370	10875	14450	7900	15620	11500	20520	12969	11340	21330	147299		
6	苑平	12500	7770	8400	8800	9400	12620	16835	11515	9500	11000	11400	11485	131225		
7	李燕	9925	11885	7600	11100	7320	8057	10980	12494	9450	9250	11500	9200	118761		
8	郝海为	8730	4550	10980	9250	12950	9000	16758	8420	10700	11310	9500	11864	124012		
9	盛代国	8970	7400	3610	9200	3990	15385	7600	20550	9350	11700	19860	26820	144435		
10	宋维昆	3500	4830	4840	4070	7875	4180	15400	19930	12250	13300	16200	13030	119405		

图 3-3　第 1 名业务员销售趋势迷你图创建结果

5 将鼠标指针放在 O2 单元格的填充柄上，然后拖曳鼠标至 O10 单元格，将 O2 迷你图填充至 O3:O10 单元格区域，结果如图 3-4 所示。

	A	B	C	D	E	F	G	H	I	J	K	L	M	N	O
1	姓名	1月	2月	3月	4月	5月	6月	7月	8月	9月	10月	11月	12月	累计销售额	销售趋势
2	张涛	16120	10350	14800	12710	12958	16100	3780	9500	4410	20365	4770	17000	142863	
3	沈核	17225	11045	11000	17040	18550	19150	14100	16150	11100	16800	15830	9750	177740	
4	王利华	8320	4900	7850	4255	4200	4070	8325	7020	9250	12250	12950	9200	92590	
5	靳晋夏	8400	4025	8370	10875	14450	7900	15620	11500	20520	12969	11340	21330	147299	
6	苑平	12500	7770	8400	8800	9400	12620	16835	11515	9500	11000	11400	11485	131225	
7	李燕	9925	11885	7600	11100	7320	8057	10980	12494	9450	9250	11500	9200	118761	
8	郝海为	8730	4550	10980	9250	12950	9000	16758	8420	10700	11310	9500	11864	124012	
9	盛代国	8970	7400	3610	9200	3990	15385	7600	20550	9350	11700	19860	26820	144435	
10	宋维昆	3500	4830	4840	4070	7875	4180	15400	19930	12250	13300	16200	13030	119405	

图 3-4　业务员销售趋势迷你图创建结果

计算累计销售额最大值

6 判断每名业务员"累计销售额"是否为所有累计销售额中的最大值，若是则将该值存入指定列对应单元格中，若不是则在该单元格中存入一个错误值"#N/A"，该错误值对应的函数为"NA()"[03]。此处使用 P 列存放最大值，在 P1 单元格中输入最大值，在 P2 单元格中输入公式 =IF(N2=MAX($N$2:$N$10),N2,NA())。

7 将 P2 单元格中的公式填充到 P3:P10 单元格区域，结果如图 3-5 所示。

	A	B	C	D	E	F	G	H	I	J	K	L	M	N	O	P
1	姓名	1月	2月	3月	4月	5月	6月	7月	8月	9月	10月	11月	12月	累计销售额	销售趋势	最大值
2	张涛	16120	10350	14800	12710	12958	16100	3780	9500	4410	20365	4770	17000	142863		#N/A
3	沈核	17225	11045	11000	17040	18550	19150	14100	16150	11100	16800	15830	9750	177740		177740
4	王利华	8320	4900	7850	4255	4200	4070	8325	7020	9250	12250	12950	9200	92590		#N/A
5	靳晋复	8400	4025	8370	10875	14450	7900	15620	11500	20520	12969	11340	21330	147299		#N/A
6	苑平	12500	7770	8400	8800	9400	12620	16835	11515	9500	11000	11400	11485	131225		#N/A
7	李熙	9925	11885	7600	11100	7320	8057	10980	12494	9450	9250	11500	9200	118761		#N/A
8	郝海为	8730	4550	10980	9250	12950	9000	16758	8420	10700	11310	9500	11864	124012		#N/A
9	盛代国	8970	7400	3610	9200	3990	15385	7600	20550	9350	11700	19860	26820	144435		#N/A
10	宋维昆	3500	4830	4840	4070	7875	4180	15400	19930	12250	13300	16200	13030	119405		#N/A

图 3-5　最大值计算结果

创建销售业绩折线图

8 按住【Ctrl】键，选定 A1:A10、N1:N10 和 P1:P10 三个单元格区域。

9 在"插入"选项卡的"图表"[04]命令组中，单击"折线图" > "带数据标记的折线图"命令，创建拆线图结果如图 3-6 所示。

更改图表类型

10 右键单击"累计销售额"的折线图，在弹出的快捷菜单中单击"更改系列图表类型"[05]命令，打开"更改图表类型"对话框。

11 在"更改图表类型"对话框左侧选择"柱形图"，在对话框右侧选择"簇状柱形图"，然后单击"关闭"按钮，结果如图 3-7 所示。

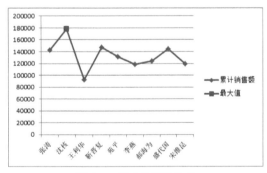

图 3-6　创建折线图结果

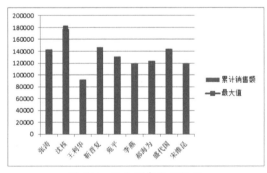

图 3-7　更改图表类型结果

标记最大值

12 因为只有一个最大值，所以最大值折线图只有一个数据点。选定第 2 个数据序列图上的数据点。

13 在"图表工具"上下文选项卡"布局"子卡的"标签"命令组中，单击"数据标签" > "上方"命令[06]，结果如图 3-8 所示。

删除图例

14　选定图例，按【Delete】⑦键将其删除，结果如图 3-9 所示。

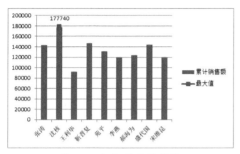

图 3-8　标记最大值结果

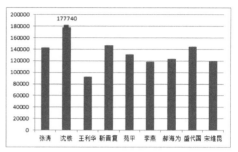

图 3-9　删除图例结果

3.1.3　拓展知识点

① 图表

图表是 Excel 的重要组成部分，是图形化的数据。图表一般由点、线、面等多种图形组合而成。使用工作簿中的数据绘制出来的图表，描述了数据与数据之间的关系，一般存放于工作簿中。

1. 图表的组成

图表一般由图表区、绘图区、标题、数据系列、坐标轴、图例、网格线等部分组合而成，如图 3-10 所示。认识图表的各个组成部分，有助于正确地选择和设置图表中的各类元素。

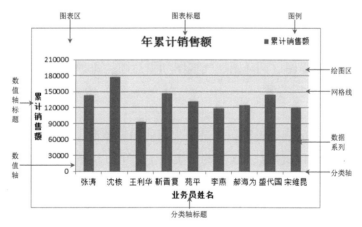

图 3-10　图表的组成

（1）图表区。

图表区是指图表的全部背景区域，包括所有的数据信息及图表辅助的说明信息。例如，图表标题、图例、数据系列、坐标轴等。选定图表区时，将显示图表元素的边框，以及用于调整图表大小的 8 个控制点。

（2）绘图区。

绘图区是指图表区内图形包含的区域，即以两个坐标轴为边的矩形区域。选定绘图区时，将显示绘图区的边框，以及用于调整绘图区大小的 8 个控制点。

（3）坐标轴。

在 Excel 图表中，坐标轴分为三大类，即分类轴、数值轴和系列轴。Excel 图表一般默认有两个坐标轴；分类轴（水平 x 轴）和数值轴（垂直 y 轴）。三维图表有第三个轴即系列轴。分类轴又可以分为文本、日期两种，其主要用来显示数据系列中每个对应的分类标签；数值轴用来显示每类的数值；系列轴是指在三维图表中显示的 z 轴方向的系列轴。默认情况下，Excel 将数值轴显示在图形的左侧，将分类轴显示在图形的下方。

（4）标题。

标题包括图表标题和坐标轴标题，即图表名称和坐标轴名称。图表标题一般显示在绘图区的上方，用来说明图表的主题；分类轴标题一般显示在分类轴下方；数值轴标题一般显示在数值轴的左侧。图表标题只有一个，而坐标轴标题最多允许有 4 个。

（5）数据系列。

数据系列是由数据点构成的，每个数据点对应工作表中的一个单元格内的数据。每个数据系列对应工作表中的一行或者一列数据。数据系列在绘图区中表现为彩色的点、线、面等图形。

（6）图例。

图例用来表示图表中各数据系列的名称，它由图例项和图例项标示组成。默认情况下，Excel 将图例显示在图表区的右侧。

（7）网格线。

网格线是坐标轴上刻度线的延伸，它穿过绘图区。添加网格线的目的是便于查看和计算数据。

2. 图表的种类

Excel 提供了 11 种不同类型的图表，包括柱形图、折线图、饼图、条形图、面积图、XY 散点图、股价图、曲面图、圆环图、气泡图和雷达图。每种图表还有多种具体形式可供选择。

（1）柱形图。

柱形图是 Excel 默认的图表类型，也是最常用的图表类型，通常用来描述不同时期数据的变化情况，或是描述不同类别数据（称为分类项）之间的差异，也可以同时描述不同时期、不同类别数据的变化和差异。柱形图在垂直方向进行比较，用矩形的高低长短来描述数据的大小。一般将分类项在分类轴上标出，而将数据的大小在数值轴上标出，这样可以强调数据是随分类项（如时间）变化的。柱形图有 19 种子图表类型，如图 3-11 所示。

（2）折线图。

折线图是用直线段将各数据点连接起来而组成的图形，常用来分析数据随时间变化的趋势，也用来分析多组数据随时间变化的相互作用和相互影响。与同样可以反映时间趋势的柱形图相比，折线图更加强调数据起伏变化的波动趋势。一般分类轴代表时间的变化，并且间隔相同，而数值轴代表各时刻的数据大小。折线图有 7 种子图表类型，如图 3-11 所示。

（3）饼图。

饼图通常只用一组数据系列作为数据源。它将一个圆面划分为若干个扇形面，每个扇形面代表一项数据值，其大小用来表示相应数据项占该数据系列总和的比值，通常用来反映各部分数据在总体中的构成及占比情况，每一个扇区表示一个数据系列，扇区面积越大，表示占比越高。使用饼图时需要注意选取的数值应没有负值和零值。饼图有 6 种子图表类型，如图 3-11 所示。其中，复合饼图和复合条饼图是在主饼图的一侧生成一个较小的饼图或堆积条形图，用来将其中一个较小的扇形中的比例数据放大表示。如果数据系列多于一个，Excel 先对同一簇的数据求和，再生成相应的饼图。

（4）条形图。

条形图使用水平横条的长度来表示数据值的大小，描述了各个数据项之间的差别情况。与柱形图相比，条形图更适合于展现排名。一般将分类项放在数值轴上标出，而将数据的大小放在分类轴上标出。这样可以突出数据的比较，而淡化时间的变化。条形图有 15 种子图表类型，如图 3-11 所示。

（5）面积图。

面积图使用折线和分类轴组成的面积及两条折线之间的面积来显示数据系列的值。面积图除具备折线图的特点，强调数据随时间的变化外，还可以通过显示数据的面积来分析部分与整体的关系。例如，可用面积图来描述某企业不同时期产品成本的构成情况。面积图有 6 种子图表类型，如图 3-11 所示。

图 3-11　柱形图、折线图、饼图、条形图和面积图

（6）XY 散点图。

XY 散点图通常用来反映成对数据之间的相关性和分布特性。例如，用散点图可以展示出某企业在不同产品上投入的广告费及产出的收入情况等。散点图不仅可以用线段描述数据，而且可以用一系列的点描述数据。在组织数据时，一般将 X 值置于一行或一列中，而将 Y 值置于相邻的行或列中。XY 散点图可以按不等间隔来表示数据。XY 散点图有 5 种子图表类型，如图 3-12 所示。

（7）股价图。

股价图是一类专用图形，通常需要特定的几组数据，主要用来表示股票或期货市场的行情，描述一段时间内股票或期货的价格变化情况。股价图有 4 种子图表类型，如图 3-12 所示。

（8）曲面图。

曲面图是折线图和面积图的另一种形式，它在原始数据的基础上，通过跨两维的趋势线描述数据的变化趋势，而且可以通过拖放图形的坐标轴，方便地变换观察数据的角度。当需要寻找两组数据之间的最佳组合时，曲面图是很有用的。曲面图中的颜色和图案用来表示在同一取值范围内的区域。曲面图有 4 种子图表类型，如图 3-12 所示。

（9）圆环图。

圆环图也用来显示部分与整体的关系，但它可以显示多个数据系列，由多个同心的圆环来表示。它将一个圆环划分为若干个圆环段，每个圆环段代表一个数据值在相应数据系列中所占的比例。例如，可以描述多个企业同一产品的各项成本构成。圆环图有 2 个子图表类型，如图 3-12 所示。

（10）气泡图。

气泡图是一种特殊类型的 *XY* 散点图，可用来描述多组数据。它相当于在 *XY* 散点图的基础上增加了第 3 个变量，即气泡的尺寸。气泡所处的坐标分别标出了在分类轴和数值轴的数据值，同时气泡的大小可以表示数据系列中第 3 个数据的值，气泡越大，数据值就越大。在组织数据时，一般将一行或一列作为分类轴，相邻的行或列作为数据值，而另一行或一列作为气泡的大小值。它有 2 种子图表类型，如图 3-12 所示。

（11）雷达图。

雷达图是由一个中心向四周辐射出多条数值坐标轴，每个分类都拥有自己的数值坐标轴，将同一数据系列的值用折线连接起来而形成的。雷达图用来比较若干数据系列的总体水平值。例如，为了表示企业的经营情况，通常使用雷达图将该企业的各项经营指标如资金增长率、销售收入增长率、总利润增长率、固定资产比率、固定资产周转率、流动资金周转率、销售利润率等指标与同行业的平均标准值进行比较，由此判断企业的经营状况。雷达图有 3 种子图表类型，如图 3-12 所示。

图 3-12　XY 散点图、股价图、曲面图、圆环图、气泡图和雷达图

⑫ 创建迷你图

迷你图是绘制在单元格中的一个微型图表。使用迷你图可以直观地反映数据系列的变化趋势。与图表不同的是，当打印工作表时，单元格中的迷你图会与数据一起进行打印。创建迷你图时，可以在一个单元格中创建，也可以在一组连续的单元格中创建。

1. 在一个单元格中创建

具体操作步骤如下。

① 选定存放迷你图的单元格。

② 打开"创建迷你图"对话框。在"插入"选项卡的"迷你图"命令组中，单击所需迷你图类型对应的命令，打开"创建迷你图"对话框。

③ 指定数据范围。在"数据范围"文本框中输入数据所在的区域，也可以单击右侧的"折叠"按钮，然后使用鼠标选定所需的单元格区域。

④ 关闭"创建迷你图"对话框。单击"确定"按钮，关闭"创建迷你图"对话框，同时将在当前单元格中创建出迷你图。

2. 在一组连续单元格中创建

有时需要在一列中创建迷你图，即希望创建一组迷你图。创建一组迷你图的操作步骤如下。

① 选定要存放迷你图的单元格区域。例如，选定图 3-1 中的 O2:O10 单元格区域。

② 打开"创建迷你图"对话框。在"插入"选项卡的"迷你图"命令组中，单击所需迷你图命令，打开"创建迷你图"对话框。

③ 指定数据范围。在"数据范围"文本框中输入数据所在的区域。也可以单击右侧的"折叠"按钮，然后使用鼠标选定所需的单元格区域。例如，选定图 3-1 中的 B2:M10 单元格区域。

④ 关闭"创建迷你图"对话框。单击"确定"按钮，关闭"创建迷你图"对话框。同时将在 O2:O10 单元格区域中创建一组折线迷你图，如图 3-4 所示。

> **提示**
>
> 还可以在 O2 单元格中先创建一个迷你图，然后使用填充的方法将迷你图填充到其他单元格中，就像填充公式一样。

> **注意**
>
> 在 Excel 中，仅提供 3 种形式的迷你图，分别是"折线迷你图""柱形迷你图"和"盈亏迷你图"，且不能制作两种以上图表类型的组合图。

⑬ NA 函数

NA 函数属于信息类函数。

函数格式：NA()

函数功能：返回错误值 #N/A。

说明：该函数没有参数。主要针对无法计算出的数值，返回错误值 #N/A。

示例：用每个月销量与平均销量进行比较，如果高于平均销量，就在图 3-13 所示表格的 C 列相应单元格显示销量值；如果低于平均销量，就显示错误值 "#N/A"。

计算公式：=IF(B2>AVERAGE($B$2:$B$4),B2,NA())

在 C2 单元格中输入计算公式 =IF(B2>AVERAGE($B$2:$B$4),B2,NA())，然后将其填充到 C3:C4 单元格区域中，计算结果如 3-14 所示。

	A	B	C
1	月份	销量	比较平均值信息
2	1月	16120	
3	2月	10350	
4	3月	14800	

图 3-13　计算前表格

	A	B	C
1	月份	销量	比较平均值信息
2	1月	16120	16120
3	2月	10350	#N/A
4	3月	14800	14800

图 3-14　计算结果

04 创建图表

Excel 中的图表是由工作表中的数据生成的。除迷你图外，Excel 还有嵌入式图表、图表工作表和 Microsoft Graph 图表。创建 3 种图表的方法略有不同。这里重点介绍如何创建嵌入式图表和图表工作表。

1．创建嵌入式图表

嵌入式图表是 Excel 中运用最多的图表样式，其特点是将图表直接绘制在原始数据所在的工作表中。图表的数据源为对应工作表中的数据，可实现数据表格与数据的混排。创建嵌入式图表一般可以使用两种方法，一种是使用功能区中的命令直接创建；另一种是使用"插入图表"对话框创建。

（1）使用功能区中的命令直接创建。具体操作步骤如下。

① 选定数据。选定创建图表所需数据的单元格区域。

💡 **注意**

选定数据时，应同时选定数据标志（标题行或标题列）。若选定用于图表的数据单元格不在一个连续的区域内，则先选定第一组包含所需数据的单元格区域，再按住【Ctrl】键选定其他单元格区域。

② 选择图表类型。在"插入"选项卡的"图表"命令组中，单击所需的一种图表类型（如柱形图）的命令，在弹出的下拉菜单中选择一种子图表类型；如果"图表"命令组中没有所需图表类型，单击"其他图表"命令，然后在弹出的下拉菜单中选择。

（2）使用对话框创建。具体操步骤如下。

① 选定数据。

② 打开"插入图表"对话框。在"插入"选项卡的"图表"命令组中，单击其右下角的对话框启动按钮，打开"插入图表"对话框。

③ 选择图表类型。在对话框左侧选定一种图表类型，在对话框右侧选定一种对应的子图表类型。

④ 创建图表。单击"确定"按钮，关闭"插入图表"对话框。此时 Excel 将在当前工作表中创建所选图表类型的图表。

2．创建图表工作表

图表工作表的特点是一个工作表即一张图表。也就是说，将图表绘制成一个独立的工作表，图表的数据源为工作表中的数据，图表的大小由 Excel 自动设置。

创建图表工作表的方法非常简单，具体操作步骤如下。

① 选定数据。

② 执行创建图表操作。按【F11】快捷键，Excel 自动插入一个新的图表工作表，并创建一个以所选单元格区域为数据源的柱形图。

> **注意**
>
> 按【F11】快捷键创建的图表工作表，默认的工作表名为"Chart1"，默认的图表类型为柱形图。如果需要创建其他类型的图表，可以在创建完成后将其修改为其他类型图表。

⑩ 更改图表类型

如果创建的图表没有准确表达出数据间的关系，或希望换成另一种类型的图表，可以更改图表类型。更改图表类型的操作步骤如下。

① 选定需要更改图表类型的图表。

② 打开"更改图表类型"对话框。在"图表工具"上下文选项卡"设计"子卡的"类型"命令组中，单击"更改图表类型"命令，打开"更改图表类型"对话框。

> **提示**
>
> 更改图表类型还可以直接用右键单击选定的图表，在弹出的快捷菜单中单击"更改图表类型"命令。

③ 设置图表类型。在对话框左侧选定所需的图表类型，在对话框右侧选定所需的子图表类型，然后单击"确定"按钮。

默认情况下，创建的图表所有数据系列都只能使用同一种图表类型。事实上，Excel 允许根据需要为每个数据系列选择不同类型的图表，使图表能够更加准确地传递信息，也能够更加灵活地制作出反映不同信息的图表。例如，图 3-6 使用了折线图，由"累计销售额"和"最大值"两个数据系列构成，当将图 3-6 中的"累计销售额"数据系列更改为柱形图后，就出现了在一个图表中使用两种图表类型的情况，如图 3-7 所示。这种图表也称为组合图表。

⑯ 设置数据标签位置

在图表中，每个数据序列均可以通过标签形式显示其具体数值，标签可以放在所需的位置。设置显示标签的操作步骤如下。

① 选定需要设置标签的图表或图表中的某个数据序列。

② 设置标签位置。在"图表工具"上下文选项卡"布局"子卡的"标签"命令组中，单击"数据标签"命令，在弹出的下拉列表中选择所需要放置标签的位置。

⑰ 删除图表元素

将某图表元素从图表中删除的操作步骤如下。

① 选定要删除的图表元素。在图表中，单击要删除的图表元素。

② 执行删除操作。直接按【Delete】键；或者右键单击选定的图表元素，在弹出的快捷菜单中单击"删除"命令。

3.1.4 延伸知识点

01 编辑迷你图

对迷你图进行编辑操作,应先选定迷你图,然后更改其图表类型、数据源,清除迷你图等。在选定迷你图后,功能区会自动出现"迷你图工具"上下文选项卡,其中包含"设计"子卡。

1. 清除迷你图

清除迷你图的操作步骤如下。

① 选定需要清除的迷你图单元格区域。

② 执行清除操作。在"迷你图工具"上下文选项卡"设计"子卡的"分组"命令组中,单击"清除"命令。

2. 更改迷你图的图表类型

更改迷你图图表类型的操作步骤如下。

① 选定需要更改图表类型的迷你图的所在单元格。

② 更改迷你图图表类型。在"迷你图工具"上下文选项卡"设计"子卡的"类型"命令组中,单击所需图表类型的相应命令。

02 编辑图表

对图表进行编辑是指对图表中各个组成部分进行一些必要的修改。例如,更改图表的数据源、设置图表的位置、添加数据系列、调整图表元素大小等。

对图表工作表进行编辑操作时,首先要选定图表工作表标签使其变成当前工作表,然后单击该工作表中的某个元素,即可对其进行编辑操作。若对嵌入式图表进行编辑操作,只需单击图表区域,该图表的周围出现黑色的细线矩形框,并在 4 个角上和每条边的中间出现黑色小方块的控制柄,此时可以对图表进行移动、放大、缩小、复制和删除等操作。单击图表的某个元素可以对其进行编辑。在选定图表后,功能区会自动出现"图表工具"上下文选项卡,包含"设计"、"布局"和"格式"三个子卡。

1. 设置图表位置

图表工作表和嵌入式图表可以互相转换位置。具体操作步骤如下。

① 选择要调整位置的图表。

② 打开"移动图表"对话框。在"图表工具"上下文选项卡"设计"子卡的"位置"命令组中,单击"移动图表"命令,打开"移动图表"对话框。

③ 选择图表位置。若将嵌入式图表设置为图表工作表,则选择"新工作表"单选按钮,在右侧文本框中输入新工作表名。若将图表工作表设置为嵌入式图表,则选择"对象位于"单选按钮,同时需要在其右侧下拉列表中选择要放置图表的工作表名称。

④ 完成设置。单击"确定"按钮。

2. 编辑数据系列

创建图表后,仍可以通过向图表中加入更多的数据系列来更新图表;也可以改变图表中引用的数据系列;还可以删除不需要的数据系列。

（1）修改数据系列。具体操作步骤如下。

① 选定图表。

② 打开"选择数据源"对话框。在"图表工具"上下文选项卡"设计"子卡的"数据"命令组中，单击"选择数据"命令，打开"选择数据源"对话框。

提示

也可以右键单击图表区，在弹出的快捷菜单中单击"选择数据"命令。

③ 选择需要修改的数据系列。在"图例项（系列）"列表框中选择需要更改的图例项，如图 3-15 所示。

④ 打开"编辑数据系列"对话框。单击"编辑"按钮，打开"编辑数据系列"对话框。

⑤ 设置更新数据。在"系列名称"框中输入更改后的数据系列名称，在"系列值"框中设置引用数据的单元格区域。最后单击"确定"按钮，返回到"选择数据源"对话框。

图 3-15　"选择数据源"对话框

⑥ 完成更改。单击"确定"按钮。

技巧

除上述更改数据系列的方法外，还可以使用直接拖曳的方法快速更改数据系列。例如，将图表中的"总奖金"改为"累计销售额"，具体操作步骤如下。

① 选定绘图区。选定绘图区，此时在工作表的引用单元格区域显示 3 个矩形框，紫色为分类轴标签，绿色为数据系列名称，蓝色为数据系列，如图 3-16 所示。

图 3-16　选定绘图区

② 更改数据系列。将鼠标指针定位到蓝色矩形框线上，框线变粗，当鼠标指针变为十字形状时，按住鼠标左键，拖曳蓝色矩形框线到"累计销售额"列 H3:H11 单元格区域，此时绿色矩形框线也同时移动到 H2 单元格，放开鼠标左键完成更改操作，结果如图 3-17 所示。

图 3-17　数据序列更改结果

（2）添加数据系列。具体操作步骤如下。

① 选定图表。

② 打开"选择数据源"对话框。

③ 打开"编辑数据系列"对话框。在"选择数据源"对话框中，单击"添加"按钮，打开"编辑数据系列"对话框。

④ 设置要添加的数据系列。在"系列名称"框中输入要添加的数据系列名称，在"系列值"框中设置引用数据的单元格区域。最后单击"确定"按钮，返回到"选择数据源"对话框。

⑤ 完成添加。单击"确定"按钮。

⚙ 技巧

除上述添加数据系列方法外，还可以使用复制、粘贴方法或鼠标拖曳方法，将数据系列快速添加到图表中。例如，使用复制、粘贴方法，将"1月业务员业绩奖金表"中的"累计销售业绩"添加到图表中，具体操作步骤如下。

① 选定数据系列。选定需要添加的单元格区域 C2:C11。

② 向图表添加数据系列。按【Ctrl】+【C】组合键复制要添加的数据系列，再选定图表，然后按【Ctrl】+【V】组合键将数据系列添加到图表中，结果如图 3-18 所示。

图 3-18　数据序列添加结果

鼠标拖曳方法适用于连续的数据区域。具体操作方法是选定图表后，将鼠标指针定位到蓝色边框线的右下角，当鼠标指针变为双向箭头形状时，拖曳蓝色框线到需要的列，然后松开鼠标左键，这时在图表中自动添加选定的数据系列。

---

3. 编辑图表元素

图表包含图表区、绘图区、图表标题、图例、坐标轴、数据系列等部分，每个部分是图表的一个元素。其中，图表标题、坐标轴标题、图例、数据标签统称为标签。

（1）调整标签位置。具体操作步骤如下。

① 选定图表中的标签。如图例、图表标题、坐标轴标题、数据标签等。

② 设置标签位置。在"图表工具"上下文选项卡"布局"子卡的"标签"命令组中，单击相应的命令，并在弹出的下拉列表中选择所需执行的命令。

（2）调整图表元素的大小。具体操作步骤如下。

① 选定图表元素。选定图表中需要调整大小的元素，如图表标题、图例、绘图区等，此时在其周围会出现 8 个控制柄。

② 调整大小。将鼠标指针放到某一个控制柄上，待指针变为双向箭头形状时，按住鼠标左键不放，拖曳到合适的大小放开。

3.1.5　独立实践任务

♦ 任务背景

凯撒文化用品公司每个季度都会以表格形式对发放的绩效奖金进行统计。管理者希望以更直观的方式了解并比较绩效奖金的发放情况，特别是获得绩效奖金最高和最低的员工情况，因此需要制作绩效奖金比较图。

♦ 任务要求

根据任务 2.2 独立实践任务中已经建立的"绩效奖金"表，制作绩效奖金图表，要求在图表中显示出每名员工的绩效奖金，并显示绩效奖金的最大值和最小值。图表内容、图表类型及显示格式如"任务效果参考图"所示。

♦ 任务效果参考图

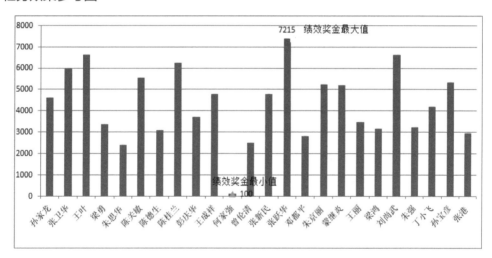

♦ 任务分析

在图中标记绩效奖金的最大值和最小值时，可以先计算出最大值和最小值，由于最大值的员工只可能有一个，所以将其以折线图的形式添加到图表中后只会出现一个数据点。同理，最小值的员工也只可能有一个，将其以折线图的形式添加到图表中后也只会出现一个数据点。通过标记这两个数据点的值即可标记出最大值和最小值。

3.1.6　课后练习

1. 填空题

（1）Excel 的图表分为 4 类，分别是迷你图、_____、图表工作表和 Microsoft Graph 图表。

（2）在 Excel 中，当选定某一个图表后，功能区会自动出现"图表工具"上下文选项卡，其中包含"设计"、_____和"格式"三个子卡。

（3）在 Excel 中，数据系列由数据点构成，每个数据点对应工作表中的一个_____的数据。每个数据系列对应工作表中的一行或者一列数据。

（4）在 Excel 中，图例用来表示图表中各数据系列的名称，它由_____和图例项标示组成。

（5）清除迷你图时，首先选定要清除迷你图的单元格区域，然后在"迷你图工具"上下文选项卡"设计"子卡的_____命令组中，单击"清除"命令。

2. 单选题

（1）Excel 提供的图表有迷你图、嵌入式图表和（　　）。

    A. 图表工作表　　　　　　　　B. 柱型图图表

    C. 条形图图表　　　　　　　　D. 折线图图表

（2）下列关于图例的叙述中，正确的是（　　）。

    A. 可以改变大小但是不可以改变位置

    B. 可以改变位置但是不可以改变大小

    C. 既可以改变位置也可以改变其大小

    D. 不可以改变位置也不可以改变大小

（3）下列关于图表位置的叙述中，错误的是（　　）。

    A. 可以在嵌入的工作表中任意地移动

    B. 可以由嵌入式图表改为图表工作表

    C. 可以由图表工作表改为嵌入式图表

    D. 图表建立后就不允许再改变其位置

（4）下列关于嵌入式图表的叙述中，错误的是（　　）。

    A. 对图表进行编辑时要先选定图表

    B. 创建图表后，不能改变图表类型

    C. 修改源数据后，图表中的数据会随之变化

    D. 创建图表后，可以向图表中添加新的数据

（5）Excel 图表工作表默认的图表类型是（　　）。

    A. 柱形图　　　　B. 饼图　　　　C. 条形图　　　　D. 折线图

3. 简答题

（1）嵌入式图表与图表工作表有何区别？

（2）图表有几种？各自的特点是什么？

（3）图表中有哪些图表元素？

（4）假设有一个学生成绩表，其中包含每名学生的各科成绩及总成绩，若希望了解学生成绩的波动情况，应选择何种图表？为什么？

（5）图 3-19 所示为"评定结果"表，若希望比较每种评定结果人数占总人数的百分比，应选择何种图表？为什么？

	A	B	C
1	评定结果	人数	比率
2	优秀	5	21%
3	良好	7	29%
4	较好	8	33%
5	合格	3	13%
6	需要改进	1	4%

图 3-19　"评定结果"表

任务 3.2 制作销售业绩动态显示图
——Excel 函数与图表的综合应用

3.2.1 任务导入

● 任务背景

成文文化用品公司制作了显示业务员销售业绩和销售趋势的图表，以满足管理者全面掌握公司销售情况、比较和分析业务员销售能力的需求。但公司管理者还希望更加方便、快捷、动态地了解某业务员销售情况，因此需要制作带有动态查询功能的图表。

● 任务要求

根据输入的业务员姓名，显示该业务员的销售业绩图。

显示内容：每名业务员姓名、月份及销售业绩。

显示格式：图表中无多余部分，文字显示清晰、简练。图表坐标轴及刻度准确。

● 任务效果参考图

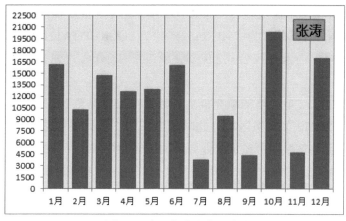

动态显示某业务员销售业绩图

● 任务分析

在销售管理的实际应用中，更多管理者需要随时了解某个业务员的销售业绩，但每次并不是查看同一个业务员。一般制作的图表是不能根据不确定的选择需求显示其中一组数据的，显然这样的图表很难满足管理者更多的需求。实际上可以将图表与函数结合在一起来解决这个问题。

根据本任务要求，可以先应用 VOOLUP 函数将需要显示的业务员销售信息查找出来，然后根据筛选的数据制作图表。

3.2.2 模拟实施任务

打开工作簿

1 启动 Excel，单击"文件">"打开"命令，打开"打开"对话框。在左窗格中找到文件所在的位置,在右窗格中找到需要打开的"销售业绩管理"工作簿文件,双击该文件名。在打开的"销售业绩管理"工作簿中有多个工作表,本任务将使用"业务人员销售业绩表"。

创建业务员姓名数据输入列表

2 按照任务要求，应根据业务员姓名查找该业务员的销售业绩。为便于输入，首先创建输入业务员姓名的数据列表。选定"业务人员销售业绩表"工作表标签,选定 A12 单元格。

3 在"数据"选项卡的"数据工具"命令组中，单击"有效性规则">"有效性规则"命令，打开"数据有效性"对话框。在"允许"下拉列表框中选择"序列"选项，单击"来源"文本框，输入 A2:A10，或单击右侧的"折叠"按钮，然后选定 A2:A10 单元格区域。

4 单击"确定"按钮，关闭"数据有效性"对话框。

查找并显示业务员销售业绩

5 如果在 A12 单元格中未输入姓名，那么 B12 单元格不应显示任何信息。因此查找该业务员 1 月份销售额的计算公式为"=IF($A12="","",VLOOKUP($A12,$A:$M,COLUMN(),))"。选定 B12 单元格，输入查找公式 =IF($A12="","",VLOOKUP($A12,$A:$M,COLUMN(),)),并确认输入。

6 将鼠标指针放在 B12 单元格的填充柄上，然后拖曳鼠标至 M12 单元格，将 B12 单元格公式填充至 C12:M12 单元格区域。此时，当在 A12 单元格中选定某一业务员姓名时，在 B12:M12 单元格区域即可显示该业务员的销售业绩信息，如图 3-20 所示。

	A	B	C	D	E	F	G	H	I	J	K	L	M	N
1	姓名	1月	2月	3月	4月	5月	6月	7月	8月	9月	10月	11月	12月	累计销售额
2	张涛	16120	10350	14800	12710	12958	16100	3780	9500	4410	20365	4770	17000	142863
3	沈核	17225	11045	11000	17040	18550	19150	14100	16150	11100	16800	15830	9750	177740
4	王利华	8320	4900	7850	4255	4200	4070	8325	7020	9250	12250	12950	9200	92590
5	靳晋夏	8400	4025	8370	10875	14450	7900	15620	11500	20520	12969	11340	21330	147299
6	苑平	12500	7770	8400	8800	9400	12620	16835	11515	9500	11000	11400	11485	131225
7	李燕	9925	11885	7600	11100	7320	8057	10980	12494	9450	9250	11500	9200	118761
8	郝海为	8730	4550	10980	9250	12950	9000	16758	8420	10700	11310	9500	11864	124012
9	盛代国	8970	7400	3610	9200	3990	15385	7600	20550	9350	11700	19860	26820	144435
10	宋维昆	3500	4830	4840	4070	7875	4180	15400	19930	12250	13300	16200	13030	119405
11														
12	张涛	16120	10350	14800	12710	12958	16100	3780	9500	4410	20365	4770	17000	

图 3-20 查询业务员销售业绩

创建销售业绩柱形图

7 按住【Ctrl】键，选定 A1:M1 和 A12:M12 两个单元格区域。

8 在"插入"选项卡的"图表"命令组中，单击"柱形图">"簇状柱形图"命令。此时，当在 A12 单元格中选定某一业务员姓名时，即可显示该业务员的销售业绩图表，如图 3-21 所示。

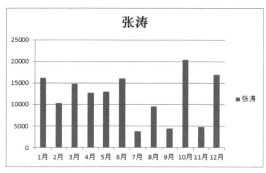

图 3-21 业务员销售业绩柱形图创建结果

删除图例并调整图标标题位置

9 选定图例，按【Delete】键，删除图例。

10 选定图表，在"图表工具"上下文选项卡"布局"子卡的"标签"命令组中，单击"图标标题">"居中覆盖标题"命令，拖曳鼠标将图标标题移至右上角，如图 3-22 所示。

取消和添加网格线

11 选定图表，在"图表工具"上下文选项卡"布局"子卡的"标签"命令组中，单击"网格线"❶>"主要横网格线">"无"命令，取消横网格线；单击"网格线">"主要纵网格线">"主要网格线"命令，添加纵网格线。结果如图 3-23 所示。

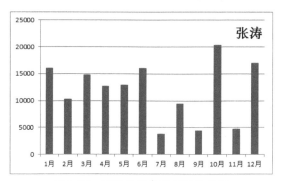

图 3-22 图例及图表标题调整结果

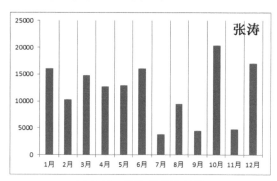

图 3-23 网格线调整结果

更改数值轴数值显示间隔

12 选定数值轴，右键单击选定的区域，在弹出的快捷菜单中单击"设置坐标轴格式"命令，打开"设置坐标轴格式"对话框❷。

13 在对话框左侧选择"坐标轴选项"，在右侧选择"主要刻度单位"的"固定"单选按钮，在单选按钮右侧文本框中输入 1500，如图 3-24 所示。单击"关闭"按钮，关闭"设置坐标轴格式"对话框，结果如图 3-25 所示。

更改数据系列显示宽度

14 右键单击任一数据系列，在弹出的快捷菜单中单击"设置数据系列格式"命令❸，打开"设置数据系列格式"对话框。

⑮ 在对话框左侧选择"系列选项"，将右侧"分类间距"下方的滑块拖曳到 50% 位置，如图 3-26 所示。单击"关闭"按钮，关闭"设置数据系列格式"对话框，结果如图 3-27 所示。

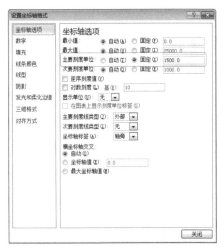

图 3-24　设置主要刻度单位

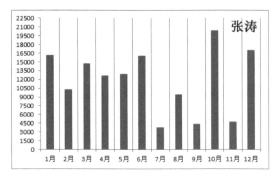

图 3-25　数值轴数值显示间距更改结果

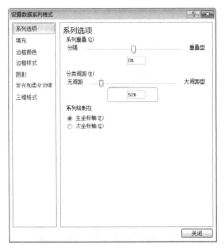

图 3-26　设置分类间距

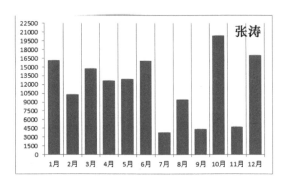

图 3-27　数据系列显示宽度更改结果

为绘图区添加背景和边框

⑯ 右键单击绘图区，在弹出的快捷菜单中单击"设置绘图区格式"命令❹，打开"设置绘图区格式"对话框。

⑰ 在对话框左侧选择"填充"，在右侧选择"纯色填充"单选按钮，单击"填充颜色"区域内"颜色"下拉箭头，在弹出的下拉列表中选择"白色，背景 1，深色 15%"；选择对话框左侧"边框颜色"，选择右侧"实线"单选按钮，单击"填充颜色"区域内的"颜色"下拉箭头，在弹出的下拉列表中选择"白色，背景 1，深色 50%"。

⑱ 单击"关闭"按钮，关闭"设置绘图区格式"对话框，结果如图 3-28 所示。

为图表标题添加背景和边框

⑲ 右键单击图表标题，在弹出的快捷菜单中单击"设置图表标题格式"命令❺，打开"设

置图表标题格式"对话框。

⑳ 将"填充"设置为"白色，背景1，深色35%"；将"边框颜色"设置为"白色，背景1，深色50%"；将"边框样式"设置为"宽度"1.5磅，"复合类型"为"由粗到细"；将"字体"设置为"幼圆"，"字号"设置为"14"。

㉑ 单击"关闭"按钮，结果如图3-29所示。

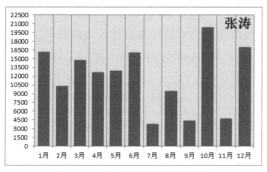

图3-28 绘图区格式设置结果

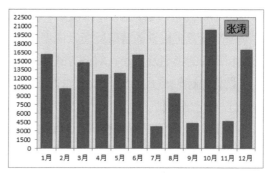

图3-29 图表标题格式设置结果

3.2.3 拓展知识点

① 添加或取消网格线

图表中的网格线分为纵向和横向两种，每种网格线又包含主要网格线和次要网格线。

1. 添加网格线

添加网格线的操作步骤如下。

① 选定图表。

② 设置网格线。在"图表工具"上下文选项卡"布局"子卡的"坐标轴"命令组中，单击"坐标轴" > "主要横网格线"（"主要纵网格线"）命令，在弹出的下拉菜单中执行所需命令。

2. 取消网格线

取消网格线的操作步骤如下。

① 选定图表。

② 设置网格线。在"图表工具"上下文选项卡"布局"子卡的"坐标轴"命令组中，单击"坐标轴" > "主要横网格线"（"主要纵网格线"） > "无"命令。

⚙ 技巧

在创建图表时，Excel默认设置的网格线是数值轴（y轴）上的主要网格线，如果只希望分隔数据系列，不需要了解每个图形数值轴上的具体数字，可以按如下操作步骤进行设置。

① 选定图表。

② 取消"主要横网格线"。在"图表工具"上下文选项卡"布局"子卡的"坐标轴"命令组中，单击"网格线" > "主要横网格线" > "无"命令。

③ 添加"主要纵网格线"。在"图表工具"上下文选项卡"布局"子卡的"坐标轴"命令组中，单击"网格线" > "主要纵网格线" > "主要网格线"命令。

---

02 坐标轴格式

坐标轴是图表中作为数据点参考的两条相交直线，包括坐标轴标题、坐标轴线、刻度线、坐标轴标签等图表元素。Excel 一般默认有两个坐标轴，即分类轴和垂直轴。绘图区下方的直线为分类轴；绘图区左侧的直线为数值轴。坐标轴格式主要包括坐标轴选项、数字、填充、线条颜色、线型、阴影、发光和柔化边缘、对齐方式等。其中，坐标轴选项用来设置刻度线的间隔、标签的间隔、刻度线标签的显示位置、刻度线的类型等；数字用来设置刻度线标签的数字格式；填充用来设置坐标轴的背景颜色及图案效果；线条颜色和线型主要用来设置线条的颜色、宽度、类型和箭头的类型及大小；对齐方式用来设置刻度线标签的文字方向、与内部边界的距离等。

设置坐标轴格式的操作步骤如下。

① 选定坐标轴。

② 打开"设置坐标轴格式"对话框。在"图表工具"上下文选项卡的"格式"子卡中，单击"形状样式"或"大小"命令组右下角的对话框启动按钮，打开"设置坐标轴格式"对话框。

> **提示**
>
> 也可以右键单击坐标轴，在弹出的快捷菜单中单击"设置坐标轴格式"命令；或者在"当前所选内容"命令组中，单击"设置所选内容格式"命令。

③ 设置选项。在该对话框左侧，单击某一选项，按需求设置其中具体的选项内容。

> **技巧**
>
> Excel 图表中默认的坐标轴为直线形式，如果希望将图表中的坐标轴以箭头形式显示，可以按如下操作步骤进行设置。
>
> ① 选定要添加箭头的坐标轴。
>
> ② 打开"设置坐标轴格式"对话框。在"图表工具"上下文选项卡"格式"子卡的"当前所选内容"命令组中，单击"设置所选内容格式"命令，打开"设置坐标轴格式"对话框。
>
> ③ 设置坐标轴。在该对话框左侧单击"线型"，在右侧设置箭头的"后端类型"和"后端大小"。
>
> ④ 关闭对话框。单击"确定"按钮，关闭对话框。结果如图 3-30 所示。
>
>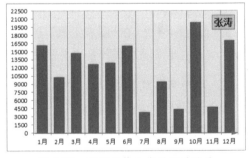
>
> 图 3-30　坐标轴箭头线的设置结果

03 数据系列格式

数据系列是在绘图区中由一系列点、线或平面的图形构成的图表对象。数据系列格式主要包括系统选项、填充、边框颜色及样式、阴影、发光和柔化边缘、三维格式等。在系列选项中，系列重叠主要用来设置数据点重叠比例，系列间距主要用来设置数据点间距，系列绘制主要用来选择数据系列绘制在主坐标轴或次坐标轴。其他选项设置与前述相似。

> **注意**
>
> 不同图表类型，数据系列格式的设置内容不同。

1. 设置数据系列格式

具体操作步骤如下。

① 选定某一数据系列。

② 打开"设置数据系列格式"对话框。在"图表工具"上下文选项卡的"格式"子卡中，单击"形状样式"或"大小"命令组右下角的对话框启动按钮，打开"设置数据系列格式"对话框。

> **提示**
>
> 　或者右键单击所选数据系列，在弹出的快捷菜单中单击"设置数据系列格式"命令；或者在"当前所选内容"命令组中，单击"设置所选内容格式"命令。

③ 设置选项。在该对话框左侧，单击某一选项，按需求设置其中具体的选项内容。例如，在对话框左侧选择"系列选项"，在右侧"分类间距"区域中，拖曳滑块向"无间距"项移动；或者在下面的文本框中直接输入间距比例，如图 3-31 所示。单击"关闭"按钮后，Excel 会自动将图形之间的距离变小，图形变宽。

2. 更改数据系列图形

可以使用图片或自选图形来替换图表中默认的图形。

（1）使用已有图片替换，操作步骤如下。

① 选定需要替换的数据系列。

② 打开"插入图片"对话框。在"插入"选项卡的"插图"命令组中，单击"图片"命令，打开"插入图片"对话框。

③ 插入图片。找到并选定所需图片文件，单击"插入"按钮。

（2）使用自选图形替换。例如，将图 3-29 所示柱形图形更换为箭头图形，操作步骤如下。

① 绘制图形。在"插入"选项卡的"插图"命令组中，单击"形状">"上箭头"命令；在工作表任意位置绘制一个箭头图形。

② 更换数据系列图形。选定所绘图形，按【Ctrl】+【C】组合键；单击数据系列，然后按【Ctrl】+【V】组合键，结果如图 3-32 所示。

图 3-31　设置数据系列格式图形的间距

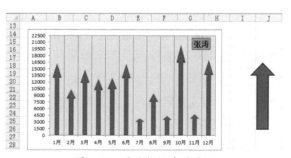

图 3-32　更改数据系列图形

④ 绘图区格式

绘图区是图表区中由坐标轴围成的部分。设置绘图区格式与设置图表区格式类似，主要设置绘图区边框的样式、内部区域的填充颜色及效果等。其操作步骤如下。

① 选定绘图区。

② 打开"设置绘图区格式"对话框。在"图表工具"上下文选项卡的"格式"子卡中，单击"形状样式"或"大小"命令组右下角的对话框启动按钮，打开"设置绘图区格式"对话框。

> **提示**
>
> 或者右键单击绘图区，在弹出的快捷菜单中单击"设置绘图区格式"命令；或者双击绘图区；或者在"当前所选内容"命令组中，单击"设置所选内容格式"命令。

③ 设置选项。在该对话框中设置绘图区的填充颜色和图案、是否加边框及边框的样式、颜色等。

⑤ 标题格式

标题是图表等说明性的文字，标题包括图表标题、分类轴标题和数值轴标题。标题格式主要包括填充、边框颜色、边框样式、阴影、发光和柔化边缘、三维格式、对齐方式等。各项的设置内容及含义与前述基本相同，其设置方法也与前述方法相同。

> **注意**
>
> 对图表中各元素字体格式的设置，可以右键单击图表元素，在弹出的快捷菜单中单击"字体"命令，在打开的"字体"对话框中设置所需的字体、字形和字号等。

3.2.4　延伸知识点

① 图表格式

创建图表后，可以对其进行美化和修饰，使其看起来更加美观和清晰，更便于理解和阅读。例如，改变图表区字体、设置网格线线条样式、调整数据系列的间距、为绘图区添加颜色等。在本任务拓展知识点部分已经对一些图表元素的格式设置进行了介绍，下面简单介绍如何对图表区、图例及网格线进行格式设置。

1. 设置图表区格式

图表区是指图表的全部背景区域。图表区格式主要包括图表区的填充、边框颜色、边框样式、阴影、发光和柔化边缘、三维格式、大小、属性、可选文字等。其中，填充主要设置图表内部区域的背景颜色及图案效果；三维格式主要设置棱台、深度、轮廓线及表面效果；大小主要设置图表的尺寸和缩放比例等；属性主要设置图表的大小和位置是否随单元格变化，选择是否打印或锁定图表等。其操作步骤如下。

① 选定图表区。

② 打开"设置图表区格式"对话框。在"图表工具"上下文选项卡的"格式"子卡中，

单击"形状样式"或"大小"命令组右下角的对话框启动按钮，打开"设置图表区格式"对话框。

> **提示**
>
> 或者右键单击图表区，在弹出的快捷菜单中单击"设置图表区域格式"命令；或者双击图表区；或者在"当前所选内容"命令组中，单击"设置所选内容格式"命令。

③设置图表区格式。在对话框中设置图表区的填充、边框颜色、边框样式、三维格式、大小和属性。

> **技巧**
>
> 在"设置图表区格式"对话框左侧选择"填充"，在右侧选择"图片或纹理填充"单选按钮，然后单击"插入自"区域中的相应按钮，可以将图片文件、剪贴画等放置到图表中，作为图表背景来美化图表。

2. 设置图例格式

图例包含图例项和图例项标示两部分。图例项与数据系列一一对应，若图表中有两个数据系列，则图例包含两个图例项。图例项的文字与数据系列的名称一一对应，若没有指定数据系列的名称，则图例项自动显示为"系列1、系列2、…"。图例格式包括图例选项、填充、边框颜色、边框样式、阴影、发光和柔化边缘等。其中，图例选项设置图例的位置；填充设置图例的背景颜色或图案；边框颜色设置图例边框颜色；边框样式设置图例边框线的类型、箭头的格式等。其操作步骤也与前述步骤相同。

3. 设置网格线格式

图表中的网格线，按坐标轴刻度分为主要网格线和次要网格线。坐标轴主要刻度线对应的是主要网格线，坐标轴次要刻度线对应的是次要网格线。网格线格式包括线条颜色、线型、阴影、发光和柔化边缘。其中，线条颜色主要设置网格线的颜色；线型设置线条的样式和粗细；阴影设置网格线阴影的颜色、大小、透明度、距离等。其操作步骤与前述步骤相同。

02 美化三维图表

与平面图表相比，Excel在柱形图、条形图、饼图、面积图、曲面图和气泡图等类型图表中提供了三维图表，使得图表更具有立体感，但默认情况下创建的三维图表往往不够美观，如图3-33所示。可以通过调整参数来美化图表。

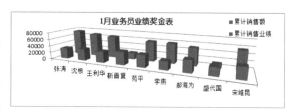

图3-33　三维柱形图

1. 设置三维图表的高度和角度

具体操作步骤如下。

①打开"设置图表区格式"对话框。

②设置高度和角度。在对话框左侧选择"三维旋转"，在右侧勾选"直角坐标轴"复选框，并单击"X（X）"文本框右侧增减按钮使其值变为"10°"，单击"Y（Y）"文本框右侧

增减按钮使其值改为"10°"，如图 3-34 所示。单击"关闭"按钮，结果如图 3-35 所示。

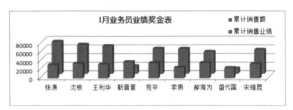

图 3-34　设置三维图表的参数　　　　　　　图 3-35　高度及角度的设置结果

2. 设置三维图表的深度和宽度

设置三维图表的深度和宽度，具体操作步骤如下。

① 打开"设置数据系列格式"对话框。

② 设置深度和宽度。在对话框左侧选择"系列选项"，然后修改"系列间距"和"分类间距"的值，如图 3-36 所示。单击"关闭"按钮，设置结果如图 3-37 所示。

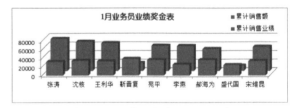

图 3-36　设置三维图表的深度和宽度　　　　图 3-37　深度和宽度的设置结果

3. 设置三维图表的图形形状

除可以进行上述设置外，还可以改变数据系列图形形状。具体操作步骤如下。

① 打开"设置数据系列格式"对话框。双击"累计销售额"数据系列，打开"设置数据系列格式"对话框。

② 设置图形形状。在对话框左侧选择"形状"，在右侧"柱体形状"区域中选择某一图形，

如选定"完整圆锥",如图 3-38 所示,然后单击"关闭"按钮。如果需要改变另一数据系列柱形图的图形形状,可以使用上述方法再次选择。结果如图 3-39 所示。

图 3-38 选择图形形状

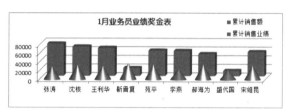

图 3-39 设置图形形状的结果

3.2.5 独立实践任务

◆ 任务背景

凯撒文化用品公司管理者希望以更加灵活、直观、清晰的方式来了解某员工的工资结构,同时希望查看绩效奖金评定结果的统计信息,以便比较和分析绩效奖金的发放情况。

◆ 任务要求

根据任务 2.1 独立实践任务中已经建立的"工资表"和任务 2.2 独立实践任务中建立的"绩效奖金"表完成下述任务。

（1）制作工资表动态显示图。根据输入的员工姓名,显示该员工的基本工资、岗位津贴、行政工资和实发工资。

（2）制作绩效奖金统计比较图。图表内容包括每种评定等级的人数和比率;人数使用柱形图,比率使用折线图;图表区应有图表标题。

◆ 任务效果参考图

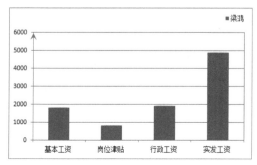

工资动态显示图

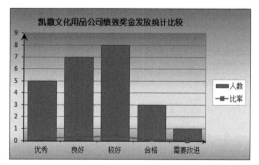

绩效奖金统计比较图

♦ **任务分析**

有时管理者会根据需要来查看某员工的基本工资信息，而此时管理者往往都希望能够快速、方便、灵活地去查找，并且能够直观地显示出来。可以通过制作动态图表来满足这样的要求。在制作动态图表前可以考虑使用 VOOLUP 函数找出相关数据，然后将查出的数据作为数据源，制作所需图表。

本任务第 2 个题目要求制作绩效奖金统计比较图。这个图中包含有两个数据系列，是一种组合图。在组合图形时应注意要先选定需要更改图表类型的数据系列，然后执行更改命令，并选择相应的图表类型。

3.2.6 课后练习

1. 填空题

（1）在 Excel 图表中，图例项与数据系列的对应关系应该是_____。

（2）设置图表标题位置时，若选择了"居中覆盖标题"，则图表标题将居中并放置图表_____。

（3）在 Excel 中，不同图表类型，数据系列格式的设置内容_____同。

（4）Excel 图表中的网格线，按坐标轴_____分为主要网格线和次要网格线。

（5）在"设置数据系列格式"对话框中调整三维图表的深度，应设置的参数是_____。

2. 单选题

（1）在 Excel 中创建图表后，可以修饰美化的元素是（　　）。

    A. 图表标题　　B. 图例　　　　C. 坐标轴　　　　D. 以上都可以

（2）创建图表后，可以对图表进行改进。在图表上不能进行改进的是（　　）。

    A. 显示或隐藏 XY 轴的轴线

    B. 为图表添加边框和背景图

    C. 为图表或坐标轴添加标题

    D. 调整数据系列的大小以改变工作表中的数据

（3）在 Excel 中，若删除了图表中的数据系列，则与图表相关的工作表中的数据将（　　）。

    A. 变为错误值　　　　　　　　B. 不会发生改变

    C. 用颜色显示　　　　　　　　D. 会自动丢失

（4）下列图表类型中，未提供三维图表的是（　　）。

    A. 柱形图　　B. 条形图　　　C. 曲面图　　　D. 圆环图

（5）更改图表中某数据系列的柱形图图形宽度时，在"设置数据系列格式"对话框中应设置的选项是（　　）。

    A. 系列重叠　　B. 分类间距　　C. 宽度　　　　D. 系列选项预设

3. 简答题

（1）总结图表及各元素格式的设置要点。

（2）总结将两种或以上图表类型绘制在同一绘图区中的基本操作思路。

（3）如何使用图片更换图表中数据系列的图形？

（4）假设某公司已经制作了“满意度调查”表，如图 3-40 所示。简单说明根据图 3-40 制作图 3-41 所示条形图的基本思路。

	A	B	C
1	满意度调查表		
2	部门	满意	不满意
3	办公室	2	-1
4	财务部	2	-1
5	工程部	2	-2
6	技术部	3	-1
7	销售部	4	-2

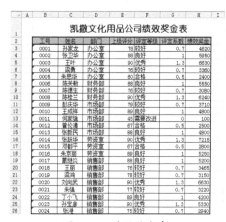

图 3-40　满意度调查表

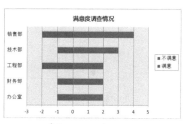

图 3-41　条形图

（5）假设某公司已经创建了“绩效奖金表”，如图 3-42 所示。并根据该表制作了“绩效奖金比较”图，图中包括了每名员工的绩效奖金和所有员工的平均绩效奖金，如图 3-43 所示。试说明“平均绩效奖金”数据系列是如何创建的，使用的是何种图表类型？

	B	C	D	E	F	G	H
1	凯撒文化用品公司绩效奖金表						
2	工号	姓名	部门	上级评分	评定等级	评定系数	绩效奖金
3	0001	孙家龙	办公室	78	较好	0.7	4620
4	0002	张卫华	办公室	88	良好	1	5950
5	0003	王叶	办公室	90	优秀	1.3	6630
6	0004	梁勇	办公室	76	较好	0.7	3360
7	0005	朱思华	办公室	60	合格	0.5	2400
8	0006	陈关敏	财务部	88	良好	1	5550
9	0007	陈德生	财务部	76	较好	0.7	3080
10	0008	陈桂兰	财务部	90	优秀	1.3	6240
11	0009	彭庆华	市场部	79	较好	0.7	3710
12	0010	王成祥	市场部	89	良好	1	4800
13	0011	何家强	市场部	45	需要改进	0	100
14	0012	曾伦清	市场部	67	合格	0.5	2500
15	0013	张新民	市场部	88	良好	1	4800
16	0014	张跃华	劳资室	90	优秀	1.3	7215
17	0015	邓都平	劳资室	67	合格	0.5	2800
18	0016	朱京丽	劳资室	89	良好	1	5250
19	0017	蒙继炎	销售部	88	良好	1	5200
20	0018	王丽	销售部	76	较好	0.7	3465
21	0019	梁鸿	销售部	78	较好	0.7	3150
22	0020	刘尚武	销售部	90	优秀	1.3	6630
23	0021	朱强	销售部	77	较好	0.7	3220
24	0022	丁小飞	销售部	89	良好	1	4200
25	0023	孙宝彦	销售部	90	优秀	1.3	5330
26	0024	张港	销售部	75	较好	0.7	2940

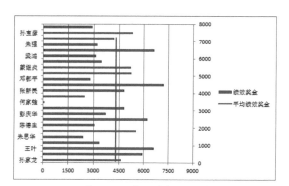

图 3-42　绩效奖金表

图 3-43　绩效奖金比较图

项目四

管理人事档案

内容提要

Excel 除可以方便、高效地完成各种复杂的数据计算外，还可以实现一般数据库软件所具备的数据管理功能。本部分将通过人事档案管理案例，介绍应用 Excel 实现数据排序的方法、数据分类汇总的方法和技巧、数据筛选的方法和技巧。

能力目标

- 能够运用数据管理功能管理数据
- 能够运用数据管理功能使用数据

专业知识目标

- 了解 Excel 在数据管理方面的基本功能
- 理解数据列表⁰¹的概念
- 理解分类汇总的含义
- 能够根据实际需要灵活操控工作表中的数据

软件知识目标

- 掌握数据排序的操作
- 掌握数据筛选的方法
- 掌握分类汇总的操作要点及操作方法

任务 4.1 分类统计人事档案表
——Excel 数据的排序与分类汇总

4.1.1 任务导入

● **任务背景**

成文文化用品公司已经建立了人事档案表。为了满足公司管理者对员工档案信息的各种使用和处理需求，需要对员工档案信息进行整理和使用。

● **任务要求**

对人事档案表的数据进行整理和使用，要求如下。

（1）对人事档案表进行排序。第一，按婚姻状况未婚在前排序；第二，按姓氏笔划[注]从少到多排序；第三，按部门升序和学历由高到低排序。

（2）对人事档案表中的数据进行分类汇总。计算每个部门每种学历的员工人数，并将每个部门人数的计算结果存入新工作表中。

● **任务效果参考图**

按婚姻状况未婚在前排序

按姓氏笔划从少到多排序

按部门升序和学历由高到低排序

注：为与软件保持一致，这里统一使用"笔划"。

人事档案表

1 2 3 4	A B	C	D	E	F	G	H	I	J	K	L	N
3	工号	部门	姓名	性别	出生日期	婚姻状况	籍贯	参加工作日期	职务	职称	学历	联系电话
4	7305	财务部	杨阳	男	1973年3月19日	已婚	湖北	1998/12/5	会计	经济师	硕士	13512341247
5											硕士	
6	7306	财务部	任萍	女	1979年10月5日	未婚	北京	2004/1/31	出纳	助理会计师	大本	13512341248
7	7301	财务部	李忠旗	男	1965年2月10日	已婚	北京	1987/1/1	财务总监	高级会计师	大本	13512341243
8	7303	财务部	张进明	男	1974年10月27日	已婚	北京	1996/7/14	会计	助理会计师	大本	13512341245
9											大本	3
10	7302	财务部	焦戈	女	1970年2月26日	已婚	北京	1989/11/1	成本主管	高级会计师	大专	13512341244
11	7304	财务部	傅华	女	1972年11月29日	已婚	北京	1997/9/19	会计	会计师	大专	13512341246
12											大专	2
13		财务部 计		6								
14	7507	公关部	王霞	女	1983年3月20日	未婚	安徽	2006/12/5	业务员	经济师	硕士	13512341261
15											硕士	
16	7502	公关部	刘润杰	男	1973年8月31日	未婚	河南	1998/1/16	外勤	经济师	大本	13512341256
17	7504	公关部	高俊	男	1967年3月26日	已婚	山东	1987/12/12	外勤	经济师	大本	13512341258
18	7505	公关部	张乐	女	1962年8月11日	已婚	四川	1981/4/29	外勤	工程师	大本	13512341259
19	7506	公关部	李小东	女	1974年10月28日	已婚	湖北	1996/7/15	业务员	助理经济师	大本	13512341260
20											大本	4
21	7501	公关部	安晋文	男	1971年3月31日	已婚	陕西	1995/2/28	部门主管	高级经济师	大专	13512341255
22											大专	1
23	7503	公关部	胡大冈	男	1975年5月19日	已婚	北京	1995/5/10	外勤	经济师	高中	13512341257
24											高中	1
25		公关部 计		7								

每个部门每种学历的员工人数

	A	B
1	部门	人数
2	财务部 计数	6
3	公关部 计数	7
4	行政部 计数	6
5	经理室 计数	4
6	人事部 计数	5
7	业务二部 计数	18
8	业务一部 计数	17

新表中的各部门人数

◆ **任务分析**

人事档案管理是典型的数据管理工作，数据相对稳定，计算简单。但是，不同需求的排序、分类汇总等处理十分频繁。使用 Excel 提供的数据管理功能，可以方便地实现人事档案管理操作。

在本任务中，需要完成两项操作。

第一，对人事档案进行排序。若是简单排序，如只按照一个字段排序，则可以直接使用"开始"选项卡"编辑"命令组中"排序和筛选"命令下的"升序"和"降序"命令实现，或者使用"数据"选项卡"排序和筛选"命令组中的"升序" ↓↑ 和"降序" ↑↓ 命令实现；但若有更复杂的排序要求，则需要通过"数据"选项卡"排序和筛选"命令组中的"排序"命令来实现。

第二，对人事档案表数据进行分类汇总。计算每个部门各学历的员工人数，可以通过"数据"选项卡"排序和筛选"命令组中的"分类汇总"命令实现。但需要注意两点；第一，在进行分类汇总操作之前应先对分类项进行排序；第二，根据两个字段进行分类汇总时，第 2 次执行分类汇总命令需要取消选中"替换当前分类汇总"复选框。按任务要求将计算结果复制到新表中时，应注意使用条件定位进行复制。

4.1.2 模拟实施任务

打开工作簿

1 启动 Excel，单击"文件" > "打开"命令，打开"打开"对话框。在左窗格中找到文件所在的位置，在右窗格中找到需要打开的"人事档案管理"工作簿文件，双击该文件名。

在"人事档案管理"工作簿中有"人事档案表"和为存放统计部门人数结果的统计表，如图 4-1 所示。

图 4-1　人事档案表及部门人数统计表

按婚姻状况排序

2　任务要求排序时未婚在前，因此应按升序排序。选定"婚姻状况"列中任意单元格，然后在"数据"选项卡的"排序和筛选"命令组中，单击"升序"命令[02]，排序结果如图 4-2 所示。

图 4-2　按婚姻状况未婚在前排序结果

按姓氏笔划排序

3　选定"姓名"列中任意单元格，在"数据"选项卡的"排序和筛选"命令组中，单击"排序"命令；在打开的"排序"对话框中，单击"主要关键字"下拉箭头，在弹出的下拉列表中选定"姓名"，因为要求笔划少的在前，所以选择"升序"单选按钮，如图 4-3 所示。

图 4-3　"排序"对话框

4　任务要求按姓氏笔划排序，Excel 默认的排序方式是按"字母排序"，因此需要重新设置排序选项。单击"选项"按钮，在打开的"排序选项"对话框中，选择"笔划排序"单选按钮[03]，如图 4-4 所示，然后单击"确定"按钮。按姓氏笔划从少到多排序结果如图 4-5 所示。

工号	部门	姓名	性别	出生日期	婚姻状况	籍贯	参加工作日期	职务	职称	学历	联系电话
						人事档案表					
7705	业务二部	王进	男	1978年3月26日	已婚	北京	2008/12/11	业务员	工程师	大专	13512341283
7603	业务一部	王利华	男	1969年7月20日	已婚	四川	1990/4/6	业务员	高级工程师	大专	13512341264
7507	公关部	王霞	女	1983年3月20日	未婚	安徽	2006/12/5	业务员	经济师	硕士	13512341261
7102	经理室	尹洪群	男	1968年9月18日	已婚	山东	1986/4/18	总经理	高级工程师	大本	13512341235
7103	经理室	扬灵	男	1973年3月19日	已婚	北京	2000/12/4	副总经理	经济师	博士	13512341236
7306	财务部	任萍	女	1979年10月5日	未婚	北京	2004/1/31	出纳	助理会计师	大本	13512341248
7715	业务二部	刘利	男	1971年6月11日	已婚	山西	1999/2/26	业务员	工程师	博士	13512341293
7502	公关部	刘润杰	男	1973年8月31日	未婚	河南	1998/1/16	外勤	经济师	大本	13512341256

图 4-4　"排序选项"对话框　　　　　　图 4-5　按姓氏笔划从少到多排序结果

按部门升序和学历由高到低排序

5 由于学历需要按从高到低排序，而 Excel 本身无法判断学历的高低，所以需要先定义有关学历的自定义序列，然后指定按该序列对学历排序。单击"文件" > "选项"命令，在打开的"Excel 选项"对话框中，单击对话框左侧"高级"选项，单击右侧"常规"选项区域中的"编辑自定义列表"按钮，打开"自定义序列"对话框。在"自定义序列"列表框中选择"新序列"，在"输入序列"框中输入序列内容，每输入完一项，按【Enter】键，如图 4-6 所示。单击"添加"按钮，然后单击"确定"按钮。

6 选定数据区域内的任意单元格。在"数据"选项卡的"排序和筛选"命令组中，单击"排序"命令，打开"排序"对话框。在"主要关键字"下拉列表框中选择"部门"，单击"添加条件"按钮❹。

7 在"次要关键字"下拉列表框中选择"学历"，单击此行右侧"次序"的下拉箭头，在弹出的下拉列表中选择"自定义序列"❺，打开"自定义序列"对话框；在"自定义序列"列表框中选定已定义的学历序列，如图 4-7 所示。然后单击"确定"按钮，回到"排序"对话框，单击"确定"按钮，排序结果如图 4-8 所示。

图 4-6　"自定义序列"对话框

图 4-7　选择自定义序列

工号	部门	姓名	性别	出生日期	婚姻状况	籍贯	参加工作日期	职务	职称	学历	联系电话
						人事档案表					
7305	财务部	杨阳	男	1973年3月19日	已婚	湖北	1998/12/5	会计	经济师	硕士	13512341247
7301	财务部	李忠旗	男	1965年2月10日	已婚	北京	1987/1/1	财务总监	高级会计师	大本	13512341243
7303	财务部	张进明	男	1974年10月27日	已婚	北京	1996/7/14	会计	助理会计师	大本	13512341245
7306	财务部	任萍	女	1979年10月5日	未婚	北京	2004/1/31	出纳	助理会计师	大本	13512341248
7302	财务部	焦戈	女	1970年2月26日	已婚	北京	1989/11/1	成本主管	高级会计师	大专	13512341244
7304	财务部	傅华	女	1972年11月29日	已婚	北京	1997/9/19	会计	会计师	大专	13512341246
7507	公关部	王霞	女	1983年3月20日	未婚	安徽	2006/12/5	业务员	经济师	硕士	13512341261
7502	公关部	刘润杰	男	1973年8月31日	未婚	河南	1998/1/16	外勤	经济师	大本	13512341256
7504	公关部	高俊	男	1967年3月26日	已婚	山东	1987/12/12	外勤	经济师	大本	13512341258
7505	公关部	张乐	女	1969年4月29日	已婚	四川	1981/4/29	外勤	工程师	大本	13512341259
7506	公关部	李小东	女	1974年10月28日	已婚	湖北	1996/7/15	业务员	助理经济师	大本	13512341260
7501	公关部	安晋文	男	1971年3月31日	已婚	陕西	1995/2/28	部门主管	高级经济师	大专	13512341255
7503	公关部	胡大冈	男	1975年5月19日	已婚	北京	1995/5/10	外勤	经济师	高中	13512341257

图 4-8　按部门升序和学历由高到低排序结果

计算每个部门每种学历的员工人数

8　确认已按照部门和学历排序，如果未排序，需要先进行步骤 5～步骤 7 的排序操作。

9　在"数据"选项卡的"分级显示"命令组中，单击"分类汇总"命令 06，打开"分类汇总"对话框。在"分类字段"下拉列表框中选择"部门"；在"汇总方式"下拉列表框中选择"计数"；在"选定汇总项"列表框中，只勾选"姓名"字段；勾选"替换当前分类汇总"和"汇总结果显示在数据下方"复选框，设置结果如图 4-9 所示。

图 4-9　设置分类汇总参数

10　单击"确定"按钮，结果如图 4-10 所示。

人事档案表

工号	部门	姓名	性别	出生日期	婚姻状况	籍贯	参加工作日期	职务	职称	学历	联系电话
7305	财务部	杨阳	男	1973年3月19日	已婚	湖北	1998/12/5	会计	经济师	硕士	13512341247
7306	财务部	任萍	女	1979年10月5日	未婚	北京	2004/1/31	出纳	助理会计师	大本	13512341248
7301	财务部	李忠旗	男	1965年2月10日	已婚	北京	1987/1/1	财务总监	高级会计师	大本	13512341243
7303	财务部	张进明	男	1974年10月27日	已婚	北京	1996/7/14	会计	助理会计师	大本	13512341245
7302	财务部	焦戈	女	1970年2月26日	已婚	北京	1989/11/1	成本主管	高级会计师	大专	13512341244
7304	财务部	傅华	女	1972年11月29日	已婚	北京	1997/9/19	会计	会计师	大专	13512341246
	财务部 计	6									
7507	公关部	王霞	女	1983年3月20日	未婚	安徽	2006/12/5	业务员	经济师	硕士	13512341261
7502	公关部	刘润杰	男	1973年8月31日	未婚	河南	1998/1/16	外勤	经济师	大本	13512341256
7504	公关部	高俊	男	1967年3月26日	已婚	山东	1987/12/12	外勤	经济师	大本	13512341258
7505	公关部	张乐	女	1962年8月11日	已婚	四川	1981/4/29	外勤	工程师	大本	13512341259
7506	公关部	李小东	女	1974年10月28日	已婚	湖北	1996/7/15	业务员	助理经济师	大本	13512341260
7501	公关部	安晋文	男	1971年3月31日	已婚	陕西	1995/2/28	部门主管	高级经济师	大专	13512341255
7503	公关部	胡大冈	男	1975年5月19日	已婚	北京	1995/5/10	外勤	经济师	高中	13512341257
	公关部 计	7									

图 4-10　计算每个部门员工人数

11　在"数据"选项卡的"分级显示"命令组中，单击"分类汇总"命令，打开"分类汇总"对话框。在"分类字段"下拉列表框中选择"学历"；在"汇总方式"下拉列表框中选择"计数"；在"选定汇总项"列表框中，只勾选"联系电话"字段；取消选中"替换当前分类汇总"复选框。单击"确定"按钮，结果如图 4-11 所示。

人事档案表

工号	部门	姓名	性别	出生日期	婚姻状况	籍贯	参加工作日期	职务	职称	学历	联系电话
7305	财务部	杨阳	男	1973年3月19日	已婚	湖北	1998/12/5	会计	经济师	硕士	13512341247
										硕士	1
7306	财务部	任萍	女	1979年10月5日	未婚	北京	2004/1/31	出纳	助理会计师	大本	13512341248
7301	财务部	李忠旗	男	1965年2月10日	已婚	北京	1987/1/1	财务总监	高级会计师	大本	13512341243
7303	财务部	张进明	男	1974年10月27日	已婚	北京	1996/7/14	会计	助理会计师	大本	13512341245
										大本	3
7302	财务部	焦戈	女	1970年2月26日	已婚	北京	1989/11/1	成本主管	高级会计师	大专	13512341244
7304	财务部	傅华	女	1972年11月29日	已婚	北京	1997/9/19	会计	会计师	大专	13512341246
										大专	2
	财务部 计	6									
7507	公关部	王霞	女	1983年3月20日	未婚	安徽	2006/12/5	业务员	经济师	硕士	13512341261
										硕士	1
7502	公关部	刘润杰	男	1973年8月31日	未婚	河南	1998/1/16	外勤	经济师	大本	13512341256
7504	公关部	高俊	男	1967年3月26日	已婚	山东	1987/12/12	外勤	经济师	大本	13512341258
7505	公关部	张乐	女	1962年8月11日	已婚	四川	1981/4/29	外勤	工程师	大本	13512341259
7506	公关部	李小东	女	1974年10月28日	已婚	湖北	1996/7/15	业务员	助理经济师	大本	13512341260
										大本	4
7501	公关部	安晋文	男	1971年3月31日	已婚	陕西	1995/2/28	部门主管	高级经济师	大专	13512341255
										大专	1
7503	公关部	胡大冈	男	1975年5月19日	已婚	北京	1995/5/10	外勤	经济师	高中	13512341257
										高中	1
	公关部 计	7									

图 4-11　计算每个部门每种学历员工人数

将每个部门员工人数的计算结果存入新表

12　单击分类汇总表左侧分级显示 07 符号 1 2 3 4 中的按钮 2，结果如图 4-12 所示。

图 4-12　分级显示统计结果

13 选定要复制的数据区域，如图 4-13 所示。

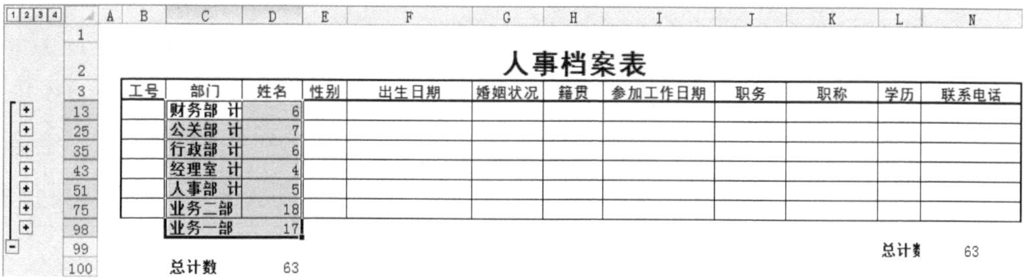

图 4-13　选定要复制的数据区域

14 在"开始"选项卡的"编辑"命令组中，单击"查找和选择">"定位条件"命令**08**，打开"定位条件"对话框。选择"可见单元格"单选按钮，结果如图 4-14 所示。单击"确定"按钮。

15 按【Ctrl】+【C】组合键，然后选定已准备好的"部门人数统计表"工作表的 A2 单元格，按【Ctrl】+【V】组合键。复制结果如图 4-15 所示。

图 4-14　设置定位条件

图 4-15　复制结果

4.1.3　拓展知识点

01 数据列表

　　应用数据管理功能时，要求工作表具有一定的规范性。符合一定规范的工作表称为数据列表或数据清单、表单。通常约定每一列为一个字段，存放相同类型的数据；每一行为一个记录，存放相关的一组数据；数据的最上方一行为字段名，存放各字段的名称信息；数据中间不能出现空行或空列。图 4-16 所示的人事档案表中 B3:N12 单元格区域就是一个数据列表。

人事档案表

工号	部门	姓名	性别	出生日期	婚姻状况	籍贯	参加工作日期	职务	职称	学历	联系电话
7101	经理室	黄振华	男	1966年4月10日	已婚	北京	1987/11/23	董事长	高级经济师	大专	13512341234
7102	经理室	尹洪群	男	1968年9月18日	已婚	山东	1986/4/18	总经理	高级工程师	大本	13512341235
7103	经理室	扬灵	男	1973年3月19日	已婚	北京	2000/12/4	副总经理	经济师	博士	13512341236
7104	经理室	沈宁	女	1977年10月2日	未婚	北京	1999/10/23	秘书	工程师	大专	13512341237
7201	人事部	赵文	女	1967年12月30日	已婚	北京	1991/1/18	部门主管	经济师	大本	13512341238
7202	人事部	胡方	男	1960年4月8日	已婚	四川	1982/12/24	业务员	高级经济师	大本	13512341239
7203	人事部	郭新	女	1961年3月26日	已婚	北京	1983/12/12	业务员	经济师	大专	13512341240
7204	人事部	周晓明	女	1960年6月20日	已婚	北京	1979/3/6	业务员	经济师	大专	13512341241
7205	人事部	张淑纺	女	1968年11月9日	已婚	安徽	2001/3/6	统计	助理统计师	大专	13512341242

图 4-16　数据列表

⓶ 按一个字段排序

按一个字段排序就是将工作表的数据按照指定的一个字段重新排列。例如，"人事档案表"工作表原始数据是按照"工号"排列的，可以通过简单的排序操作使其按"姓名"或按"部门"重新排列。这种排序操作一般可以通过"数据"选项卡中"排序和筛选"命令组的"升序" 🔼 和"降序" 🔽 命令实现，二者分别可以实现按递增方式和递减方式对数据进行排序。此外，"开始"选项卡的"编辑"命令组中也有"排序和筛选"命令。

按一个字段排序的操作步骤如下。

① 指定排序依据。单击排序依据的字段名或者是其所在列的任意单元格。

② 执行排序操作。在"数据"选项卡的"排序和筛选"命令组中，单击"升序"（或"降序"）命令。

> 💡 **注意**
>
> 在排序时，应先指定排序的字段名或是其所在列的任意单元格，而不要选择相应字段所在的列标。否则 Excel 会打开"排序提醒"对话框，如图 4-17 所示。若选择"以当前选定区域排序"单选按钮，则只排序指定的列，而不是将整个数据区域排序。

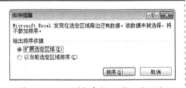

图 4-17　"排序提醒"对话框

> ⚙️ **技巧**
>
> 排序后表格的原有次序将会被打乱，如果希望排序后恢复表格原有次序，可以在表格中增加一列，并填充一组连续的数字，对该列升序排序即可。

⓷ 按笔划多少排序

除可以按关键字升序和降序排序外，Excel 还允许按中文笔划多少来排序，这在按"姓名"等字段排序时经常用到。其具体操作步骤如下。

① 选定排序字段所在数据区域内的任意单元格。

② 打开"排序"对话框。在"数据"选项卡的"排序和筛选"命令组中，单击"排序"命令，打开"排序"对话框，如图 4-18 所示。

③ 修改排序选项。单击"选项"按钮，打开"排序选项"对话框；选择"笔划排序"单选按钮，如图 4-19 所示。

④ 完成排序操作。单击"确定"按钮。

图 4-18　"排序"对话框

图 4-19　"排序选项"对话框

> **注意**
>
> 　　"排序选项"中的设置对所有关键字都有效。换言之，在 Excel 中不能指定某个关键字按字母排序，而另一个关键字按笔划排序。另外，还可以在"排序选项"对话框中设置排序的方向等。

04 按多个字段排序

使用"升序"或"降序"命令排序方便、快捷，但是每次只能按一个字段排序。如果需要按多个字段排序，如对于"人事档案表"工作表按"部门"排序，同一部门的再按"学历"排序，这时使用上述介绍的排序方法就需要操作 2 次才能完成，而且要按照正确的操作次序才能保证结果准确。对于需要按多个字段进行多重排序的需求，可以通过 Excel 的排序命令实现。具体操作步骤如下。

　　① 选定数据区域内的任意单元格。

　　② 打开"排序"对话框。

　　③ 指定排序关键字、排序依据和排序方式。根据需要在"主要关键字"下拉列表框中选定排序主要关键字的字段名；在"排序依据"下拉列表框中选择按"数值"、"单元格颜色"、"字体颜色"或"图标"作为排序依据；在"次序"下拉列表框中选择"升序"、"降序"或"自定义序列"；然后单击"添加条件"按钮，设置其他排序关键字。

　　④ 完成排序操作。单击"确定"按钮，即可完成多重排序操作。

05 自定义排序

对于某些字段，无论是按字母排序还是按笔划排序可能都不符合要求。例如，学历、职务、职称等字段，对此 Excel 还可以按自定义次序排序。具体操作步骤如下。

　　① 定义自定义序列。

　　② 打开"排序"对话框。

　　③ 指定排序关键字。在"主要关键字"下拉列表框中选定相应的字段名。

　　④ 指定排序次序。在"次序"下拉列表框中选择"自定义序列"，打开"自定义序列"对话框。

　　⑤ 指定自定义序列。在"自定义序列"列表框中选定所需的自定义序列，然后单击"确定"按钮。所选定的关键字将按照指定的序列次序排序。

> **注意**
>
> 　　当选定了自定义序列对应的选项后，只要不重新选定，以后对该字段的排序操作都将按指定的自定义序列次序排序，包括使用"数据"选项卡"排序和筛选"命令组的"升序"和"降序"命令。

06 创建分类汇总

将有关数据按照某个字段或某几个字段进行分类汇总，也是日常管理数据经常需要完成的工作。这些计算虽然可以使用 Excel 的有关函数或公式解决，但是直接使用 Excel 提供的分类汇总命令更为方便和快捷。创建分类汇总前，应该先按照分类汇总依据的字段排序，如果未按相应字段排序，那么分类汇总结果将会出现相同类别的数据没有完全汇总到一起的情况。分类汇总的具体操作步骤如下。

① 打开"分类汇总"对话框。在"数据"选项卡的"分级显示"命令组中，单击"分类汇总"命令，打开"分类汇总"对话框。

② 指定"分类字段"。在"分类字段"下拉列表框中选定分类汇总依据的字段名。

③ 指定"汇总方式"。根据需要在"汇总方式"下拉列表框中选定合适的计算方式。

④ 指定"选定汇总项"。通常"分类汇总"对话框的"选定汇总项"列表框中会自动列出数据区域中所有数值字段名称，根据需要勾选一个或多个需要汇总的字段，取消选中不需要的汇总字段。

⑤ 设置其他汇总选项。一般按默认方式选择"替换当前分类汇总"和"汇总结果显示在数据下方"，单击"确定"按钮。

> **提示**
>
> 如果希望按多个字段进行分类汇总，可以在按第一个字段分类汇总后，再次执行"分类汇总"命令，在打开的"分类汇总"对话框的"分类字段"下拉列表中选定另一个分类字段，在"汇总方式"下拉列表中选定一种汇总方式，在"选定汇总项"列表中勾选需要计算的字段复选框；取消选中"替换当前分类汇总"复选框。最后单击"确定"按钮。

07 分级显示数据

分类汇总完成后，可以根据需要选择分类汇总表的显示层次。从图 4-20 可以看出，在显示分类汇总结果的同时，分类汇总表的左侧出现了分级显示符号 1 2 3 4 和分级标识线。可以根据需要分级显示数据。单击某个显示符号，可将其他的数据隐藏起来，只显示该层的汇总结果。

图 4-20　分类汇总结果

例如，单击1级分级显示符号□只显示总的汇总结果，即总计数；单击2级分级显示符号□则显示各部门的汇总结果和总计数；单击4级分级显示符号□则显示全部数据。图4-21所示为单击2级分级显示符号□的显示结果。

图 4-21　分级显示数据

如果需要查看或隐藏某一类的详细数据，可以单击分级标识线上的"＋"号□或"－"号□，以展开或折叠其详细数据。图4-22所示为展开的"经理室"详细数据，可以看到"经理室"左侧分级标识线上的"＋"号变成了"－"号，再次单击它，可以重新折叠其详细数据。

图 4-22　展开详细数据

⑧ 按条件定位

在实际应用中，如果希望定位到满足同一条件的多个单元格，如某单元格区域中的空单元格、某单元格区域中的可见单元格等，就可以使用Excel的定位功能。Excel的定位功能非常强大，它可以按条件快速定位到需要进行统一操作的单元格。下面简单介绍几种按条件定位的应用。

1. 批量删除空行

图4-23所示的工作表中有许多空行，如果一个一个删除，既费时又费力，此时可以先定位到空行，然后再进行删除操作。具体操作步骤如下。

图 4-23　含有多个空行的工作表

① 打开"定位条件"对话框。在"开始"选项卡的"编辑"命令组中，单击"查找和选择">"定位条件"命令，打开"定位条件"对话框。

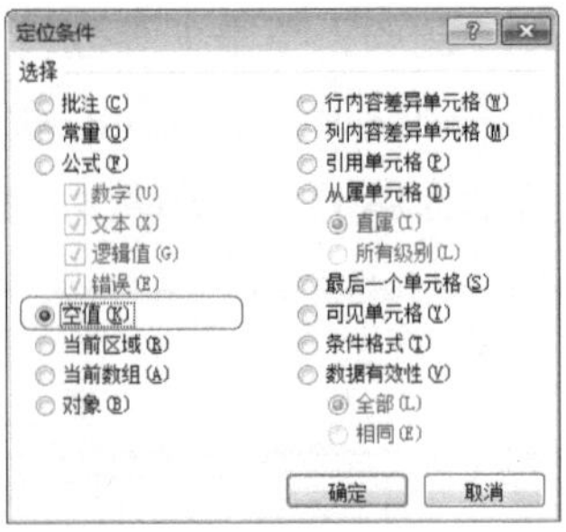

图 4-24　"定位条件"对话框

> **提示**
>
> 可以按【Ctrl】+【G】组合键或【F5】键，打开"定位"对话框，然后单击对话框中的"定位条件"按钮，打开"定位条件"对话框。

② 设置定位条件。选择"空值"单选按钮，如图 4-24 所示；然后单击"确定"按钮，结果如图 4-25 所示。

	A	B	C	D	E	F	G	H	I	J	K	L	M
1	工号	部门	姓名	性别	出生日期	婚姻状况	籍贯	参加工作日期	职务	职称	学历	身份证号	联系电话
2	7101	经理室	黄振华	男	1966年4月10日	已婚	北京	1987/11/23	董事长	高级经济师	大专	110102196604100137	13512341234
3													
4	7102	经理室	尹洪群	男	1968年9月18日	已婚	山东	1986/4/18	总经理	高级工程师	大本	110102196809180011	13512341235
5													
6													
7	7103	经理室	扬灵	男	1973年3月19日	已婚	北京	2000/12/4	副总经理	经济师	博士	110101197303191117	13512341236
8	7104	经理室	沈宁	女	1977年10月2日	未婚	北京	1999/10/23	秘书	工程师	大专	110101197710021836	13512341237
9													
10	7201	人事部	赵文	女	1967年12月30日	已婚	北京	1991/1/18	部门主管	经济师	大本	110102196712301800	13512341238
11	7202	人事部	胡方	男	1960年4月8日	已婚	四川	1982/12/24	业务员	高级经济师	大本	110101196004082101	13512341239
12	7203	人事部	郭新	女	1961年3月26日	已婚	北京	1983/12/12	业务员	经济师	大本	110101196103262430	13512341240
13	7204	人事部	周晓明	女	1960年6月20日	已婚	北京	1979/3/6	业务员	经济师	大专	110101196006203132	13512341241

图 4-25　选定空行

③ 执行删除操作。右键单击已选定的空行，在弹出的快捷菜单中单击"删除"命令。

2. 批量输入相同的数据

如果需要在空单元格中批量输入相同的数据，可以先定位到空单元格，然后在编辑栏中输入数据内容，最后按【Ctrl】+【Enter】组合键即可。

3. 比较两列数据的差异

如果希望判断两列数据是否相同，并将有差异的数据标识出来，可以通过定位条件，先定位再进一步操作。具体操作步骤如下。

① 打开"定位条件"对话框。选定要比较的单元格区域，然后打开"定位条件"对话框。

② 设置定位条件。在对话框中选择"行内容差异单元格"单选按钮，然后单击"确定"按钮。

③ 突出显示差异数据。设置已定位单元格的字体、颜色等格式。

4. 复制分类汇总结果

在 Excel 中，不能直接复制分类汇总的结果，因为分类汇总时有关明细数据只是隐藏了，直接复制会将整个数据区域一并复制，所以需要借助其他方法实现，如定位条件。具体操作步骤如下。

① 选定要复制的单元格区域。

② 打开"定位条件"对话框。

③ 设置定位条件。选择"可见单元格"单选按钮，然后单击"确定"按钮。

④ 执行复制/粘贴操作。按【Ctrl】+【C】组合键，将选定单元格区域的内容复制到剪贴板，

这时不会复制那些隐藏的明细数据。然后选定目标区域中的左上角单元格，按【Ctrl】+【V】组合键粘贴。

4.1.4　延伸知识点

01　对部分数据进行排序

如果只希望对数据列表中的某一部分数据进行排序，如只对图 4-16 所示数据列表中的第 4 ~ 7 行数据按照"参加工作日期"升序排序，可以按照以下步骤进行操作。

① 选定数据列表中要排序数据所在行。这里选定第 4 ~ 7 行。

② 打开"排序"对话框。

③ 执行排序操作。在"主要关键字"下拉列表框中选择"参加工作日期"，然后单击"确定"按钮，结果如图 4-26 所示。

工号	部门	姓名	性别	出生日期	婚姻状况	籍贯	参加工作日期	职务	职称	学历	联系电话
7102	经理室	尹洪群	男	1968年9月18日	已婚	山东	1986/4/18	总经理	高级工程师	大本	13512341235
7101	经理室	黄振华	男	1966年4月10日	已婚	北京	1987/11/23	董事长	高级经济师	大专	13512341234
7104	经理室	沈宁	女	1977年10月2日	未婚	北京	1999/10/23	秘书	工程师	大专	13512341237
7103	经理室	扬灵	男	1973年3月19日	已婚	北京	2000/12/4	副总经理	经济师	博士	13512341236
7201	人事部	赵文	女	1967年12月30日	已婚	北京	1991/1/18	部门主管	经济师	大本	13512341238
7202	人事部	胡方	男	1960年4月8日	已婚	四川	1982/12/24	业务员	高级经济师	大本	13512341239
7203	人事部	郭新	女	1961年3月26日	已婚	北京	1983/12/12	业务员	经济师	大本	13512341240
7204	人事部	周晓明	女	1960年6月20日	已婚	北京	1979/3/6	业务员	经济师	大专	13512341241
7205	人事部	张淑纺	女	1968年11月9日	已婚	安徽	2001/3/6	统计	助理统计师	大专	13512341242

图 4-26　对部分数据进行排序

02　清除分类汇总

如果需要将分类汇总数据删除，将工件表还原为原始状态，可按如下步骤操作。

① 打开"分类汇总"对话框。在"数据"选项卡的"分级显示"命令组中，单击"分类汇总"命令，打开"分类汇总"对话框。

② 清除分类汇总。单击"全部删除"按钮，然后单击"确定"按钮，即可清除工作表中的分类汇总数据。

4.1.5　独立实践任务

⬥ 任务背景

凯撒文化用品公司管理者希望能够对绩效奖金的发放情况进行更深入的了解，如统计不同评定等级的绩效奖金、统计各部门的绩效奖金等。需要对绩效奖金表中的数据进行管理，以便更深入使用。

⬥ 任务要求

根据任务 2.2 独立实践任务中已经建立的"绩效奖金"表，按以下要求完成相应的操作。

（1）按照评定等级从好到坏（优秀、良好、较好、合格、需要改进）排序。

（2）按照部门、评定等级、绩效奖金顺序排序。

（3）计算出不同评定等级的平均绩效奖金。

（4）计算出不同部门不同评定等级绩效奖金的合计。

（5）将（4）计算出的不同部门绩效奖金合计数据复制到新工作表中。

♦ **任务效果参考图**

按照评定等级从好到坏排序

按照部门、评定等级、绩效奖金顺序排序

不同评定等级的平均绩效奖金

不同部门不同评定等级绩效奖金的合计

不同部门绩效奖金合计数据存入新表

♦ **任务分析**

按评定等级从好到坏排序时，系统本身是不知道评定等级好坏的，因此需要先定义有关的自定义序列，然后指定按照该序列排序。计算不同评定等级的平均绩效奖金或计算不同部门不同评定等级的绩效奖金合计，可以使用"分类汇总"命令进行处理。但要注意在分类汇总之前应先对分类项进行排序；对于两个以上分类字段进行分类汇总时，第 2 次分类汇总应取消选中"替换当前分类汇总"复选框。另外，如果需要将分类汇总结果复制到另一个工作表，正确的操作是先进行条件定位操作，将可见单元格标识出来，再进行复制和粘贴操作。

4.1.6 课后练习

1. 填空题

（1）Excel 的排序的"升序"命令在"数据"选项卡和_____选项卡中都有。

（2）Excel 既可以按"升序"排序，也可以按"降序"排序，还可以按_____排序。

（3）在 Excel 中，执行分类汇总操作之前，应先按分类字段进行_____。

（4）在"数据"选项卡的"分级显示"命令组中，单击"分类汇总"＞"_____"按钮，可以清除分类汇总。

（5）复制分类汇总数据时，首先进行条件定位操作，将_____标识出来，再进行复制和粘贴操作。

2. 单选题

（1）下列关于排序操作的叙述中，正确的是（　　　）。

　　A. 只能对数值型的字段进行排序

　　B. 只能按一个关键字段进行排序

　　C. 可以按所选字段值"升序"或"降序"排序

　　D. 一旦排序后就不能恢复原来的记录排列顺序

（2）Excel 排序命令的排序依据不能是（　　　）。

　　A. 单元格的公式　　　　　　　　B. 单元格的数值

　　C. 单元格的颜色　　　　　　　　D. 单元格的字体颜色

（3）下列关于 Excel 分类汇总命令的叙述中，正确的是（　　　）。

　　A. 分类字段必须是文本类型

　　B. 分类字段必须是数值类型

　　C. 分类字段必须是逻辑类型

　　D. 分类字段必须是有序的

（4）下列关于分类汇总的叙述中，错误的是（　　　）。

　　A. 分类汇总前必须按分类字段进行排序

　　B. 分类汇总的汇总方式只允许使用求和

　　C. 允许将分类汇总结果显示在数据上方

　　D. 允许删除分类汇总的结果

（5）在 Excel 中按某列升序排序后，该列上的空白单元格的行将（　　　）。

　　A. 放置在排序的数据列表最后

　　B. 放置在排序的数据列表最前

　　C. 不会被排序

　　D. 保持原次序

3. 简答题

（1）数据列表的基本约定是什么？

（2）简单排序有几种排序方式？

（3）多重排序一次最多可设置几个关键字段？

（4）自定义排序次序的基本步骤是什么？

（5）分类汇总操作对工作表有何要求？

任务 4.2 查询人事档案表 ——Excel 数据的筛选与应用

4.2.1 任务导入

◆ **任务背景**

成文文化用品公司管理者除需要对人事档案表数据进行整理和统计外，还希望能够随时方便、灵活地查询员工的人事档案信息。

◆ **任务要求**

查询人事档案表的相关信息，要求如下。

（1）查询未婚的男员工。

（2）查询中级职称的员工。

（3）查询年龄最小的 5 位员工，并按年龄从小到大顺序排序。

（4）查询年龄高于所有员工平均年龄的员工。

（5）查询高级职称 1990 年以前或初级职称 2000 年以后参加工作的员工，并将查询结果复制到其他位置，复制内容包括：工号、部门、姓名、性别、出生日期、职务、职称和参加工作日期。

◆ **任务效果参考图**

工号	部门	姓名	性别	出生日期	婚姻状况	籍贯	参加工作日期	职务	职称	学历	联系电话	年龄
7402	行政部	李龙吟	男	1973年2月24日	未婚	吉林	1992/11/11	业务员	助理经济师	大专	13512341250	46
7502	公关部	刘润杰	男	1973年8月31日	未婚	河南	1998/1/16	外勤	经济师	大本	13512341256	46
7601	业务一部	张涛	男	1970年12月21日	未婚	北京	1994/1/5	部门主管	工程师	大本	13512341262	49
7717	业务二部	李丹	男	1973年3月19日	未婚	北京	2000/12/4	业务员	工程师	博士	13512341295	46
7718	业务二部	郝放	男	1979年1月26日	未婚	四川	2005/12/29	业务员	工程师	硕士	13512341296	40

未婚男员工信息

工号	部门	姓名	性别	出生日期	婚姻状况	籍贯	参加工作日期	职务	职称	学历	联系电话	年龄
7103	经理室	扬灵	男	1973年3月19日	已婚	北京	2000/12/4	副总经理	经济师	博士	13512341236	46
7104	经理室	沈宁	女	1977年10月2日	未婚	北京	1999/10/23	秘书	工程师	大专	13512341237	42
7201	人事部	赵文	女	1967年12月30日	已婚	北京	1991/1/18	部门主管	经济师	大本	13512341238	52
7203	人事部	郭新	女	1961年3月26日	已婚	北京	1983/12/12	业务员	经济师	大本	13512341240	58
7204	人事部	周晓明	女	1960年6月20日	已婚	北京	1979/3/6	业务员	经济师	大专	13512341241	59
7304	财务部	傅华	女	1972年11月29日	已婚	北京	1997/9/19	会计	会计师	大专	13512341246	47

中级职称的部分员工信息

工号	部门	姓名	性别	出生日期	婚姻状况	籍贯	参加工作日期	职务	职称	学历	联系电话	年龄
7406	行政部	张玟	女	1984年8月4日	未婚	北京	2008/8/10	业务员	助理经济师	硕士	13512341254	35
7507	公关部	王霞	女	1983年3月20日	未婚	安徽	2006/12/5	业务员	经济师	硕士	13512341261	36
7617	业务一部	曹明菲	女	1981年4月21日	未婚	北京	2004/9/26	业务员	工程师	硕士	13512341278	38
7306	财务部	任萍	女	1979年10月5日	未婚	北京	2004/1/31	出纳	助理会计师	大本	13512341248	40
7703	业务二部	李小平	男	1979年2月17日	已婚	山东	2006/11/4	业务员	工程师	大专	13512341281	40
7718	业务二部	郝放	男	1979年1月26日	未婚	四川	2005/12/29	业务员	工程师	硕士	13512341296	40

从小到大排序的年龄最小的 5 位员工

工号	部门	姓名	性别	出生日期	婚姻状	籍贯	参加工作日	职务	职称	学历	联系电话	年龄
					人事档案表							
7101	经理室	黄振华	男	1966年4月10日	已婚	北京	1987/11/23	董事长	高级经济师	大专	13512341234	53
7102	经理室	尹洪群	男	1968年9月18日	已婚	山东	1986/4/18	总经理	高级工程师	大本	13512341235	51
7201	人事部	赵文	女	1967年12月30日	已婚	北京	1991/1/18	部门主管	经济师	大本	13512341238	52
7202	人事部	胡方	男	1960年4月8日	已婚	四川	1982/12/24	业务员	高级经济师	大本	13512341239	59
7203	人事部	郭新	女	1961年3月26日	已婚	北京	1983/12/12	业务员	经济师	大本	13512341240	58

年龄高于所有员工平均年龄的部分员工信息

工号	部门	姓名	性别	出生日期	职务	职称	参加工作日期
7101	经理室	黄振华	男	1966年4月10日	董事长	高级经济师	1987/11/23
7102	经理室	尹洪群	男	1968年9月18日	总经理	高级工程师	1986/4/18
7202	人事部	胡方	男	1960年4月8日	业务员	高级经济师	1982/12/24
7205	人事部	张淑纺	女	1968年11月9日	统计	助理统计师	2001/3/6
7301	财务部	李忠旗	男	1965年2月10日	财务总监	高级会计师	1987/1/1
7302	财务部	焦戈	女	1970年2月26日	成本主管	高级会计师	1989/11/1
7306	财务部	任萍	女	1979年10月5日	出纳		2004/1/31
7406	行政部	张玫	女	1984年8月4日	业务员	助理经济师	2008/8/10
7602	业务一部	沈核	男	1967年7月21日	业务员	高级工程师	1989/4/6
7610	业务一部	谭文广	男	1969年1月1日	业务员	高级工程师	1987/9/3
7617	业务一部	曹明菲	女	1981年4月21日	业务员	助理工程师	2004/9/26

1990 年以前的高级职称或 2000 年以后的初级职称的员工

● 任务分析

人事档案数据量通常都比较大，经常需要从中找出满足某些条件的人员或人员集合。例如，找出中级职称的员工。Excel 提供了自动筛选和高级筛选两种筛选方法，前者可以满足日常需要的绝大多数筛选需求，后者可以根据指定的较为特殊或复杂的筛选条件筛选出自动筛选无法筛选的数据。

在本任务中，第 1 ~ 4 个查询可以通过自动筛选实现；第 5 个查询需使用高级筛选实现。

4.2.2 模拟实施任务

打开工作簿

1 启动 Excel，单击"文件">"打开"命令，打开"打开"对话框。在左窗格中找到文件所在的位置，在右窗格中找到需要打开的"人事档案管理"工作簿文件，双击该文件名。在打开的"人事档案管理"工作簿中有一个"人事档案表"，其部分数据如图 4-27 所示。

工号	部门	姓名	性别	出生日期	婚姻状况	籍贯	参加工作日期	职务	职称	学历	联系电话	年龄
					人事档案表							
7101	经理室	黄振华	男	1966年4月10日	已婚	北京	1987/11/23	董事长	高级经济师	大专	13512341234	53
7102	经理室	尹洪群	男	1968年9月18日	已婚	山东	1986/4/18	总经理	高级工程师	大本	13512341235	51
7103	经理室	扬灵	男	1973年3月19日	已婚	北京	2000/12/4	副总经理	经济师	博士	13512341236	46
7104	经理室	沈宁	女	1977年10月2日	未婚	北京	1999/10/23	秘书	工程师	大专	13512341237	42
7201	人事部	赵文	女	1967年12月30日	已婚	北京	1991/1/18	部门主管	经济师	大本	13512341238	52
7202	人事部	胡方	男	1960年4月8日	已婚	四川	1982/12/24	业务员	高级经济师	大本	13512341239	59
7203	人事部	郭新	女	1961年3月26日	已婚	北京	1983/12/12	业务员	经济师	大本	13512341240	58
7204	人事部	周晓明	女	1960年6月20日	已婚	北京	1979/3/6	业务员	经济师	大专	13512341241	59
7205	人事部	张淑纺	女	1968年11月9日	已婚	安徽	2001/3/6	统计	助理统计师	大专	13512341242	51

图 4-27 人事档案表部分数据

查询未婚的男员工

2 在"数据"选项卡的"排序和筛选"命令组中，单击"筛选"命令❶。这时工作表的每个字段名上都会出现一个筛选箭头。

3 单击"婚姻状况"字段的筛选箭头，在下拉列表中取消选中"全部"复选框，勾选"未婚"

复选框，单击"确定"按扭，如图 4-28 所示。

工	部门	姓名	性别	出生日期	婚姻状	籍贯	参加工作日期	职务	职称	学历	联系电话	年龄
					人事档案表							
7104	经理室	沈宁	女	1977年10月2日	未婚	北京	1999/10/23	秘书	工程师	大专	13512341237	42
7306	财务部	任萍	女	1979年10月5日	未婚	北京	2004/1/31	出纳	助理会计师	大本	13512341248	40
7402	行政部	李龙吟	男	1973年2月24日	未婚	吉林	1992/11/11	业务员	助理经济师	大专	13512341250	46
7406	行政部	张玫	女	1984年8月4日	未婚	北京	2008/8/10	业务员	助理经济师	硕士	13512341254	35
7502	公关部	刘润杰	男	1973年8月31日	未婚	河南	1998/1/16	外勤	经济师	大本	13512341256	46
7507	公关部	王鑫	女	1983年3月20日	未婚	安徽	2006/12/5	业务员	经济师	硕士	13512341261	36
7601	业务一部	张涛	男	1970年12月21日	未婚	北京	1994/1/5	部门主管	工程师	大本	13512341262	49
7617	业务一部	曹明菲	女	1981年4月21日	未婚	北京	2004/9/26	业务员	助理工程师	大专	13512341278	38
7717	业务二部	李丹	男	1973年3月19日	未婚	北京	2000/12/4	业务员	工程师	博士	13512341295	46
7718	业务二部	郝放	男	1979年1月26日	未婚	四川	2005/12/29	业务员	工程师	硕士	13512341296	40

图 4-28　未婚员工筛选结果

4 单击"性别"字段的筛选箭头，在下拉列表中取消选中"全部"复选框，勾选"男"复选框，单击"确定"按钮。最终筛选结果如图 4-29 所示。

工	部门	姓名	性别	出生日期	婚姻状	籍贯	参加工作日期	职务	职称	学历	联系电话	年龄
					人事档案表							
7402	行政部	李龙吟	男	1973年2月24日	未婚	吉林	1992/11/11	业务员	助理经济师	大专	13512341250	46
7502	公关部	刘润杰	男	1973年8月31日	未婚	河南	1998/1/16	外勤	经济师	大本	13512341256	46
7601	业务一部	张涛	男	1970年12月21日	未婚	北京	1994/1/5	部门主管	工程师	大本	13512341262	49
7717	业务二部	李丹	男	1973年3月19日	未婚	北京	2000/12/4	业务员	工程师	博士	13512341295	46
7718	业务二部	郝放	男	1979年1月26日	未婚	四川	2005/12/29	业务员	工程师	硕士	13512341296	40

图 4-29　未婚男员工筛选结果

查询中级职称的员工

5 假设"人事档案表"中包含"工程师""会计师""经济师"三种中级职称。在"数据"选项卡的"排序和筛选"命令组中，单击"筛选"命令。

6 分析筛选条件可以看出，要筛选的职称由三个字组成，其中第三个字为"师"，因此可以使用 Excel 的"自定义筛选"功能设置筛选条件。单击"职称"字段的筛选箭头＞"文本筛选"＞"自定义筛选"命令[02]，打开"自定义自动筛选方式"对话框。

7 在对话框左侧下拉列表框中选择"等于"，在右侧文本框中输入 ?? 师，如图 4-30 所示。单击"确定"按钮，筛选结果如图 4-31 所示。

图 4-30　设置筛选条件

工	部门	姓名	性别	出生日期	婚姻状	籍贯	参加工作日期	职务	职称	学历	联系电话	年龄
					人事档案表							
7103	经理室	扬灵	男	1973年3月19日	已婚	北京	2000/12/4	副总经理	经济师	博士	13512341236	46
7104	经理室	沈宁	女	1977年10月2日	未婚	北京	1999/10/23	秘书	工程师	大专	13512341237	42
7201	人事部	赵文	男	1967年12月30日	已婚	北京	1991/1/18	部门主管	经济师	大本	13512341238	52
7203	人事部	郭新	女	1961年3月26日	已婚	北京	1983/12/12	业务员	经济师	大本	13512341240	58
7204	人事部	周晓明	女	1960年6月20日	已婚	北京	1979/3/6	业务员	经济师	大专	13512341241	59

图 4-31　中级职称员工筛选结果的部分数据

查询年龄最小的 5 位员工，并按年龄从小到大排序

8 在"数据"选项卡的"排序和筛选"命令组中，单击"筛选"命令。

---

9 单击"年龄"字段的筛选箭头 >"数字筛选"> "10 个最大的值"命令⑬，打开"自动筛选前 10 个"对话框。

10 分析筛选条件可以看出，因为要筛选的是年龄最低的，所以在左侧下拉列表中选择"最小"；因为要筛选出 5 个，所以在中间文本框中输入 5（也可以通过数字调节箭头调整为 5），右侧选项保持不变。设置完成的对话框如图 4-32 所示。然后单击"确定"按钮。

图 4-32 "自动筛选前 10 个"对话框

11 单击"年龄"字段的筛选箭头 >"升序"命令。结果如图 4-33 所示。由于年龄最小前 5 个中有 3 名员工年龄相同，因此显示的员工数超过了 5 个。

图 4-33 最终查询和排序结果

查询年龄高于所有员工平均年龄的员工

12 在"数据"选项卡的"排序和筛选"命令组中，单击"筛选"命令。

13 单击"年龄"字段的筛选箭头 >"数字筛选"> "高于平均值"命令。最终筛选结果如图 4-34 所示。

图 4-34 最终筛选结果的部分数据

查询高级职称 1990 年以前和初级职称 2000 年以后参加工作的员工

14 在 K78:L78 单元格区域输入字段名职称和参加工作日期，在 K79 单元格输入高级 *，在 K80 单元格输入助理 *，在 L79 单元格输入 <1990/1/1，在 L80 单元格输入 >=2000/1/1。在 B78:I78 单元格区域输入所需输出项的字段名，结果如图 4-35 所示。

图 4-35 输入筛选条件及输出项的字段名

15 选定"人事档案表"数据列表中的任意单元格，在"数据"选项卡的"排序和筛选"命令组中，单击"高级"命令 ⑭，打开"高级筛选"对话框。

⑯ 在"方式"选项组中选择"将筛选结果复制到其他位置"单选按钮。单击"列表区域"
框右侧折叠按钮，选定筛选数据所在的单元格区域 B2:O65，单击折叠按钮；单击"条
件区域"框右侧折叠按钮，选定条件所在的单元格区域 K78:L80，单击折叠按钮；单击
"复制到"框右侧折叠按钮，选定复制到其他位置的单元格区域 B78:I79，单击折叠按钮。
设置结果如图 4-36 所示。

⑰ 单击"确定"按钮，打开 Excel 提示对话框，单击"是"按钮，结果如图 4-37 所示。

图 4-36　高级筛选设置结果

	工号	部门	姓名	性别	出生日期	职务	职称	参加工作日期
78	工号	部门	姓名	性别	出生日期	职务	职称	参加工作日期
79	7101	经理室	黄振华	男	1966年4月10日	董事长	高级经济师	1987/11/23
80	7102	经理室	尹洪群	男	1968年9月18日	总经理	高级工程师	1986/4/18
81	7202	人事部	胡方	男	1960年4月8日	业务员	高级经济师	1982/12/24
82	7205	人事部	张淑纺	女	1968年11月9日	统计	助理统计师	2001/3/6
83	7301	财务部	李忠旗	男	1965年2月10日	财务总监	高级会计师	1987/1/1
84	7302	财务部	焦戈	女	1970年2月26日	成本主管	高级会计师	1989/11/1
85	7306	财务部	任萍	女	1979年10月5日	出纳	助理会计师	2004/1/31
86	7406	行政部	张玫	女	1984年8月4日	业务员	助理经济师	2008/8/10
87	7602	业务一部	沈核	男	1967年7月21日	业务员	高级工程师	1989/4/6
88	7610	业务一部	谭文广	男	1969年1月21日	业务员	高级经济师	1987/9/3
89	7617	业务一部	曹明菲	女	1981年4月21日	业务员	助理工程师	2004/9/26

图 4-37　最终筛选结果

4.2.3　拓展知识点

⓵ 自动筛选

执行自动筛选操作时，单击"数据"选项卡"排序和筛选"命令组的"筛选"命令。这
时工作表的每个字段名上都会出现一个筛选箭头。单击任意一个筛选箭头，将会根据该字段
数据的不同类型出现不同形式的设置筛选条件选项，图 4-38 所示为在筛选状态下，单击"婚
姻状况"字段的筛选箭头，并选择"文本筛选"时出现的有关筛选选项。

	工号	部门	姓名	性别	出生日期	婚姻状况	籍贯	参加工作日期	职务	职称	学历	联系电话	年龄
1							**人事档案表**						
2	工号	部门	姓名	性别	出生日期	婚姻状况	籍贯	参加工作日期	职务	职称	学历	联系电话	年龄
3	7101	经理室	黄振		升序(S)		北京	1987/11/23	董事长	高级经济师	大专	13512341234	53
4	7102	经理室	尹洪		降序(O)		山东	1986/4/18	总经理	高级工程师	大本	13512341235	51
5	7103	经理室	扬另		按颜色排序(T)		北京	2000/12/4	副总经理	经济师	博士	13512341236	46
6	7104	经理室	沈宁				北京	1999/10/23	秘书	工程师	大专	13512341237	42
7	7201	人事部	赵文		从"婚姻状况"中清除筛选(C)		北京	1991/1/18	部门主管	经济师	大本	13512341238	52
8	7202	人事部	胡方		按颜色筛选(I)		四川	1982/12/24	业务员	高级经济师	大本	13512341239	59
9	7203	人事部	郭颖					1983/12/12	业务员	经济师	大本	13512341240	58
10	7204	人事部	周辉		文本筛选(F)		等于(E)	/3/6	业务员	经济师	大专	13512341241	59
11	7205	人事部	张淑		搜索		不等于(N)	3/6	统计	助理统计师	大专	13512341242	51
12	7301	财务部	李忠		☑(全选)		开头是(I)	/1/1	财务总监	高级会计师	大本	13512341243	54
13	7302	财务部	焦戈		☑未婚		结尾是(T)	/1/1	成本主管	高级会计师	大本	13512341244	49
14	7303	财务部	张进		☑已婚		包含(A)	7/14	会计	助理会计师	大本	13512341245	45
15	7304	财务部	傅华				包含(A)	9/19	会计	会计师	大专	13512341246	47
16	7305	财务部	杨颜				不包含(D)	12/5	会计	经济师	硕士	13512341247	46
17	7406	行政部	张玫				自定义筛选(F)	3/10	业务员	助理经济师	硕士	13512341254	35
18	7401	行政部	郭永					1/2	部门主管	经济师	大本	13512341249	50
19	7402	行政部	李龙				北京	1992/12/10	业务员	经济师	大专	13512341250	46
20	7403	行政部	张王				北京	1993/2/25	业务员	经济师	大本	13512341251	48
21	7404	行政部	周金				北京	1996/3/24	业务员	经济师	大专	13512341252	47
22	7405	行政部	周制		确定	取消	北京	1996/10/15	业务员	助理经济师	大本	13512341253	44
23	7507	公关部	王喜				安徽	2006/12/5	业务员	经济师	硕士	13512341261	36
24	7501	公关部	安昌			1971年3月31日	陕西	1995/2/28	部门主管	高级经济师	大专	13512341255	48

图 4-38　文本型数据字段筛选选项

可以看出，在下方列表框中列出了该字段的各记录值供使用时选择，可以选择其中一个、
多个或全部。图 4-39 和图 4-40 分别是数值型和日期型数据字段的筛选选项。

| 等于(F)... |
| 之前(B)... |
| 之后(A)... |
| 介于(W)... |
| 明天(T) |
| 今天(O) |
| 昨天(D) |
| 下周(K) |
| 本周(H) |
| 上周(L) |
| 下月(M) |
| 本月(S) |
| 上月(N) |
| 下季度(Q) |
| 本季度(U) |
| 上季度(R) |
| 明年(X) |
| 今年(I) |
| 去年(Y) |
| 本年度截止到现在(A) |
| 期间所有日期(P)　▶ |
| 自定义筛选(F)... |

图 4-39　数值型数据字段筛选选项　　　　图 4-40　日期型数据字段筛选选项

根据字段数据类型的不同还可以设置更为灵活的筛选条件。例如，文本型数据可以设置筛选出"开头是"或"结尾是"某些特定文本的记录，也可以设置"包含"或"不包含"某些特定文本的记录，还可以自定义更复杂的文本筛选条件。Excel 将自动筛选出满足所设条件的记录并显示出来。可以分别在多个字段设置筛选条件，这时只有同时满足各筛选条件的记录才会显示出来。例如，图 4-41 所示为部门为"业务一部"、职称为"经济师"的员工记录。从图 4-41 中可以看到，设置了筛选条件的部门、职称字段上的筛选箭头有一个漏斗样的筛选标志，满足条件并显示出来的第 35、36、44、45 行数据的行号是蓝色的。

	A	B	C	D	E	F	G	H	I	J	K	L	N
1							人事档案表						
2		工↓	部门↧	姓名↓	性↓	出生日期↓	婚姻状↓	籍贯↓	参加工作日↓	职务↓	职称↧	学历↓	联系电话↓
35		7605	业务一部	范平	男	1968年6月19日	已婚	北京	1991/3/7	业务员	经济师	大本	13512341266
36		7606	业务一部	李燕	女	1962年3月26日	已婚	北京	1983/12/12	业务员	经济师	大专	13512341267
44		7614	业务一部	陈江川	男	1971年6月11日	已婚	山东	1997/2/25	业务员	经济师	大本	13512341275
45		7615	业务一部	彭平利	男	1972年7月7日	已婚	北京	1998/3/24	业务员	经济师	大本	13512341276

图 4-41　多个字段的筛选结果

❷ 自定义自动筛选

如果要进行更复杂的筛选，如要筛选出所有高级职称（包括高级工程师、高级经济师、高级会计师等）的员工，这时直接从列表框的记录值中选择比较麻烦，可以通过"文本筛选"选项中执行"自定义筛选"命令。具体操作步骤如下。

① 进入自动筛选状态。在"数据"选项卡的"排序和筛选"命令组中，单击"筛选"命令。

② 打开"自定义自动筛选方式"对话框。单击"职称"字段的筛选箭头 >"文本筛选">"自定义筛选"命令，打开"自定义自动筛选方式"对话框。

该对话框允许选择由关系运算符组成的条件表达式作为筛选条件，其中左侧的下拉列表框为关系运算符，有"等于""不等于""大于""大于或等于"等常用关系运算符，以及"开头是""开头不是""结尾是""结尾不是""包含"和"不包含"等特殊关系运算符；右侧的下拉文本框可以从下拉列表中选择数据，也可以直接输入数据。每个自定义筛选条件可以设置一个或两个条件表达式。

 注意

使用自定义筛选条件，且设置了两个条件表达式时，要注意根据实际问题正确地选择两个条件表达式的与/或关系。

---

③ 设置筛选条件。分析筛选条件可以看出，要筛选的职称都是以"高级"二字开头的，因此可以使用特殊关系运算符"开头是"设置自定义筛选条件。在左侧第一行下拉列表框中选择"开头是"，在右侧第一行下拉列表框中输入高级。结果如图 4-42 所示。

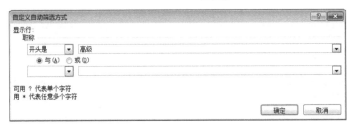

图 4-42　"自定义自动筛选方式"对话框

⚙ **技巧**

"自定义自动筛选方式"对话框允许使用两种字符"?"和"*"。其中，"?"代表任意一个字符，而"*"代表任意个任意字符。例如，筛选高级职称的条件也可以用通配符"*"实现，即在左侧下拉列表框中设置关系运算符为"等于"，在右侧文本框中输入值为高级*。再如，筛选中级职称，假设中级职称均由三个字组成，分别为"工程师""会计师"和"经济师"，其中最后一个字均为"师"。设置条件时可以使用通配符"?"，即在左侧下拉列表框中设置关系运算符为"等于"，在右侧文本框中输入值为?? 师。

---

④ 确认设置。单击"确定"按钮。结果如图 4-43 所示。

	A	B	C	D	E	F	G	H	I	J	K	L	N	O
1								人事档案表						
2		工号	部门	姓名	性别	出生日期	婚姻状况	籍贯	参加工作日期	职务	职称	学历	联系电话	年龄
3		7101	经理室	黄振华	男	1966年4月10日	已婚	北京	1987/11/23	董事长	高级经济师	大专	13512341234	53
4		7102	经理室	尹洪群	男	1968年9月18日	已婚	山东	1986/4/18	总经理	高级工程师	大本	13512341235	51
8		7202	人事部	胡方	男	1960年4月8日	已婚	四川	1982/12/24	业务员	高级经济师	大本	13512341239	59
12		7301	财务部	李忠旗	男	1965年2月10日	已婚	北京	1987/1/1	财务总监	高级会计师	大本	13512341243	54
13		7302	财务部	焦戈	女	1970年2月26日	已婚	北京	1989/11/1	成本主管	高级会计师	大专	13512341244	49
24		7501	公关部	安晋文	男	1971年3月31日	已婚	陕西	1995/2/28	部门主管	高级经济师	大本	13512341245	48
32		7602	业务一部	沈核	男	1967年7月21日	已婚	陕西	1989/4/6	业务员	高级工程师	大本	13512341263	52
33		7603	业务一部	王利华	女	1969年7月20日	已婚	四川	1990/4/6	业务员	高级工程师	大本	13512341264	50
34		7604	业务一部	靳晋夏	女	1969年2月17日	已婚	山东	1990/11/5	业务员	高级工程师	大本	13512341265	50
40		7610	业务一部	谭文广	男	1969年1月1日	已婚	四川	1987/9/3	业务员	高级工程师	初中	13512341271	50
49		7702	业务二部	张爽	男	1978年4月8日	已婚	北京	2000/12/25	业务员	高级工程师	大本	13512341280	41
57		7710	业务二部	黄和中	男	1968年6月19日	已婚	北京	1990/3/6	业务员	高级工程师	大专	13512341288	51
61		7714	业务二部	孙燕	女	1976年8月16日	已婚	湖北	1999/1/16	业务员	高级工程师	大本	13512341292	43

图 4-43　使用自定义筛选的结果

❸ 自动筛选前 10 个

对于数据列表中的数字字段，使用"数字筛选"命令中的"10 个最大的值"功能，可以显示前 N 个最大值或最小值。例如，筛选参加工作最晚的 5 名员工，操作步骤如下。

① 将日期显示格式设置为常规。由于 Excel 2010 未提供日期数据的"10 个最大的值"功能，因此需要先将日期显示改为数字常规显示。选定"参加工作日期"列，然后单击"开始"选项卡"数字"命令组的对话框启动按钮，打开"设置单元格格式"对话框。在对话框左侧选择"常规"，单击"确定"按钮，结果如图 4-44 所示。

						人事档案表							
工号	部门	姓名	性别	出生日期	婚姻状况	籍贯	参加工作日期	职务	职称	学历	联系电话		年龄
7101	经理室	黄振华	男	1966年4月10日	已婚	北京	32104	董事长	高级经济师	大专	13512341234		53
7102	经理室	尹洪群	男	1968年9月18日	已婚	山东	31520	总经理	高级工程师	大本	13512341235		51
7103	经理室	扬灵	男	1973年3月21日	已婚	北京	36864	副总经理	经济师	博士	13512341236		46
7104	经理室	沈宁	女	1977年10月2日	未婚	北京	36456	秘书	工程师	大专	13512341237		42
7201	人事部	赵文	女	1967年12月30日	已婚	北京	33256	部门主管	经济师	大本	13512341238		52
7202	人事部	胡方	男	1960年4月8日	已婚	四川	30309	业务员	高级经济师	大专	13512341239		59
7203	人事部	郭新	女	1961年3月26日	已婚	北京	30662	业务员	经济师	大本	13512341240		58
7204	人事部	周晓明	女	1960年6月20日	已婚	北京	28920	业务员	经济师	大专	13512341241		59
7205	人事部	张淑纺	女	1968年11月9日	已婚	安徽	36956	统计	助理统计师	大专	13512341242		51

图 4-44 设置数字常规显示格式

② 进入自动筛选状态。

③ 打开"自动筛选前 10 个"对话框。单击"参加工作日期"字段的筛选箭头 >"数字筛选" >"10 个最大的值"命令，打开"自动筛选前 10 个"对话框。

④ 设置筛选条件。分析筛选条件可以看出，因为要筛选的是参加工作最晚的，对应的参加工作日期应该是最大的。因此在左侧下拉列表框中选择"最大"；因为要筛选出 5 个，所以在中间文本框中输入 5（也可以通过数字调节箭头调整为 5），右侧选项保持不变。设置完成的对话框如图 4-45 所示。

图 4-45 "自动筛选前 10 个"对话框

> **注意**
>
> 在"自动筛选前 10 个"对话框中的中间框中只能输入 1~500 之间的任意数值，否则会出现错误提示。

⑤ 确认设置。单击"确定"按钮。

⑥ 将"参加工作日期"列设置为"日期"显示格式。结果如图 4-46 所示。

						人事档案表							
工号	部门	姓名	性别	出生日期	婚姻状况	籍贯	参加工作日期	职务	职称	学历	联系电话		年龄
7406	行政部	张玫	女	1984年8月4日	未婚	北京	2008/8/10	业务员	助理经济师	硕士	13512341254		35
7507	公关部	王霞	女	1983年3月20日	未婚	安徽	2006/12/5	业务员	经济师	硕士	13512341261		36
7703	业务二部	李小平	男	1979年2月17日	已婚	山东	2006/11/4	业务员	工程师	大专	13512341281		40
7705	业务二部	王进	男	1978年3月26日	已婚	北京	2008/12/11	业务员	工程师	大专	13512341283		41
7718	业务二部	郝放	男	1979年1月26日	未婚	四川	2005/12/29	业务员	工程师	硕士	13512341296		40

图 4-46 筛选结果

04 高级筛选

有些更复杂的筛选，使用自定义自动筛选方式也无法实现，这时就需要使用高级筛选。例如，要从"人事档案表"中筛选出到指定日期应该退休的人员，其条件是性别为"男"且年龄满 60 岁，或是性别为"女"且年龄满 55 岁。显然该条件无法使用自动筛选完成。

进行高级筛选操作时，要求先在某个单元格区域（称为条件区域）设置筛选条件。其格式是第一行为字段名，以下各行为相应的条件值。同一行条件的关系为"与"，不同行条件的关系为"或"。定义完筛选条件后，即可进行高级筛选操作。筛选后的结果可以显示在原有数据区域，也可以显示在其他位置。

1. 在原有区域显示筛选结果

具体操作步骤如下。

① 打开"高级筛选"对话框。在"数据"选项卡的"排序和筛选"命令组中，单击"高

级"命令，打开"高级筛选"对话框。

② 输入高级筛选参数。首先在"列表区域"框中输入筛选数据所在的单元格区域（如果当前单元格在筛选数据所在的单元格区域内，系统会自动填上该项）；然后在"条件区域"框中输入条件区域所在的单元格区域。最后根据需要在"方式"选项组中选择"在原有区域显示筛选结果"单选按钮，结果如图 4-47 所示。

③ 确认设置。单击"确定"按钮。有关条件区域和相应的筛选结果如图 4-48 所示。

图 4-47 "高级筛选"对话框

	A	B	C	D	E	F	G	H	I	J	K	L	N	O
1								人事档案表						
2		工号	部门	姓名	性别	出生日期	婚姻状况	籍贯	参加工作日期	职务	职称	学历	联系电话	年龄
5		7203	人事部	郭新	女	1961年3月26日	已婚	北京	1983/12/12	业务员	经济师	大本	13512341240	58
7		7204	人事部	周晓明	女	1960年6月20日	已婚	北京	1979/3/6	业务员	经济师	大专	13512341241	59
11		7505	公关部	张乐	女	1962年8月11日	已婚	四川	1981/4/29	外勤	工程师	大本	13512341259	57
27		7606	业务一部	李燕	女	1962年3月26日	已婚	北京	1983/12/12	业务员	经济师	大专	13512341267	57
44		7707	业务二部	魏光符	女	1962年9月29日	已婚	北京	1986/6/16	业务员	经济师	大本	13512341285	57
76														
77					性别	年龄								
78					男	>=60								
79					女	>=55								

图 4-48 条件区域和筛选结果

2. 将筛选结果复制到其他位置

如果要将筛选结果复制到其他区域，应在"高级筛选"对话框的"方式"选项组中，选择"将筛选结果复制到其他位置"单选按钮，并在"复制到"框中指定复制到其他位置的单元格区域。具体操作步骤如下。

① 打开"高级筛选"对话框。

② 输入高级筛选参数。首先在"列表区域"文本框中输入筛选数据所在的单元格区域；在"条件区域"文本框中输入条件区域所在的单元格区域；在"方式"选项组中选择"将筛选结果复制到其他位置"单选按钮，在"复制到"文本框中输入放置筛选结果的单元格区域，结果如图 4-49 所示。

③ 确认设置。单击"确定"按钮。有关条件区域和相应的筛选结果如图 4-50 所示。

图 4-49 "高级筛选"对话框

	P	Q	R	S	T	U	V	W	X	Y	Z	AA	AB	AC	AD	AF	AG
1																	
2		性别	年龄		工号	部门	姓名	性别	出生日期	婚姻状况	籍贯	参加工作日期	职务	职称	学历	联系电话	年龄
3		男	>=60		7203	人事部	郭新	女	1961年3月26日	已婚	北京	1983/12/12	业务员	经济师	大本	13512341240	58
4		女	>=55		7204	人事部	周晓明	女	1960年6月20日	已婚	北京	1979/3/6	业务员	经济师	大专	13512341241	59
5					7505	公关部	张乐	女	1962年8月11日	已婚	四川	1981/4/29	外勤	工程师	大本	13512341259	57
6					7606	业务一部	李燕	女	1962年3月26日	已婚	北京	1983/12/12	业务员	经济师	大专	13512341267	57
7					7707	业务二部	魏光符	女	1962年9月29日	已婚	北京	1986/6/16	业务员	经济师	大本	13512341285	57

图 4-50 条件区域和筛选结果

 注意

复制的内容可以是全部字段，也可以是部分字段。如果是部分字段，只需在输出区域的第一行输入所需字段名即可，同时输出顺序也可以自定义。

⚙ **技巧**

　　有时希望将筛选的数据放到一个新工作表中，但 Excel 的筛选结果只能保存到活动工作表中，如果在"高级筛选"对话框中选择"将筛选结果复制到其他位置"单选按钮，同时在"复制到"文本框中输入其他工作表的单元格区域，Excel 会打开如图 4-51 所示的提示框。

　　解决此问题最好的办法是先切换到存放筛选结果的工作表，然后执行高级筛选。操作步骤如下。

　　① 选定存入筛选结果的工作表。

　　② 打开"高级筛选"对话框。

　　③ 输入高级筛选参数。清除"列表区域"文本框内原有内容，单击"人事档案表"工作表标签，选定 B2:O65 单元格区域；单击"条件区域"框，然后单击"人事档案表"工作表标签，选定 Q2:R4 单元格区域；在"方式"选项组中选择"将筛选结果复制到其他位置"单选按钮，在"复制到"文本框中输入放置筛选结果的单元格区域 B2:O3，设置结果如图 4-52 所示。

图 4-51　Excel 提示框

图 4-52　"高级筛选"对话框

　　③ 确认设置。单击"确定"按钮。有关条件区域和相应的筛选结果如图 4-53 所示。

工号	部门	姓名	性别	出生日期	婚姻状况	籍贯	参加工作日期	职务	职称	学历	联系电话	年龄
7203	人事部	郭新	女	1961年3月26日	已婚	北京	1983/12/12	业务员	经济师	大本	13512341240	58
7204	人事部	周晓明	女	1960年6月20日	已婚	北京	1979/3/6	业务员	经济师	大专	13512341241	59
7505	公关部	张乐	女	1962年8月11日	已婚	四川	1981/4/29	外勤	工程师	大本	13512341259	57
7606	业务一部	李燕	女	1962年3月26日	已婚	北京	1983/12/12	业务员	经济师	大专	13512341267	57
7707	业务二部	魏光符	女	1962年9月29日	已婚	北京	1986/6/16	业务员	经济师	大本	13512341285	57

人事档案表

图 4-53　筛选结果存放在新工作表

4.2.4　延伸知识点

① 清除自动筛选条件

　　在自动筛选时，如果需要取消已经设置的筛选条件，可以单击相应字段的筛选箭头，然后在弹出的下拉列表中选择"从 ** 中清除筛选"选项。其中，"**"为相应的字段名。如果要取消所有字段的筛选条件，单击"数据"选项卡"排序和筛选"命令组的"清除"命令；也可以单击"数据"选项卡"排序和筛选"命令组的"筛选"命令，这样将退出筛选状态，筛选箭头消失。

② 删除重复记录数据

　　删除重复记录数据是数据管理工作中经常要做且比较费时费力的一项工作。对于有重复记录的数据，使用高级筛选功能可以方便地删除重复的记录。这只需在"高级筛选"对话框中勾选"选择不重复的记录"复选框即可。这时的筛选结果除只显示满足筛选条件的记录外，将满足条件但是重复的记录也删除了。

> 💡 **注意**
>
> 当筛选结果使用完毕，需要显示全部数据时，可以单击"数据"选项卡"排序和筛选"命令组的"清除"命令。

Excel 提供了更方便、快捷的"删除重复项"命令。当需要删除重复记录时，可以直接单击"数据"选项卡"数据工具"命令组的"删除重复项"命令，打开"删除重复项"对话框，如图 4-54 所示。可以根据需要选择一个、多个或全部包含重复值的列，Excel 将删除指定列数值重复的记录。

图 4-54 "删除重复项"对话框

4.2.5 独立实践任务

♦ **任务背景**

凯撒文化用品公司每个季度都会对发放的绩效奖金进行统计。现在公司管理者希望能够从多角度了解绩效奖金的发放情况。因此需要对绩效奖金表中的数据进行筛选。

♦ **任务要求**

根据任务 2.2 独立实践任务中已经建立的"绩效奖金"表，按以下要求完成相应的操作。

（1）使用三种方法，筛选评定等级为较好和良好的员工。

（2）筛选绩效奖金低于平均绩效奖金的员工。

（3）筛选销售部评定等级为优秀的员工，并将筛选结果存放在当前工作表中的其他位置，内容包括：姓名、部门、评定等级和绩效奖金。

（4）筛选获得绩效奖金最多的前 5 名员工。

（5）使用两种方法，筛选上级评分超过 80（含 80）分的员工，并将其全部信息存放到新工作表中。

♦ **任务效果参考图**

等级为较好和良好的员工　　　　　　　　低于平均绩效奖金的员工

销售部评定等级为优秀的员工

获得绩效奖金最多的前五名员工

上级评分超过 80（含 80）分的员工

● 任务分析

筛选出所有评定等级为较好和良好的员工，此题目至少可以使用三种方法实现，其中包括自动筛选和高级筛选。筛选销售部评定等级为优秀的员工，由于此题目要求将筛选结果放在本工作表的其他位置，所以应考虑使用高级筛选，注意准备好条件区域和输出区域后，再单击"高级"筛选命令。筛选低于平均绩效奖金的员工和筛选获得绩效奖金最多的前 5 名员工，这两个题目可考虑使用自动筛选实现。筛选上级评分超过 80（含 80）分的员工，可以使用两种方法将筛选结果放到新工作表中：一是通过高级筛选指定位于其他工作表的数据源区域和条件区域；二是通过定位条件来复制筛选结果。

4.2.6 课后练习

1. 填空题

（1）在 Excel 的"自动筛选前 10 个"对话框中，输入的筛选个数最大值为_____。

（2）在 Excel 中，清除自动筛选条件，可以单击"数据"选项卡"排序和筛选"命令组的_____命令。

（3）在 Excel 中，高级筛选能够实现自动筛选无法实现的操作，如不同字段之间_____关系的筛选。

（4）在高级筛选的条件区域中，相同行条件之间的关系是_____；不同行条件之间的关系是_____。

（5）如果需要删除重复记录，可执行"数据"选项卡_____命令组的_____命令。

2. 单选题

（1）在 Excel 的"自定义自动筛选方式"对话框中指定条件时，不可以使用的符号是（　　）。

A. !   B. >   C. <   D. =

（2）在 Excel 的"自定义自动筛选方式"对话框中，最多可以同时设置的关系表达式为（   ）个。

A. 1   B. 2   C. 3   D. 4

（3）以下关于 Excel 筛选功能的叙述中，错误的是（   ）。

A. Excel 的筛选包括自动筛选和高级筛选两种

B. Excel 的自动筛选只能为筛选项设置一个条件

C. Excel 的筛选结果可以被复制到新的工作表中

D. Excel 的高级筛选允许使用公式作为筛选条件

（4）以下关于 Excel 自动筛选功能的叙述中，错误的是（   ）。

A. 对多个字段可以分别设置筛选条件

B. 对单个字段可以设置两个筛选条件

C. 对两个字段的两个筛选条件可以设置"与"或者"或"

D. 对一个字段的两个筛选条件可以设置"与"或者"或"

（5）以下关于 Excel 高级筛选功能的叙述中，正确的是（   ）。

A. 必须先设置条件区域

B. 条件区域中字段名不能重复

C. 条件区域中的行数不能超过 5 行

D. 条件区域修改后筛选结果自动更新

3. 简答题

（1）自动筛选的自定义筛选可以设置几个筛选条件？

（2）请举例分析自动筛选的优势和局限性。

（3）高级筛选的条件区域不同行多个条件的关系是什么？

（4）高级筛选的条件区域相同行多个条件的关系是什么？

（5）假设凯撒文化用品公司有员工 24 名，图 4-55 所示为绩效奖金表部分数据。在 N3 单元格中输入了公式 =H3<AVERAGE(H2:H26)，此公式的含义是什么？是否可以使用此单元格作为条件区域中的单元格来进行高级筛选操作？

图 4-55　高级筛选条件判断

项目五 分析销售情况

内容提要

数据透视表是 Excel 提供的一种简单实用的数据分析工具。本部分将通过对销售数据的透视分析，介绍 Excel 数据透视表的特点、创建数据透视表和数据透视图的基本步骤、应用数据透视表和数据透视图进行数据分析的方法和技巧。

能力目标

- 能够运用数据透视表统计和分析数据
- 能够应用切片器创建动态数据透视图

专业知识目标

- 了解 Excel 有关数据透视表的功能
- 理解数据透视表的特性
- 理解数据透视表的概念
- 了解创建数据透视表的基本步骤
- 能够运用数据透视表进行数据的透视分析
- 了解创建数据透视图的基本步骤
- 了解切片器的功能和应用

软件知识目标

- 掌握创建数据透视表的操作方法
- 掌握应用数据透视表进行数据分析的方法和技巧
- 掌握创建数据透视图的操作方法
- 掌握切片器的应用方法

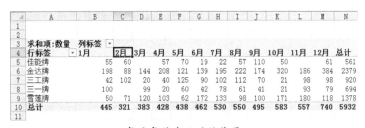

任务 5.1 制作销售情况分析表
——Excel 数据透视表的创建与应用

5.1.1　任务导入

◆ 任务背景

成文文化用品公司的主要业务之一是销售各种复印纸，公司管理者特别希望了解每名业务员的销售业绩及每种复印纸的销售情况，以便进行销售分析。

◆ 任务要求

根据销售情况表的数据，分析：

（1）每月每种产品的销售量；

（2）每种产品与销量最好的产品之间的数据差异；

（3）每名业务员每种产品的销售额占其总销售额的百分比；

（4）每名业务员不同产品的总销售额及排名。

◆ 任务效果参考图

求和项:数量	列标签												
行标签	1月	2月	3月	4月	5月	6月	7月	8月	9月	10月	11月	12月	总计
佳能牌	55	60		57	70	19	22	57	110	50		61	561
金达牌	198	88	144	208	121	139	195	222	174	320	186	384	2379
三工牌	42	102	20	40	125	90	102	112	70	21	98	98	920
三一牌	100		99	20	60	42	78	61	41	21	93	79	694
雪莲牌	50	71	120	103	62	172	133	98	100	171	180	118	1378
总计	445	321	383	428	438	462	530	550	495	583	557	740	5932

每月每种产品的销售量

求和项:数量	列标签												
行标签	1月	2月	3月	4月	5月	6月	7月	8月	9月	10月	11月	12月	总计
佳能牌	-143	-28	-144	-151	-51	-120	-173	-165	-64	-270	-186	-323	-1818
金达牌													
三工牌	-156	14	-124	-168	4	-49	-93	-110	-104	-299	-88	-286	-1459
三一牌	-98	-88	-45	-188	-61	-97	-117	-161	-133	-299	-93	-305	-1685
雪莲牌	-148	-17	-24	-105	-59	33	-62	-124	-74	-149	-6	-266	-1001

每种产品与销量最好的产品之间的数据差异

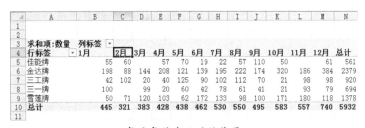

求和项:销售额	列标签					
行标签	佳能牌	金达牌	三工牌	三一牌	雪莲牌	总计
郝海为	10.44%	33.50%	5.98%	20.73%	29.34%	100.00%
靳晋复	8.06%	33.23%	22.93%	25.39%	10.39%	100.00%
李燕	10.15%	28.49%	17.43%	0.00%	43.93%	100.00%
沈核	13.46%	41.66%	33.81%	2.47%	8.60%	100.00%
盛代国	6.79%	48.50%	9.95%	19.38%	15.39%	100.00%
宋德昆	0.00%	44.07%	13.00%	7.55%	35.38%	100.00%
王利华	33.51%	13.39%	10.55%	4.54%	38.02%	100.00%
苑平	11.40%	58.70%	13.77%	6.22%	9.91%	100.00%
张涛	0.00%	31.24%	24.77%	18.05%	25.94%	100.00%

每名业务员每种产品的销售额占其总销售额的百分比

业务员	产品品牌	求和项:销售额	求和项:销售额2
⊟郝海为	佳能牌	12950	4
	金达牌	41550	7
	三工牌	7420	9
	三一牌	25710	4
	雪莲牌	36382	4
郝海为 汇总		124012	6
⊟靳晋复	佳能牌	11865	6
	金达牌	48945	5
	三工牌	33780	4
	三一牌	37400	1
	雪莲牌	15309	8
靳晋复 汇总		147299	2

每名业务员不同产品的总销售额及排名

♦ **任务分析**

　　企业在进行数据处理的过程中，常常会出现对大量数据进行不同层面分析的需求，这些需求的内容各不相同，分析结果与展示结果也是千差万别。Excel 提供的数据透视功能，综合了数据排序、筛选和分类汇总等数据处理工具的优点，并具有这些工具无法比拟的灵活性。它可以快速实现数据的立体化分析，完成日常绝大多数的数据计算和分析工作，洞察企业关键信息。因此使用数据透视表❶来完成本任务提出的各种统计和分析要求再合适不过了。

5.1.2　模拟实施任务

打开工作簿

1 启动 Excel，单击"文件" > "打开"命令，打开"打开"对话框。在左窗格中找到文件所在的位置，在右窗格中找到需要打开的"销售业绩管理"工作簿文件，双击该文件名。
　　　"销售业绩管理"工作簿中有多个工作表，其中"销售情况表"包含了全年的销售数据，部分内容如图 5-1 所示。

	A	B	C	D	E	F	G	H	I
1	序号	业务员	日期	产品代号	产品品牌	订货单位	单价	数量	销售额
2	1	张涛	2018/01/02	JD70B5	金达牌	天缘商场	185	18	3330
3	2	王利华	2018/01/05	JNT0B5	佳能牌	白云出版社	185	15	2775
4	3	王利华	2018/01/05	SG70A3	三工牌	蓝图公司	230	20	4600
5	4	苑平	2018/01/07	JD70B5	金达牌	天缘商场	185	20	3700
6	5	靳雷寰	2018/01/10	SY80B5	三一牌	星光出版社	210	40	8400
7	7	郝涛为	2018/01/12	XL70A3	雪莲牌	海天公司	230	30	6900
8	6	李燕	2018/01/12	JD70A4	金达牌	期望公司	225	40	9000
9	8	沈核	2018/01/12	JD70B5	金达牌	白云出版社	195	21	4095
10	9	王利华	2018/01/14	XL70B5	雪莲牌	荷蕾商场	189	5	945
11	11	沈核	2018/01/16	JNB0A3	佳能牌	天缘商场	245	40	9800
12	10	苑平	2018/01/16	JD70B5	金达牌	开心商场	220	40	8800
13	12	沈核	2018/01/18	JD70B5	金达牌	荷蕾商场	185	18	3330
14	13	张涛	2018/01/18	JD70B4	金达牌	星光出版社	190	21	3990
15	14	张涛	2018/01/20	SY80B5	三一牌	天缘商场	220	40	8800

图 5-1　销售情况表

创建统计每月每种产品销售量的数据透视表

2 单击"销售情况表"工作表标签，选定数据区域中任意单元格。在"插入"选项卡的"表格"命令组中，单击"数据透视表"命令❷，打开"创建数据透视表"对话框。单击"确定"按钮，建立数据透视表框架，如图 5-2 所示。

图 5-2　数据透视表框架

3 将"数据透视表字段列表"中的"产品品牌""日期""数量"字段分别拖曳到行标签、列标签和数值区域，初步创建的数据透视表如图 5-3 所示。

图 5-3　初步创建的数据透视表

④ 右键单击"日期"列标签行上的任意单元格，在弹出的快捷菜单中单击"创建组"命令⑬，然后在"分组"对话框的"步长"列表框中选择"月"选项，如图 5-4 所示。单击"确定"按钮，结果如图 5-5 所示。

图 5-4　"分组"对话框

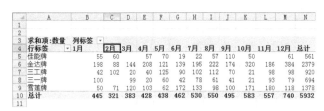

图 5-5　每月每种产品的销售量统计结果

分析各产品与销量最好的产品之间的数据差异

⑤ 从图 5-5 可以看出，销量最好的产品是"金达牌"。因此需要分析其他产品与"金达牌"产品的销量差异，即将比较的基本项设为"金达牌"，通过分析差异数值，进行数据对比，衡量各产品的表现。右键单击数据透视表中任意数值单元格，在弹出的快捷菜单中单击"值显示方式"⑭ > "差异"命令，打开"值显示方式"对话框。

⑥ 在"基本项"下拉列表中选择"金达牌"选项，如图 5-6 所示，单击"确定"按钮。

图 5-6　"值显示方式"对话框

⑦ 右键单击数据透视表区域内的任意数值单元格，在弹出的快捷菜单中单击"数据透视表选项"命令⑮，打开"数据透视表选项"对话框。

⑧ 单击"汇总和筛选"选项卡，取消选中"显示列总计"复选框，如图 5-7 所示。单击"确定"按钮，结果如图 5-8 所示。

图 5-7　"数据透视表选项"对话框

图 5-8　每种产品与销量最好的产品之间的差异计算结果

统计每名业务员每种产品的销售额占其总销售额的百分比

9 单击"销售情况表"工作表标签，选定数据区域中任意单元格。在"插入"选项卡的"表格"命令组中，单击"数据透视表"命令，打开"创建数据透视表"对话框，单击"确定"按钮。将"数据透视表字段列表"中的"业务员"、"产品品牌"和"销售额"字段分别拖曳到行标签、列标签和数值区域，设置后的"数据透视表字段列表"窗格如图5-9所示。创建的数据透视表如图5-10所示。

图 5-9　设置后的"数据透视表字段列表"窗格　　　　图 5-10　创建的数据透视表

10 单击"数据透视表字段列表"窗格下方"数值"区域中的字段，在弹出的快捷菜单中单击"值字段设置"命令，打开"值字段设置"对话框，单击"值显示方式"选项卡，然后单击"值显示方式"下拉箭头，在弹出的下拉列表中选择"行汇总的百分比"[04]选项，设置结果如图5-11所示。单击"确定"按钮，结果如图5-12所示。

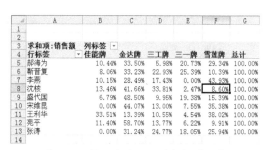

图 5-11　"值字段设置"对话框　　　　　　　图 5-12　按百分比显示的数据透视表

创建每名业务员不同产品的总销售额及排名的数据透视表

11 创建按总销售额排名的数据透视表，先按结构内容要求编辑图5-12所示的数据透视表。删除"产品品牌"列标签[06]，然后右键单击数据透视表中任意数值单元格，在弹出的快捷菜单中执行"值显示方式" > "无计算"命令[04]。

12 将"数据透视表字段列表"中的"销售额"字段拖曳到"数值"区域，然后右键单击数据透视表中第二个"销售额"字段列（C4:C12）任意单元格，在弹出的快捷菜单中单击"值显示方式" > "降序排列"命令[07]。打开"值显示方式"对话框，在"基本字段"下拉列表中选择"业务员"，单击"确定"按钮。结果如图5-13所示。

13 将"数据透视表字段列表"中的"产品品牌"字段拖曳到"行标签"区域，如图5-14所示。

图 5-13　编辑并排序的数据透视表

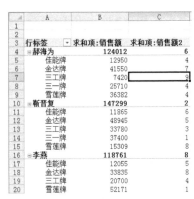

图 5-14　添加"产品品牌"字段后的数据透视表

14 在"数据透视表工具"上下文选项卡"设计"子
卡的"布局"命令组中，单击"报表布局">"以
表格形式显示"命令⑬，结果如图 5-15 所示。

15 双击"求和项：销售额"单元格，打开"值字段
设置"对话框，在"自定义名称"文本框中输入
销售额合计，如图 5-16 所示，单击"确定"按钮。
使用相同方法，将"求和项：销售额 2"更名为"排
名"。最终结果如图 5-17 所示。

图 5-15　布局后的数据透视表

图 5-16　"值字段设置"对话框

图 5-17　最终结果

5.1.3　拓展知识点

① 认识数据透视表

数据透视表是一种对大量数据进行汇总和建立交叉表的交互式动态表格，能帮助用户分
析、组织数据。从外观看，数据透视表除某些单元格的格式较为特殊外，与一般的工作表没
有明显区别，也是二维表格，可以定义单元格的格式，也可以对表格中的数据进行排序、筛
选等操作，还可以根据数据制作图表等，但实际上它们有着重要的差异。

1. 透视

数据透视表是具有第三维查询应用的表格。它通常是将多个工作表或是一个较长的数据

列表经过重新组织得到的，其中的基本数据可能都是根据某个工作表的一行或一列数据计算得出的。因此可以认为它是一个三维表格。同时，数据透视表可以方便地调整计算的方法和范围，因而可以从不同的角度更清楚地给出数据的各项特征，因此称其为数据透视表。

2. 只读

数据透视表具有只读属性，即不可以直接在数据透视表中输入数据，或是修改数据透视表中的数据。只有在存放原始数据的工作表中进行相应的数据变更，且执行了数据透视表的相关更新命令后，数据透视表中的数据才会变动。

3. 交互

数据透视表具有良好的交互性，应用十分灵活。在创建了数据透视表后，可以方便地组织和显示存在于多个工作表或工作簿中的数据；可以通过改变数据透视表的页面布局对数据进行不同角度的综合分析；可以根据需要显示或隐藏所需的任何细节数据……所有这些都可以在创建的数据透视表上实现，而不需要重新构建数据透视表。

总之，数据透视表是 Excel 中最为常用的数据分析工具，特别适合对数据的计算和分类操作，如数据的分类汇总、交叉分析、评分与排名、百分比计算及准备各种报告等日常常用的数据分析等。

⑫ 创建数据透视表

应用数据透视表分析数据，先要在原有数据基础上创建数据透视表。Excel 可以根据需要，利用 Excel 数据列表、多重合并计算区域及外部数据源建立数据透视表。

建立和应用数据透视表的关键问题是设计数据透视表的布局：根据现有的数据设计由哪些字段组成行，由哪些字段组成列，按哪几个字段的值分类，对哪些字段进行计算。这些方面如果不设计好，那么建立的数据透视表可能会是杂乱无章、毫无意义的。

下面以"销售业绩管理"工作簿文件中的"销售情况表"为实例说明创建数据透视表的操作步骤。假设需要分析该公司各业务员在不同时期的销售业绩，为此建立数据透表的操作步骤如下。

① 打开"创建数据透视表"对话框。在"插入"选项卡的"表格"命令组中，单击"数据透视表"命令，打开"创建数据透视表"对话框。

② 选择要分析的数据并指定要放置数据透视表的位置。一般系统会自动识别并选定数据区域，如果要分析的数据区域与此有出入，可以在"表 / 区域"文本框中输入或编辑。可以选择新工作表放置数据透视表，也可以在现有工作表的指定位置放置数据透视表，这时需在

"位置"文本框中输入放置数据透视表位置的左上角单元格地址。这里采用默认选项，在新工作表中创建数据透视表，如图 5-18 所示。单击"确定"按钮建立数据透视表框架，如图 5-19 所示。

从图 5-19 可以看到，功能区出现了"数据透视表工具"上下文选项卡，其中包含"选项"和"设计"两个子卡。工作表左侧为数据透视表区域，当前还没有数据；工作表

图 5-18　"创建数据透视表"对话框

右侧为"数据透视表字段列表"窗格。有关数据透视表的创建、编辑、修饰和应用都将通过这两个子卡的命令和该窗格的有关控件完成。

图 5-19　数据透视表框架

③ 添加报表字段。因为需要分析各业务员在不同时期的销售业绩，所以应分别设置"日期"和"业务员"为行标签和列标签，"销售额"为计算数值。设置时可以右键单击"数据透视表字段列表"窗格中相应的字段名，然后在弹出的快捷菜单中选择添加到报表的位置。快捷菜单如图 5-20 所示。初步建立的数据透视表如图 5-21 所示。

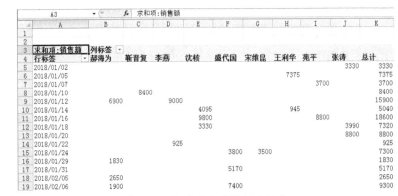

图 5-20　添加报表字段快捷菜单　　　　图 5-21　初步建立的数据透视表

> 【提示】
>
> 　　设置数据透视表字段时，也可以用鼠标将所需字段从"数据透视表字段列表"中直接拖曳到相应区域。如果放置错了，可以重新拖曳到正确的区域。如果要删除数据透视表中的某个字段，将其拖曳到"数据透视表字段列表"窗格之外即可。

这时的数据透视表将销售额数据横向按日期、纵向按业务员姓名顺序显示出来，以便直观地进行比较分析。

❸ 组合数据透视表内的数据项

有些数据在分析过程中需要进行组合。如日期数据，可能需要按照周、月、季度或年等不同周期进行汇总；又如省市数据，可能需要按照一定范围合并成地区数据等。这些可以通过 Excel 的组合数据项功能实现。例如，将图 5-21 所示的数据透视表中的"日期"字段组合成月份，操作步骤如下。

① 打开"分组"对话框。右键单击任意"日期"数值单元格，在弹出的快捷菜单中单击"创建组"命令，打开"分组"对话框，如图 5-22 所示。

② 指定分组步长。在"步长"列表框中选择"月"选项，单击"确定"按钮。组合数据项后的数据透视表如图 5-23 所示。

图 5-22　"分组"对话框

图 5-23　组合数据项后的数据透视表

提示

如果希望取消组合，可以选中这个组合后单击鼠标右键，在弹出的快捷菜单中单击"取消组合"命令，即可删除组合，将字段恢复到组合前的状态。

04 更改数据透视表的值显示方式

默认情况下，数据透视表都是按照"无计算"的普通方式显示汇总数据的，为了更清晰地分析数据间的相互关系，可以指定数据透视表以特殊的方式显示数据。例如，以"差异""百分比""差异百分比"等方式显示数据。当需要以特殊方式显示数据时，操作步骤如下。

① 打开"值字段设置"对话框。单击"数据透视表字段列表"窗格下方"数值"区域中的字段，在弹出的快捷菜单中单击"值字段设置"命令，打开"值字段设置"对话框。

提示

也可以右键单击数据透视表中任意数值单元格，在弹出的快捷菜单中单击"值字段设置"命令。

② 选择"值显示方式"选项卡。单击"值显示方式"选项卡，"值字段设置"对话框将显示"值显示方式""基本字段"和"基本项"等选项。

③ 指定所需的数据显示方式。在"值显示方式"列表框中选择所需显示方式，显示方式包括"无计算""全部汇总百分比""列汇总的百分比""行汇总的百分比""百分比""差异""差异百分比"等，如图 5-24 所示。选定所需的值显示方式，假设选择"差异"，系统会显示有关"差异"显示方式所需指定的"基本字段"和"基本项"列表框，如图 5-25 所示。

图 5-24 "值显示方式"列表框

图 5-25 "基本字段"和"基本项"列表框

④ 指定"基本字段"和"基本项"。因为指定的是"差异"显示方式，所以需要具体指定差异的比较对象。此处选择"基本字段"为"日期"，"基本项"为"（上一个）"，单击"确定"按钮。

> **提示**
>
> 也可以右键单击数据透视表中任意数值单元格，在弹出的快捷菜单中单击"值显示方式">"差异"命令，打开"值显示方式"对话框。然后在"基本字段"下拉列表中选择"日期"选项，在"基本项"下拉列表中选择"（上一个）"选项，如图 5-26 所示。最后单击"确定"按钮。
>
>
>
> 图 5-26 "值显示方式"对话框

按差异显示的数据透视表如图 5-27 所示。表中显示的数据为当前月与上个月销售额的差额，其中 1 月的销售额数据为空。

求和项:销售额 列标签	郝海为	靳晋复	李燕	沈核	盛代国	宋维昆	王利华	苑平	张涛	总计
行标签										
1月										
2月	-4180	-4375	1960	-6180	-1570	1330	-3420	-4730	-5770	-26935
3月	6430	4345	-4285	-45	-3790	10	2950	630	4450	10695
4月	-1730	2505	3500	6040	5590	-770	-3595	400	-2090	9850
5月	3700	3575	-3780	1510	-5210	3805	-55	600	248	4393
6月	-3950	-6550	737	600	11395	-3695	-130	3220	3142	4769
7月	7758	7720	2923	-5050	-7785	11220	4255	4215	-12320	12936
8月	-8338	-4120	1514	2050	12950	4530	-1305	-5320	5720	7681
9月	2280	9020	-3044	-5050	-11200	-7680	2230	-2015	-5090	-20549
10月	610	-7551	-200	5700	2350	1050	3000	1500	15955	22414
11月	-1810	-1629	2250	-970	8160	2900	700	400	-15595	-5594
12月	2364	9990	-2300	11520	6960	-3170	-3750	3935	12230	37779
总计										

图 5-27 按差异显示的数据透视表

> **注意**
>
> 如果希望将值显示方式恢复为初始状态，即"无计算"显示状态，可以右键单击数据透视表中的某数值单元格，在弹出的快捷菜单中单击"值显示方式">"无计算"命令。

⑤ 隐藏和显示行总计或列总计

为了便于查看汇总数据，创建好的数据透视表默认都是带着行总计或列总计的。如果不希望显示行总计或列总计，可以将其隐藏；反之，也可以将隐藏的行总计或列总计显示出来。

1. 隐藏行总计或列总计

操作步骤如下。

① 打开"数据透视表选项"对话框。右键单击数据透视表中的任意数值单元格，在弹出

的快捷菜单中单击"数据透视表选项"命令，打开"数据透视表选项"对话框。

②设置显示内容。单击"汇总和筛选"选项卡，取消选中"显示列总计"或"显示行总计"复选框，本例取消选中"显示列总计"复选框，如图 5-28 所示。

③确认设置。单击"确定"按钮，结果如图 5-29 所示。

图 5-28　"数据透视表选项"对话框

图 5-29　取消列总计后的数据透视表

求和项:销售额	业务员								
日期	郝海为	靳晋复	李燕	沈核	盛代国	宋维昆	王利华	范平	张涛	总计
1月										
2月	-4180	-4375	1960	-6180	-1570	1330	-3420	-4730	-5770	-26935
3月	6430	4345	-4285	-45	-3790	10	2950	630	4450	10695
4月	-1730	2505	3500	6040	5590	-770	-3595	400	-2090	9850
5月	3700	3575	-3780	1510	3805	-55	600	248	4393	
6月	-3950	-6550	737	600	11395	-3695	-130	3220	3142	4769
7月	7758	7720	2923	-5050	-7785	11220	4255	4215	-12320	12936
8月	-8338	-4120	1514	12950	12950	4530	-1305	-5320	5720	7681
9月	2280	9020	-3044	-5050	-11200	-7680	2230	-2015	-5090	-20549
10月	610	-7551	-200	5700	2350	1050	3000	1500	15955	22414
11月	-1810	-1629	2250	-970	8160	2900	700	400	-15595	-5594
12月	2364	9990	-2300	11520	6960	-3170	-3750	3935	12230	37779

提示

还可以使用命令取消两者中的一个或全部，方法是：在"数据透视表工具"上下文选项卡"设计"子卡的"布局"命令组中，单击"总计"命令，然后在弹出的下拉菜单中单击所需的命令。如果单击"对行和列禁用"命令，将同时取消行、列总计的显示；如果单击"仅对行启用"或"仅对列启用"命令，将隐藏列总计或行总计的显示。

2. 显示行总计或列总计

显示行总计或列总计的操作方法是在图 5-28 所示的"数据透视表选项"对话框中，勾选"显示列总计"或"显示行总计"复选框；或者在"数据透视表工具"上下文选项卡"设计"子卡的"布局"命令组中，单击"总计"命令，然后根据显示需要在弹出的下拉菜单中单击"对行和列启用"、"仅对行启用"或"仅对列启用"命令。

06　在数据透视表中添加、删除、移动字段

数据透视表的编辑与一般工作表的编辑不同，不允许在数据透视表中间插入、删除或修改数据，但可以根据需要插入、删除、移动行字段、列字段或数值字段。例如，需要分析不同业务员的销售数据的产品品牌情况，可以在图 5-23 所示的数据透视表中，将"行标签"中的"日期"字段删除，然后将"业务员"字段移动到"行标签"区，再将"产品品牌"字段添加到"列标签"区，操作步骤如下。

①删除"日期"字段。取消选中"数据透视表字段列表"窗格中"日期"字段名复选框。

提示

要删除"日期"字段，可以直接单击"行标签"中的"日期"字段名，在弹出的快捷菜单中单击"删除字段"命令；也可以用鼠标将"行标签"区域中的"日期"字段直接拖曳到"数据透视表字段列表"窗格之外；还可以直接在数据透视表中右键单击行标签列中任意单元格，在弹出的快捷菜单中单击"删除日期"命令。

②移动"业务员"字段到"行标签"区。用鼠标将"列标签"区域中的"业务员"字段直接拖曳到"行标签"区域中。

③添加"产品品牌"到"列标签"区域。用鼠标将"产品品牌"字段直接拖曳到"列标签"区域。调整后的数据透视表如图 5-30 所示。

> 💡 **提示**
>
> 要添加"产品品牌"到"列标签"区域，也可以右键单击"产品品牌"字段名，在弹出的快捷菜单中单击"添加到列标签"命令。

07 排列数据透视表中指定字段的次序

使用数据透视表分析数据时，有时希望按某个字段排序。例如，希望得到业务员的销售业绩排名，即在图 5-30 所示的数据透视表中，对业务员销售的每种产品的业绩进行排名。利用值显示方式中的"升序排列"或"降序排列"命令可以实现这样的排名。操作步骤如下。

①打开"值显示方式"对话框。右键单击数据透视表中的任意数值单元格，在弹出的快捷菜单中单击"值显示方式"＞"降序排列"命令，打开"值显示方式"对话框。

②设置降序排列的基本字段。单击"基本字段"下拉箭头，在弹出的下拉列表中选择"业务员"选项。

③确认设置。单击"确定"按钮，结果如图 5-31 所示。

图 5-30　调整后的数据透视表

图 5-31　业务员销售业绩排名结果

08 改变数据透视表的显示格式

数据透视表的显示格式有三种，分别为压缩形式、大纲形式和表格形式，如图 5-32 所示。

(a) 压缩形式　　　　　(b) 大纲形式　　　　　(c) 表格形式

图 5-32　三种显示格式

以压缩形式显示：Excel 将多个行标签字段压缩到一列中。默认情况下，所有数据透视表都使用压缩形式。压缩形式的布局适合使用"展开"和"折叠"按钮。如果右键单击最内层字段中的一个单元格，并单击"展开/折叠">"展开整个字段"命令，打开"显示明细数据"对话框，可以添加新的最内层行字段。

以大纲形式显示：默认情况下，大纲形式和压缩形式会将分类汇总移到每组的顶部。可以使用"设计"选项卡中的"分类汇总"下拉菜单，将分类汇总移到每组的底部。

以表格形式显示：在此种形式中，分类汇总不会出现在组的顶部。若要将结果复制到工作表其他地方，表格形式是最好的选择。

设置数据透视表的显示格式的方法是：在"数据透视表工具"上下文选项卡"设计"子卡的"布局"命令组中，单击"报表布局"命令，在弹出的下拉菜单中单击所需的显示形式命令。

5.1.4　延伸知识点

❶ 调整数据透视表字段的布局

在图 5-23 所示的数据透视表中，"日期"是行字段，数据按行方向显示；而"业务员"是列字段，数据按列方向显示。"销售额"是数值项，进行分类汇总计算。事实上，还可以设置某个字段为报表筛选字段，使有关数据项按类分页显示。在实际应用中可以随时根据分析的需要，调整数据透视表字段的布局。例如，分析比较每种产品不同业务员不同时期的销售情况，可以设置数据透视表为每页显示一种产品的销售情况。即将"产品品牌"设置为报表筛选字段，使其按页方式显示。具体方法是直接在"数据透视表字段列表"窗格中，用鼠标将"产品品牌"字段拖曳到"报表筛选"区域，结果如图 5-33 所示。

	A	B	C	D	E	F	G	H	I	J	K
1	产品品牌	(全部)									
2											
3	求和项:销售额	列标签									
4	行标签	郝海为	靳晋复	李燕	沈核	盛代国	宋维昆	王利华	苑平	张涛	总计
5	1月	8730	8400	9925	17225	8970	3500	8320	12500	16120	93690
6	2月	4550	4025	11885	11045	7400	4830	4900	7770	10350	66755
7	3月	10980	8370	7600	11000	3610	4840	7850	8400	14800	77450
8	4月	9250	10875	11100	17040	9200	4070	4255	8800	12710	87300
9	5月	12950	14450	7320	18550	3990	7875	4200	9400	12958	91693
10	6月	9000	7900	8057	19150	15385	4180	4070	12620	16100	96462
11	7月	16758	15620	10980	14100	7600	15400	8325	16835	3780	109398
12	8月	8420	11500	12494	16150	20550	19930	7020	11515	9500	117079
13	9月	10700	20520	9450	11100	9350	12250	9250	9500	4410	96530
14	10月	11310	12969	9250	16800	11700	13300	12250	11000	20365	118944
15	11月	9500	11340	11500	15830	19860	16200	12950	11400	4770	113350
16	12月	11864	21330	9200	27350	26820	13030	9200	15335	17000	151129
17	总计	124012	147299	118761	195340	144435	119405	92590	135075	142863	1219780

图 5-33　按页方式显示产品的销售情况

通过调整数据透视表字段的不同布局，可以构建灵活多样的报表，展示数据不同的分析结果。当需要重新进行字段布局时，可以通过前面介绍的插入、删除字段的方法重新设置，而更简单的方法是用鼠标拖曳相应字段到指定位置。当用鼠标拖曳某个字段到窗格中不同的报表区域时，鼠标指针的形状会发生变化，分别表示该字段将按照行字段、列字段、报表筛选字段或数值项显示。这时如果放开鼠标左键，该字段则会改为相对应的字段。鼠标指针形状说明如图 5-34 所示。

❷ 更改数据透视表的值汇总方式

默认情况下，数据透视表对于数值型字段

| 行字段 | 列字段 | 报表筛选字段 | 数值字段 | 删除 |

图 5-34　鼠标指针形状说明

总是按"求和"方式进行汇总，而对非数值型字段则按"计数"方式进行汇总。实际应用中可以根据需要使用其他函数，如"平均值""最大值""最小值"等。更改数据透视表的值汇总方式的操作步骤如下。

① 打开"值字段设置"对话框。单击"数据透视表字段列表"窗格下方"数值"区域中的字段，在弹出的快捷菜单中单击"值字段设置"命令，打开"值字段设置"对话框，如图 5-35 所示。

图 5-35 "值字段设置"对话框

> **提示**
>
> 也可以右键单击数据透视表中任意数值单元格，在弹出的快捷菜单中单击"值字段设置"命令。还可以选定数据透视表中的任意数值单元格，在"数据透视表工具"上下文选项卡"选项"子卡的"活动字段"命令组中，单击"字段设置"命令。

② 选择计算类型。根据需要在"值字段设置"对话框的"值汇总方式"选项卡下"计算类型"列表框中选定所需的计算函数。数据透视表的汇总方式包括了"求和""计数""平均值""最大值""最小值""乘积""数值计数""标准偏差""总体标准偏差""方差""总体方差"等计算函数。

③ 单击"确定"按钮，数据透视表将自动按照指定的函数重新进行计算。

> **提示**
>
> 如果单纯选择计算函数，也可在数据透视表中选定任意数值单元格后，直接单击"数据透视表工具"上下文选项卡"选项"子卡"计算"命令组的"按值汇总"命令，选择所需的计算函数。或者右键单击数据透视表中任意数值单元格，在弹出的快捷菜单中单击"值汇总依据"命令，然后选择所需的计算函数。

⑬ 排序和筛选数据透视表中的数据

1. 对字段项进行排序

数据透视表的排序主要针对行字段和列字段。从图 5-33 中可以看出，数据透视表中的列字段"业务员"从左到右是按字母排序的。如果需要，可以对数据透视表重新进行排序。例如，可以按"业务员"的姓氏笔划排序。操作步骤如下。

① 打开"排序"对话框。右键单击列标签行上的任意单元格，在弹出的快捷菜单中单击"排序">"其他排序选项"命令，打开"排序"对话框。

② 打开"其他排序选项"对话框。单击"其他选项"按钮，打开"其他排序选项"对话框。

③ 设置按笔划排序。取消选中"自动排序"下的"每次更新报表时自动排序"复选框，单击"方法"下的"笔划排序"单选按钮，设置结果如图 5-36 所示。

图 5-36 "其他排序选项"对话框

④ 确认设置。单击"确定"按钮，返回"排序"对话框，单击"确定"按钮，完成排序。

排序是行、列字段分别按行、列方向排序。也可以用手工拖曳方法调整指定字段的顺序。虽然默认情况下，不可以对数据透视表的字段进行上下左右拖曳，但对于字段下属的各个项，则可按住鼠标左键直接拖曳到合适的位置。

2. **对字段项进行筛选**

在数据透视表中还可以方便地进行多种不同形式的筛选，既可以按字段筛选，又可以按值筛选。例如，图 5-33 所示的数据透视表，可以设置按"行标签"筛选，只显示 12 月份的数据；也可以设置"列标签"和"报表筛选"的筛选。操作方法与一般工作表类似，直接单击筛选按钮，在弹出的下拉列表中定义需要筛选的条件。

> **注意**
>
> 虽然数据透视表的"行标签"、"列标签"及"报表筛选"区域均提供了筛选功能，但对于数值区域，并未提供可直接进行筛选的下拉列表来实现对数值的筛选。

04 刷新数据透视表内的数据

数据透视表是一种只读工作表，不可以修改数据透视表中的数据。如果数据有误，也只能修改数据源，然后通过刷新命令，使数据透视表更新为正确的数据。如果数据透视表中的数据源发生改变，为实现与数据透视表相匹配，也需要通过刷新命令，更新数据透视表中的数据。刷新数据透视表的操作方法是：右键单击数据透视表数据区域中的任意数值单元格，在弹出的快捷菜单中单击"刷新"命令。

> **注意**
>
> 在工作表中进行了相关数据的更改和编辑后，通常需要手动刷新数据透视表。若要使数据透视表能够自动更新，操作步骤如下。
>
> ① 打开"数据透视表选项"对话框。
>
> ② 设置显示内容。单击"数据"选项卡，勾选"打开文件时刷新数据"复选框，如图 5-37 所示，单击"确定"按钮。

图 5-37　"数据透视表选项"对话框

05 分页显示数据透视表的数据

对于按页方式显示的数据透视表，还可以根据需要为每一页创建独立的工作表。例如，若详细分析图 5-33 所示表格中每种产品的销售情况，需要将所有产品的销售数据打印出来。这时就可以利用 Excel 提供的"显示报表筛选页"命令，将数据透视表中不同报表筛选字段的内容显示在不同的工作表中，然后通过工作表标签选择需要显示或打印的数据透视表。操作步骤如下。

① 选定数据透视表数据区域中的任意数值单元格。

② 打开"显示报表筛选页"对话框。在"数据透视表工具"上下文选项卡"选项"子卡的"数据透视表"命令组中，单击"选项">"显示报表筛选页"命令，打开"显示报表筛选页"对话框。

③ 选择报表筛选页字段。选定要显示的报告筛选页字段"产品品牌"，如图 5-38 所示。单击"确定"按钮，结果如图 5-39 所示。

图 5-38　"显示报表筛选页"对话框

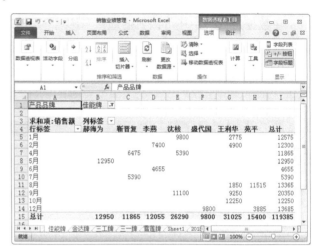

图 5-39　分页显示的数据透视表结果

从图 5-39 可以看出，Excel 在当前工作簿中为报表筛选字段的每一项创建了一个新工作表，并按各项的名称命名工作表，每个工作表包含报表筛选字段里数据透视表的内容。

 注意

进行分页显示的前提条件是数据透视表中至少有一个报表筛选字段。

06 显示数据透视表中的明细数据

默认情况下，数据透视表显示的是经过分类汇总后的汇总数据。如果需要了解其中某个汇总信息的具体来源，可以使数据透视表显示该数据对应的明细数据。显示明细数据有以下两种方法。

（1）使用快捷菜单命令。右键单击需要显示明细数据的原数据所在单元格，在弹出的快捷菜单中单击"显示详细信息"命令。

（2）使用鼠标。直接双击该单元格。

无论使用上述哪一种方法，系统都会自动创建一个新的工作表，显示该汇总数据的细节。当然，一般情况下第二种方法更为方便和直观。

07 调整数据透视表的样式

在创建数据透视表时，Excel 会自动套用一种默认的样式。但是为了使表格更加美观、醒目、规范或重点突出，也为了能够满足企业管理者更多的管理需求和企业文化需要，经常会用到另一种样式。

调整数据透视表样式的操作方法是：首先单击数据透视表区域的任意数值单元格；然后在"数据透视表工具"上下文选项卡"设计"子卡的"数据透视表样式"命令组中，单击某一种样式。

注意

在"数据透视表样式"命令中，系统给出了浅色、中等深浅和深色三类几十种样式，如图 5-40 所示。可以在有关样式基础上进一步选择是否应用行标签、列标签、镶边行和镶边列等选项。

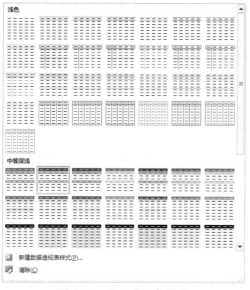

图 5-40 数据透视表样式

技巧

如果经常使用同一种样式，可以将此样式设置为默认样式。操作方法是：在"数据透视表工具"上下文选项卡"设计"子卡的"数据透视表样式"命令组中，右键单击某一种样式，然后在弹出的快捷菜单中单击"设为默认值"命令。但应注意，此设置仅对当前工作簿有效。

5.1.5 独立实践任务

◆ **任务背景**

凯撒文化用品公司有 8 名销售员，主要负责公司办公用品的销售工作。每个月销售部都会将销售人员的销售信息记录在"销售情况表"中，如图 5-41 所示。现在公司管理者希望能够更加全面地分析销售员的销售情况，以及办公用品的出货情况，因此需要通过建立数据透视表来进行统计和分析。

	A	B	C	D	E	F	G	H	I
1	序号	销售员	销售日期	货号	商品	订货单位	单价	数量	销售额
2	0017	蒙继炎	2018/01/02	JD70B5	A5手账本笔记本	天缘商场	5	1000	5000
3	0018	王丽	2018/01/05	JN70B5	水彩笔绘画套装工具	白云出版社	9	100	900
4	0019	梁鸿	2018/01/05	SG70A3	长激光笔	蓝图公司	38	20	760
5	0020	刘尚武	2018/01/07	JD70B5	A5手账本笔记本	天缘商场	5	1000	5000
6	0021	朱强	2018/01/10	SY80B5	办公笔记本	星光出版社	17	40	680
7	0022	丁小飞	2018/01/12	XL70A3	多孔插座	海天公司	230	30	6900
8	0023	孙宝彦	2018/01/12	JD70A4	A5手账本笔记本	期望公司	5	500	2500
9	0024	张港	2018/01/14	JD70B4	A5手账本笔记本	白云出版社	5	100	500
10	0017	蒙继炎	2018/01/14	XL70B5	电话机	蓓蕾商场	40	100	4000
11	0018	王丽	2018/01/16	JN80A3	水彩笔绘画套装工具	天缘商场	9	2000	18000
12	0019	梁鸿	2018/01/16	JD70A4	A5手账本笔记本	开心公司	5	1000	5000
13	0020	刘尚武	2018/01/18	JD70B5	A5手账本笔记本	蓓蕾商场	5	1000	5000

图 5-41 销售情况表

● **任务要求**

根据图 5-41 所示的销售情况表，按以下要求完成相应的操作。

（1）分析每名销售员不同季度商品的销售总额。

（2）以（1）所建数据透视表为基础，分析每名销售员与销售业绩最好（累计销售额最高）的销售员的业绩差异。

（3）分析每种商品的出货情况，包括订货单位、数量及金额。

（4）按商品将排名前 3 位销售员的销售业绩分别显示在不同的工作表中。

● **任务效果参考图**

求和项:销售额	列标签								
行标签	丁小飞	梁鸿	刘尚武	蒙继炎	孙宝彦	王丽	张港	朱强	总计
第一季	63500	19420	11791	23980	17925	36705	6910	10680	190911
第二季	50662	15900	11010	57100	12880	17000	24050	5308	193910
第三季	71337	15514	12864	7465	52220	27250	17410	53148	257208
第四季	49260	31008	19003	21800	17600	21280	85500	24610	270061
总计	234759	81842	54668	110345	100625	102235	133870	93746	912090

每名销售员不同季度商品的销售总额

求和项:销售额	列标签				
行标签	第一季	第二季	第三季	第四季	总计
丁小飞					
梁鸿	-44080	-34762	-55823	-18252	-152917
刘尚武	-51709	-39652	-58473	-30257	-180091
蒙继炎	-39520	6438	-63872	-27460	-124414
孙宝彦	-45571	-37782	-19117	-31660	-134134
王丽	-26795	-33662	-44087	-27980	-132524
张港	-56590	-26612	-53927	36240	-100889
朱强	-52820	-45354	-18189	-24650	-141013
总计					

每名销售员与销售业绩最好的销售员的销售差异

商品名称	订货单位	订货数量	订货金额
⊟ A5手账本笔记本	白云出版社	550	2750
A5手账本笔记本	蓓蕾商场	9500	47500
A5手账本笔记本	海天公司	340	1700
A5手账本笔记本	开心商场	4100	20500
A5手账本笔记本	蓝图公司	755	3775
A5手账本笔记本	明月商场	2000	10000
A5手账本笔记本	期望公司	990	4950
A5手账本笔记本	天缘商场	19000	95000
A5手账本笔记本	星光出版社	1010	5050
A5手账本笔记本 汇总		38245	191225
⊟ 办公笔记本	白云出版社	391	6647
办公笔记本	蓓蕾商场	2800	47600
办公笔记本	海天公司	250	4250
办公笔记本	开心商场	2200	37400
办公笔记本	蓝图公司	390	6630
办公笔记本	明月商场	2200	37400
办公笔记本	期望公司	100	1700
办公笔记本	天缘商场	13900	236300
办公笔记本	星光出版社	440	7480
办公笔记本 汇总		22671	385407
⊟ 打孔机	白云出版社	18	234
打孔机	蓓蕾商场	127	1651
打孔机	海天公司	20	260
打孔机	蓝图公司	50	650
打孔机	期望公司	440	5720
打孔机	天缘商场	20	260
打孔机	星光出版社	61	793
打孔机 汇总		736	9568

每种商品的出货情况

按商品分页显示排名前 3 位销售员的销售业绩

● **任务分析**

本任务的 4 个题目均应使用数据透视表来进行分析。创建数据透视表时要注意合理地设置行标签字段、列标签字段、数值字段和报表筛选字段，尽可能选择简单、直观的方法建立数据透视表。按照要求，题目（2）应在题目（1）的基础上进行编辑，再以找出销售额最高的销售员为基本项，设置值显示方式。题目（3）与其他 3 个题目的主要区别在于报表的显示形式、字段名的显示及字段重复项的显示等方面有所不同，需要进一步设置。而题目 4 则要求分页显示数据，因此应设置报表筛选字段，并执行相关命令将报表筛选字段的每个值统计的结果显示在不同工作表中，并且只显示排名前 3 位的销售员销售信息。可以使用筛选功能筛选出排名前 3 位的销售员。

5.1.6 课后练习

1. 填空题

（1）在 Excel 中，由于数据透视表具有只读特性，因此不能直接_____。

（2）创建数据透视表应在_____选项卡的"表格"命令组中，单击"数据透视表"命令。

（3）在数据透视表的"报表筛选"字段中，如果希望选择多个选项，应勾选_____复选框。

（4）显示数据透视表中某个汇总数据的明细数据，最简单的操作方法是_____。

（5）在数据透视表中，除可以使用字段设置筛选条件外，还可以使用_____筛选要分析的数据。

2. 单选题

（1）下列关于 Excel 数据透视表特性的叙述中，错误的是（　　）。

　A. Excel 数据透视表具有三维特性

　B. Excel 数据透视表具有只读特性

　C. Excel 数据透视表中的数据不能更新

　D. Excel 数据透视表可设置不同的格式

（2）在数据透视表中，双击数据区域中的某个数据（　　）。

　A. 将会进入编辑模式　　　　B. 将会建立新工作表

　C. 将会进入插入模式　　　　D. 将会显示明细数据

（3）在数据透视表中，不能设置筛选条件的是（　　）。

　A. 报表筛选字段　　　　　　B. 列字段

　C. 行字段　　　　　　　　　D. 数值字段

（4）对于数据透视表不能进行的操作是（　　）。

　A. 编辑　　　　B. 排序　　　　C. 筛选　　　　D. 刷新

（5）数据透视表的报表布局形式不包含（　　）。

　A. 表单形式　　B. 表格形式　　C. 压缩形式　　D. 大纲形式

3. 简答题

（1）数据透视表具有何种特性？

（2）创建数据透视表的关键步骤是什么？

（3）如何查看数据透视表中汇总数据的明细数据？

（4）数据透视表中可以对哪种数据字段设置组合？

（5）如何隐藏分类汇总数据？

任务 5.2 制作销售情况动态分析图——Excel 数据透视图的创建及切片器的应用

5.2.1 任务导入

● 任务背景

成文文化用品公司的主要业务之一是销售各种复印纸,公司管理者特别希望以直观、灵活的方式,来了解每名业务员的销售情况以及销售变化趋势,以便对销售进行更深入的分析。因此需要创建带有交互操作功能的数据透视图,来动态显示销售信息。

● 任务要求

根据"销售情况表"的数据,制作:

(1)动态显示某业务员每季度累计销售额图表;

(2)动态显示某业务员每季度累计销售额的变化趋势图表。

● 任务效果参考图

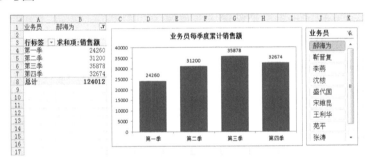

动态显示某业务员每季度累计销售额

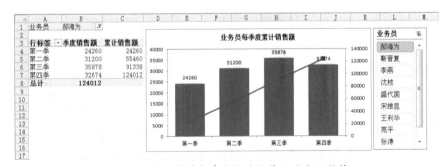

动态显示某业务员每季度累计销售额的变化趋势

● 任务分析

应用图表是展示数据最直观、有效的手段。一组数据的各种特征、发展变化趋势或多组数据之间的相互关系都可以通过图表一目了然地反映出来。Excel 为数据透视表提供了配套的数据透视图，任何时候都可以方便地将数据透视表的数据以数据透视图[01]的形式展示。为了能够直观、动态地查看销售统计数据和销售变化趋势，可以使用 Excel 提供的数据透视图和切片器建立动态数据透视图。

5.2.2 模拟实施任务

打开工作簿

1 启动 Excel，单击"文件">"打开"命令，打开"打开"对话框。在左窗格中找到文件所在的位置，在右窗格中找到需要打开的"销售业绩管理"工作簿文件，双击该文件名。"销售业绩管理"工作簿中有多个工作表，其中"销售情况表"包含了全年的销售数据。

创建计算业务员每季度累计销售额的数据透视图

2 单击"销售情况表"工作表标签，选定数据区域中任意单元格。在"插入"选项卡的"表格"命令组中，单击"数据透视图"命令[02]，打开"创建数据透视表及数据透视图"对话框。单击"确定"按钮，即建立了数据透视表和数据透视图框架，如图 5-42 所示。

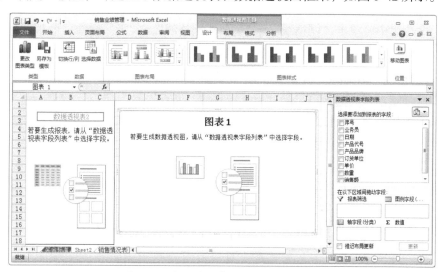

图 5-42 数据透视表和数据透视图框架

3 将"数据透视表字段列表"中的"业务员""日期"和"销售额"字段分别拖曳到"报表筛选"、"轴字段"和"数值"区域，初步创建结果如图 5-43 所示。

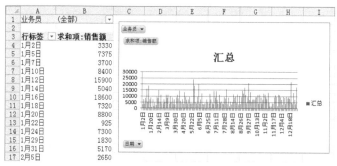

图 5-43 初步创建的数据透视表和数据透视图

4 右键单击数据透视表"日期"列任意单元格，在弹出的快捷菜单中单击"创建组"命令，然后在打开的"分组"对话框的"步长"列表框中选择"季度"选项，取消选中"日"复选框，单击"确定"按钮，结果如图 5-44 所示。

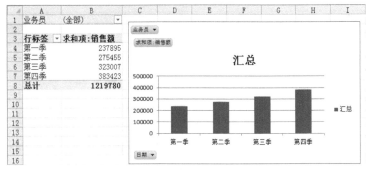

图 5-44　每季度累计销售额

修饰业务员每季度累计销售额的数据透视图

5 删除图例，然后右键单击某字段按钮，在弹出的快捷菜单中单击"隐藏图表中的所有字段按钮"命令[03]。选定网格线，在"数据透视图工具"上下文选项卡"布局"子卡的"坐标轴"命令组中，单击"网格线" > "主要横网格线" > "无"命令，取消网格线。

6 双击绘图区，打开"设置绘图区格式"对话框，在左侧选择"边框颜色"选项，在右侧选择"实线"单选按钮，单击"关闭"按钮。

7 选定图表标题，输入业务员每季度累计销售额，并设字号为"12"。

8 双击某一数据系列，在打开的"设置数据系列格式"对话框左侧选择"系列选项"选项，在右侧用鼠标将"分类间距"的滑块移至 50% 位置，单击"关闭"按钮。在"数据透视图工具"上下文选项卡"布局"子卡的"标签"命令组中，单击"数据标签" > "数据标签外"命令。修饰后的数据透视图如图 5-45 所示。

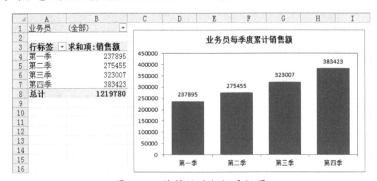

图 5-45　修饰后的数据透视图

设置按业务员动态显示每季度累计销售额

9 选定数据透视图，在"数据透视图工具"上下文选项卡"分析"子卡的"数据"命令组中，单击"插入切片器" > "插入切片器"命令[04]，打开"插入切片器"对话框。勾选"业务员"复选框，如图 5-46 所示。单击"确定"按钮，更改和移动切片器的大小和位置，结果如图 5-47 所示。

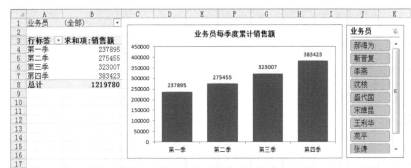

图 5-46 "插入切片器"对话框   图 5-47 加入切片器后的数据透视图

此时在业务员列表中选定某一业务员姓名，数据透视表及数据透视图均会显示该业务员每季度的累计销售额。图 5-48 所示为"郝海为"业务员的每季度累计销售额。

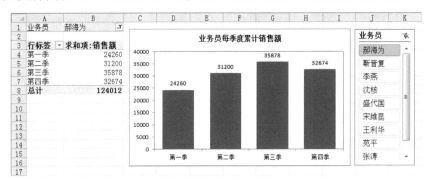

图 5-48 "郝海为"业务员每季度的累计销售额

生成某业务员每季度累计销售额的变化趋势图

10 选定图 5-48 所示的数据透视图。在"数据透视图工具"上下文选项卡"分析"子卡的"显示和隐藏"命令组中，单击"字段列表"命令，显示"数据透视表字段列表"[05]区域。

11 将"销售额"字段再次拖曳到"数值"区域[06]，如图 5-49 所示。

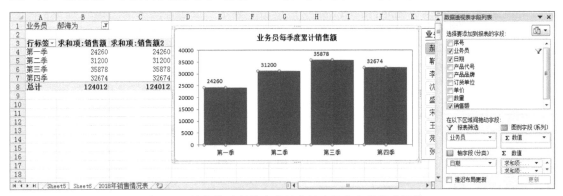

图 5-49 添加辅助数值字段的数据透视表和数据透视图

12 在数据透视表中右键单击"求和项：销售额2"字段列任意数值单元格，在弹出的快捷菜单中单击"值显示方式">"按某一字段汇总"命令，打开"值显示方式"对话框。在"基本字段"下拉列表中选择"日期"选项，单击"确定"按钮。结果如图 5-50 所示。

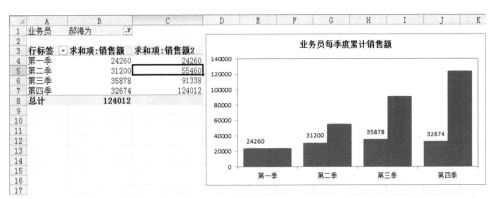

图 5-50　更改"求和项：销售额 2"字段值显示方式后的数据透视图

🔟 双击"求和项：销售额 2"数据系列，打开"设置数据系列格式"对话框。在对话框左侧选择"系列选项"选项，在右侧选择"系列绘制在"区域中的"次坐标轴"[07]选项。单击"关闭"按钮，结果如图 5-51 所示。

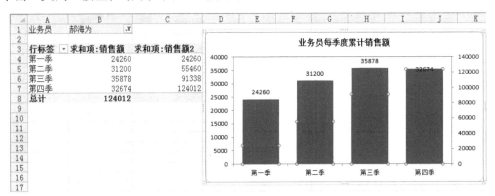

图 5-51　更改"求和项：销售额 2"字段系列绘制区域后的数据透视图

🔟 右键单击"求和项：销售额 2"数据系列，在弹出的快捷菜单中单击"更改数据系列图表类型"命令，打开"更改图表类型"对话框。在对话框左侧选择"折线图"选项，在右侧选择"带数据标记的折线图"选项，单击"确定"按钮，结果如图 5-52 所示。

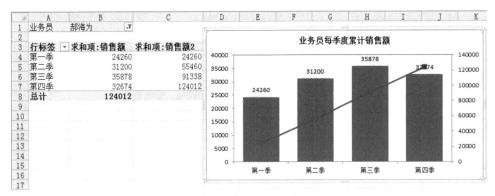

图 5-52　更改图表类型后的数据透视图

🔟 双击"求和项：销售额"单元格，打开"值字段设置"对话框，在"自定义名称"文本框中输入季度销售额；使用相同的方法将"求和项：销售额 2"单元格内容改为"累计销售额"。最终结果如图 5-53 所示。

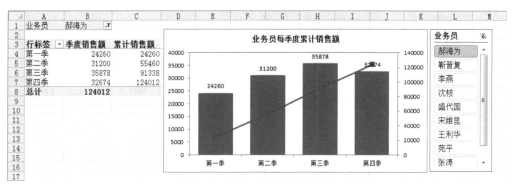

图 5-53　动态显示某业务员每季度累计销售额变化趋势的数据透视图

5.2.3　拓展知识点

ⓞⓝ 认识数据透视图

数据透视图具有数据透视表的基本特性，它以图表方式进行数据汇总和分析。应用图表是展示数据最直观、有效的手段。一组数据的各种特征、发展变化趋势或多组数据之间的相互关系都可以通过图表一目了然地反映出来。Excel 为数据透视表提供的配套的数据透视图，任何时候都可以方便地将数据透视表的数据以数据透视图的形式展示。数据透视图与一般图表的操作差异较小，主要表现在：一是在数据透视图中可创建的图表类型有一定限制，不能创建散点图、气泡图和股价图 3 种图表；二是数据透视图具有良好的交互性，可以在数据透视图上直接对字段进行重新布局，从不同角度直观地透视、分析数据。

ⓞⓩ 创建数据透视图

创建数据透视图有两个途径：一是根据当前的数据透视表创建；二是在 Excel 数据列表及外部数据源基础上创建。

1. 根据当前的数据透视表创建

根据图 5-54 所示的数据透视表创建数据透视图，具体操作步骤如下。

	A	B	C	D	E	F	G	H	I	J	K
1											
2											
3	求和项:销售额	列标签									
4	行标签	郝海为	靳晋复	李燕	沈核	盛代国	宋维昆	王利华	苑平	张涛	总计
5	佳能牌	12950	11865	12055	26290	9800		31025	15400		119385
6	金达牌	41550	48945	33835	81375	70045	52620	12395	79290	44630	464685
7	三工牌	7420	33780	20700	66045	14370	15525	9770	13660	35385	221595
8	三一牌	25710	37400		4830	27990	9020	4200	8400	25790	143340
9	雪莲牌	36382	15309	52171	16800	22230	42240	35200	13385	37058	270775
10	总计	124012	147299	118761	195340	144435	119405	92590	135075	142863	1219780

图 5-54　数据透视表

① 打开"插入图表"对话框。选定数据透视表，在"数据透视表工具"上下文选项卡"选项"子卡的"工具"命令组中，单击"数据透视图"命令，打开"插入图表"对话框。

② 选定图表类型。在该对话框中选定所需的图表类型，通常默认选项为"簇状柱形图"。

③ 创建数据透视表。单击"确定"按钮，即可建立数据透视图，如图 5-55 所示。

这时的数据透视图将按产品品牌分组，将数据系列按每名业务员的销售额累计值显示出来，并直观地进行比较分析。

创建数据透视图后，功能区将自动出现"数据透视图工具"上下文选项卡，包含"设计""布局""格式""分析"4个子卡。"数据透视表字段列表"窗格中的"行区域"和"列区域"也自动变换成"轴字段"和"图例字段"，数据系列则对应数据透视表的数值字段。

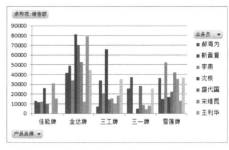

图 5-55　数据透视图

2. 在 Excel 数据列表及外部数据源基础上创建

数据透视图的数据源也可以是现有 Excel 数据列表或外部数据。具体操作步骤如下。

① 打开"创建数据透视表及数据透视图"对话框。选定数据区域中任意单元格，在"插入"选项卡的"表格"命令组中，单击"数据透视图"命令，打开"创建数据透视表及数据透视图"对话框。

② 选择要分析的数据并指定要放置数据透视图的位置。一般系统会自动识别并选定数据区域，如果要分析的数据区域与此有出入，可以在"表/区域"文本框内输入或编辑。可以选定新工作表放置数据透视表和数据透视图，也可以在现有工作表的指定位置上放置数据透视表和数据透视图，此时需在"位置"文本框中输入放置数据透视表位置的左上角单元格地址。这里保持默认选项，在新工作表中创建数据透视表。

③ 添加报表字段。将"数据透视表字段列表"中的相关字段拖曳到所需存放的区域。

⑩ 隐藏和显示数据透视图中的字段按钮

与数据透视表一样，Excel 的数据透视图也具有很好的交互功能，可以通过数据透视图中的字段按钮来进行交互操作。但有时为了使图表的显示更加清晰、重点更加突出，需要将字段按钮隐藏起来，必要时再将隐藏的字段按钮显示出来。

1. 隐藏字段按钮

隐藏字段按钮的操作方法是：右键单击图表中的某一字段按钮，弹出快捷菜单，根据需要选择合适的命令。如果只隐藏当前选定的字段按钮，单击"隐藏图表上的 XX 字段按钮"命令，其中"XX"为所选按钮的名称；如果隐藏所有字段按钮，单击"隐藏图表上的所有字段按钮"命令。将指定的字段按钮从图表中去掉的效果如图 5-56 所示。

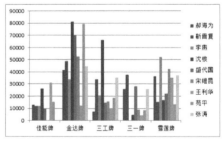

图 5-56　隐藏字段按钮后的数据透视图

2. 显示字段按钮

如果希望将隐藏的字段按钮显示出来，可以在"数据透视图工具"上下文选项卡"分析"子卡的"显示/隐藏"命令组中，单击"字段按钮"命令，在弹出的下拉菜单中，根据需要进行选择。若显示隐藏的全部按钮，则单击"全部隐藏"命令；若显示其中隐藏的某个或某些字段按钮，则勾选希望显示的字段按钮左侧的复选框，这样，系统会将相应的字段按钮显示在数据透视图中。

⑭ 切片器及应用

对数据透视表或数据透视图中的某些字段进行筛选以后，其内显示的只是筛选后的结果。

如果需要了解对哪些数据项进行了筛选，只能到该字段的下拉列表中去查看，因此很不直观。Excel 2010增加了"切片器"功能，每一个切片器对应数据透视表或数据透视图中的一个字段，其中包含了该字段中的所有数据项。它就像一个选择器，浮动于数据透视表和数据透视图之上，应用这个选择器可以对字段进行筛选操作，使用起来更加方便和灵活，也可以更加直观地查看到该字段所有数据项信息。"切片器"结构如图5-57所示。

1. 插入切片器

在数据透视图中插入切片器的操作步骤如下。

①打开"插入切片器"对话框。选定数据透视图，然后在"数据透视图工具"上下文选项卡"分析"子卡的"数据"命令组中，单击"插入切片器"＞"插入切片器"命令，打开"插入切片器"对话框。

> 🔈 **提示**
>
> 也可以在"插入"选项卡的"筛选器"命令组中，单击"切片器"命令。

②选择字段。在"插入切片器"对话框中，勾选要创建切片器的字段，如图5-58所示，单击"确定"按钮。

系统将在当前工作表上创建1个切片器，界面如图5-59所示。同时功能区也自动打开并切换到"切片器工具"上下文选项卡。应用该选项卡的命令可以对切片器的外观和样式等进行设置。

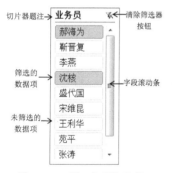

图 5-57　"切片器"结构

图 5-58　"插入切片器"对话框

图 5-59　切片器界面

> 🔈 **提示**
>
> 如果在数据透视表上插入切片器，可以在"数据透视表工具"上下文选项卡"选项"子卡的"排序和筛选"命令组中，单击"插入切片器"＞"插入切片器"命令。或者在"插入"选项卡的"筛选器"命令组中，单击"切片器"命令。系统会打开"插入切片器"对话框，然后在该对话框中进行相关设置。

插入了切片器后，可以方便地应用切片器对数据透视表或数据透视图进行筛选操作。例如，要查看业务员"郝海为"的销售情况，可以在切片器中单击相应的数据项。其中，切片器中选定的数据项将高亮显示。

2. 清除切片器

如果需要清除某个切片器设置的筛选条件，可以单击相应切片器右上角的"清除筛选器"按钮。如果不再使用某个切片器，可以在选定该切片器后，按【Delete】键删除指定的切片器。

05 显示和隐藏数据透视表字段列表

在 Excel 中创建了数据透视表或数据透视图以后，可以使用"数据透视表字段列表"来添加和删除字段。一般情况下，单击数据透视表区域中任意单元格或选定数据透视图，都会显示出"数据透视表字段列表"窗格，这时就可以对字段进行调整。但有时为了防止对已建数据透视表或数据透视图中的字段进行修改，需隐藏"数据透视表字段列表"窗格。

1. 隐藏"数据透视表字段列表"

操作步骤如下。

① 选定数据透视图。

② 隐藏"数据透视表字段列表"。在"数据透视图工具"上下文选项卡"分析"子卡的"显示 / 隐藏"命令组中，单击"字段列表"命令；或右键单击数据透视图，在弹出的快捷菜单中单击"隐藏字段列表"命令，即可隐藏"数据透视表字段列表"窗格。

> **提示**
>
> 如果在数据透视表中隐藏"数据透视表字段列表"，可以在"数据透视表工具"上下文选项卡"选项"子卡的"显示"命令组中，单击"字段列表"命令；或右键单击数据透视表任意单元格，然后在弹出的快捷菜单中单击"隐藏字段列表"命令，即可隐藏"数据透视表字段列表"窗格。

2. 显示"数据透视表字段列表"

使用功能区命令显示"数据透视表字段列表"的操作与隐藏完全相同。使用快捷菜单命令时，在弹出的快捷菜单中单击"显示字段列表"命令，即可显示出"数据透视表字段列表"窗格。

06 在数据透视图中添加字段

数据透视图具有"透视"和"只读"等特性，但是其他方面与一般图表一样，也可以进行编辑，如添加字段、删除字段等。而且对数据透视图所进行的有关操作，数据透视表也会自动同步变动。例如，在图 5-55 所示的数据透视图中，将"日期"字段作为报表筛选字段添加到数据透视图中。操作步骤如下。

① 选定数据透视图。

② 插入报表筛选字段。在"数据透视表字段列表"窗格中，将"日期"字段拖曳到"报表筛选"区，设置结果如图 5-60 所示。

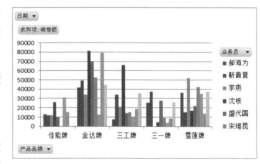

图 5-60　调整后的数据透视表

> **提示**
>
> 也可以右键单击"日期"字段名，在弹出的快捷菜单中单击"添加到报表筛选"命令。

数据透视图编辑好后，会与原来的数据透视表自动保持一致，可以继续进行各种分析。

07 设置双坐标轴并显示次坐标轴

Excel 图表的坐标轴有三类，即分类轴、数值轴和系列轴。通常数值轴显示数据系列的刻度。当图表中包含两个及两个以上的数据系列时，可以设置显示次坐标轴。次坐标轴的刻度反映相关联数据系列的值。因此，次坐标轴经常用来表现差异较大的两个数据系列。

例如，分析"销售情况表"的数据，显示每个季度的销售量及销售额。销售量使用柱形图显示，销售额使用折线图显示。操作步骤如下。

① 创建数据透视图。创建数据透视图时，设置轴字段为"日期"，"数值"字段为"数量"和"销售额"，结果如图 5-61 所示。

② 将销售额刻度值使用次坐标轴显示。双击"销售额"数据系列，在打开的"设置数据系列格式"对话框左侧选择"系列选项"选项，在右侧选择"系列绘制在"区域中的"次坐标轴"选项，结果如图 5-62 所示。

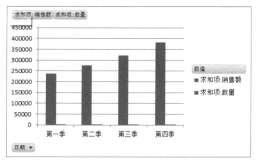

图 5-61 显示销售量及销售额的数据透视图

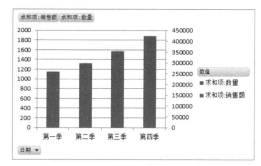

图 5-62 显示次坐标轴的数据透视图

③ 更改销售额为折线。为分析"销售额"的销售趋势或为使两个柱形图不重叠，可将其更改为折线图。右键单击"销售额"数据系列，在弹出的快捷菜单中单击"更改系列图表类型"命令，在打开的"更改图表类型"对话框中选择"折线图">"带数据标记的折线图"选项，结果如图 5-63 所示。

> **提示**
>
> 也可以在"数据透视图工具"上下文选项卡"设计"子卡的"类型"命令组中，单击"更改图表类型"命令，打开"更改图表类型"对话框，然后进行相关选择。

④ 显示次要横坐标轴。在"数据透视图工具"上下文选项卡"布局"子卡的"坐标轴"命令组中，单击"坐标轴">"次要横坐标轴">"显示从左向右坐标轴"命令，结果如图 5-64 所示。

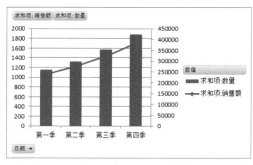

图 5-63 更改图表类型后的数据透视图

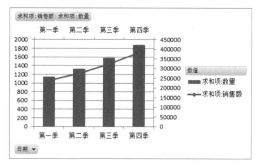

图 5-64 显示次要横坐标轴的数据透视图

5.2.4 延伸知识点

❶ 调整数据透视图

可以根据分析的需要对数据透视图进行设置和调整。例如，将图 5-60 所示的数据透视图中的轴字段和图例字段进行交换，方法是：在"数据透视表字段列表"窗格中用鼠标将原轴字段拖曳到图例字段区域，将原图例字段拖曳到轴字段区域，即将"产品品牌"字段拖曳到图例字段区域，将图例字段"业务员"拖曳到轴字段区域。更改字段布局后的数据透视图如图 5-65 所示。

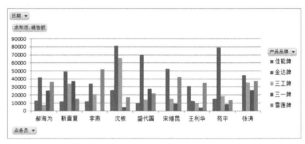

图 5-65　更改字段布局后的数据透视图

❷ 筛选数据透视图中的数据

与数据透视表一样，在数据透视图中也可以进行筛选操作。例如，将图 5-65 所示的数据透视图的比较分析重点调整为"佳能牌"和"三一牌"的销售情况，可以单击数据透视图上的"产品品牌"按钮，然后在弹出的选项组中取消选中"全部"复选框，勾选"佳能牌"和"三一牌"复选框。执行筛选操作后的数据透视图如图 5-66 所示。

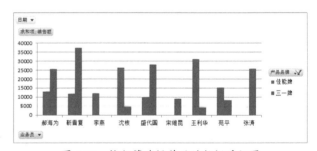

图 5-66　执行筛选操作后的数据透视图

除以上介绍的所有专门针对数据透视图的操作外，也可以按一般图表的操作方法编辑数据透视图。例如，为了更加直观地反映出不同业务员销售业绩的变化趋势，可以改变数据透视图的图表类型，采用折线图显示销售额数据。又如，为了使用黑白打印机打印该数据透视图，可以适当调整和修改绘图区颜色和数据系列图形的颜色。上述操作与前面介绍的对一般图表的操作方法类似，不再赘述。

> 💡 **注意**
>
> 除图表类型、绘图区、数据系列外，数值轴、分类轴、网格线等图形要素都可以根据需要分别设置不同的属性，以制作出各种不同风格的数据透视图。

5.2.5 独立实践任务

◈ 任务背景

凯撒文化用品公司销售部每月都会将销售人员的销售信息记录在图 5-41 所示的"销售情况表"中，并希望通过使用此表，更加直观、清晰地了解和分析每名销售人员的销售情况。

◈ 任务要求

根据图 5-41 所示的销售情况表，按以下要求完成相应的操作。

（1）显示并分析每种商品每名销售员的销售总额。

（2）以（1）所建数据透视图为基础，按季度动态显示每名销售员不同商品的累计销售额情况。

（3）显示并分析每名销售员累计的销售额占总销售额的百分比。

◆ 任务效果参考图

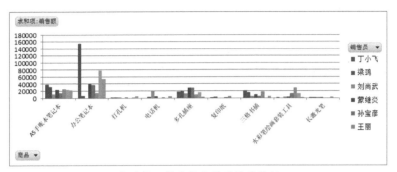

每种商品每名销售员的销售总额

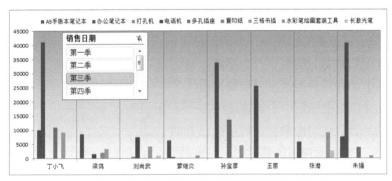

按季度动态显示每名销售员不同商品的累计销售额

每名销售员累计的销售额占总销售额的百分比

◆ 任务分析

本任务中的3个题目均应使用数据透视图来进行显示和分析。按照要求，题目（2）应在题目（1）的基础上进行编辑，此题可使用切片器来实现动态显示效果，并注意合理地设置轴字段、图例字段、数值字段和报表筛选字段。可以使用一般图表的修饰功能和方法对题目（2）和题目（3）的数据透视图进行调整和修饰。

5.2.6 课后练习

1. 填空题

（1）创建数据透视图有两个途径。一是根据现有_____创建；二是在 Excel 数据列表及外部数据源基础上创建。

（2）每一个切片器对应数据透视表或数据透视图中的_____，其中包含了该字段中的_____。

（3）除_____、_____、_____外，数值轴、分类轴、网格线等图形要素都可以根据需要分别设置不同的属性，以制作出各种不同风格的数据透视图。

（4）数据透视图与一般图表的最大区别是具有良好的_____。

（5）"数据透视图工具"上下文选项卡中，包含了"设计"、"布局"、"格式"和_____子卡。

2. 单选题

（1）数据透视图中不能创建的图表类型是（　　　）。

　　A. 饼图　　　　　　　　B. 气泡图　　　　　C. 雷达图　　　　　　D. 曲面图

（2）下列关于切片器的叙述中，正确的是（　　　）。

　　A. 一个切片器只能对应一个字段

　　B. 一个切片器只能指定一个数据项

　　C. 切片器只能指定一个或连续的多个字段

　　D. 切片器只能对应数据透视图中已有的字段

（3）以下关于数据透视图的叙述中，正确的是（　　　）。

　　A. 数据透视图的报表筛选字段最多设置 3 个

　　B. 数据透视图的字段调整只用鼠标拖曳无法实现

　　C. 数据透视图的轴字段和图例字段无法设置筛选条件

　　D. 数据透视图的数值字段必须是数值类型

（4）以下关于数据透视图的叙述中，正确的是（　　　）。

　　A. 数据透视图只能在当前工作表之外新建

　　B. 数据透视图一经建立就不能变动

　　C. 数据透视图的调整会同步影响数据透视表

　　D. 数据透视图的源数据只能来自同一个工作表

（5）数据透视图必须包含（　　　）。

　　A. 报表筛选字段　　　B. 轴字段　　　　　C. 图例字段　　　　D. 数值字段

3. 简答题

（1）数据透视图具有何种特性？与一般图表有何区别？

（2）如何将数据透视表的数据改用数据透视图显示？

（3）切片器的主要作用是什么？

（4）如何清除已有的切片器？

（5）如何显示和隐藏数据透视图中的字段按钮？

项目 六

分析处理进销存数据

内容提要

　　表单控件、宏、趋势线及条件格式等是 Excel 提供的简单实用的操作工具。本项目将通过进销存数据管理案例，介绍使用 Excel 宏和表单控件自定义操作环境、实现交互操作的基本方法，使用趋势线及趋势线的公式进行数据预测的方法，以及条件格式的应用方法和技巧。

能力目标

- 能够运用宏及表单控件操作工作表中的数据
- 能够使用趋势线进行预测分析
- 能够使用批注和条件格式实现数据显示格式的设置

专业知识目标

- 理解宏的基本概念
- 理解表单控件的含义
- 了解 INDEX 函数的功能及其格式
- 了解趋势线的类型及含义
- 理解条件格式中函数公式与格式设置结合的思路

软件知识目标

- 掌握表单控件的使用方法
- 初步掌握录制宏和执行宏的操作方法
- 掌握趋势线的添加及应用方法
- 掌握应用公式进行条件判断的方法

任务 6.1 分析采购成本 ——Excel 表单控件的添加与应用

6.1.1 任务导入

♦ **任务背景**

成文文化用品公司的主要业务包括采购、销售和库存三个方面，由业务一部和业务二部负责。为了合理地制定采购计划，降低采购成本，公司管理者希望业务部门制作一张采购成本分析表及采购成本分析图，以用来分析采购成本和存储成本一年中不同批次数下的数据变化情况。

♦ **任务要求**

（1）根据"年采购量"、"采购成本"和"单位存储成本"，计算不同批次数下的"采购数量"、"平均存量"、"存储成本"、"采购成本"和"总成本"，并将计算结果填入"采购成本分析表"工作表中。计算公式如下。

采购数量：年采购量 / 年采购批次数。

平均存量：采购数量 /2。

存储成木：平均存量 × 单位存储成本。

采购成本：存储成本 × 年采购批次数。

总成本：存储成本 + 采购成本。

（2）根据"采购数量"、"平均存量"、"存储成本"、"采购成本"和"总成本"，计算"最低采购成本"、"年采购批次数"和"每次采购量"，并将计算结果填入"采购成本分析表"工作表中。计算方法如下。

最低采购成本：总成本的最小值。

年采购批次数："最低采购成本"对应的"总成本"值所在行的"年采购批次数"。

每次采购量："最低采购成本"对应的"总成本"值所在行的"采购数量"。

（3）根据"年采购量"、"采购成本"或"单位储存成本"显示"采购成本分析表"工作表中数据的变化情况。

（4）制作采购成本与存储成本的关系图，并可以根据"年采购量"、"采购成本"或"单位存储成本"分析"采购成本分析图"工作表中数据的变化情况。

♦ **任务效果参考图**

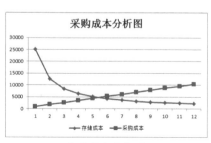

采购成本分析表　　　　　　　　采购成本分析图

● 任务分析

采购成本是企业运营成本中的一个重要参数。一般情况下，采购成本包括两个部分：一是采购环节产生的费用，二是存储产品时产生的费用。分析公司的采购成本，可以帮助公司设置科学、合理的采购量和采购次数，从而为降低公司的采购成本提供科学、可靠的依据。在本任务中，需要完成以下三项操作。

第一，计算"采购成本分析表"中的相关项目。除"年采购批次数"和"每次采购量"两项外，其他项目均可以按照本书项目二介绍的公式和函数使用方法，以及本任务给出的计算公式和方法进行计算。"年采购批次数"和"每次采购量"需要通过"最低采购成本"推算出来。而"最低采购成本"是"总成本"中的最小值，因此应使用"最低采购成本"值在"采购成本分析表"中找与之相等的"总成本"，然后根据"总成本"所在行找出对应的"年采购批次数"和"采购数量"。可以考虑使用 INDEX 和 MATCH 函数。

第二，利用滚动条分析表中数据变化情况。添加滚动条控件后，应注意与输入"年采购量"、"采购成本"或"单位存储成本"所在的单元格建立关联，以保证在拖曳滚动条时，该单元格的值能够根据滚动条当前值的变化而变化。

第三，制作"采购成本"与"存储成本"的关系图。使用折线图类型制作"采购成本"与"存储成本"的关系图。

6.1.2 模拟实施任务

打开工作簿

1. 启动 Excel，单击"文件">"打开"命令，打开"打开"对话框。在左窗格中找到文件所在的位置，在右窗格中找到需要打开的"进销存管理"工作簿文件，双击该文件名。"进销存管理"工作簿中有多个表，其中"采购成本分析表"如图 6-1 所示。

	A	B	C	D	E	F
1	年采购批次数	采购数量	平均存量	存储成本	采购成本	总成本
2	1					
3	2					
4	3					
5	4					
6	5					
7	6					
8	7					
9	8					
10	9					
11	10					
12	11					
13	12					
14						
15	最低采购成本		年采购批次数		每次采购量	
16	年采购量		采购成本		单位存储成本	

图 6-1 "采购成本分析表"

计算"采购成本分析表"中的所有项目

2. 单击"采购成本分析表"工作表标签，在 B2、C2、D2、E2、F2、B15、D15、F15 单元格中输入相应计算公式，计算公式如表 6-1 所示。

表 6-1　各项目对应的计算公式

单元格	计算公式	单元格	计算公式
B2	=$B$16/A2	C2	=B2/2
D2	=C2*$F$16	E2	=A2*$D$16
F2	=D2+E2	B15	=MIN(F2:F13)
D15	=INDEX(A2:A13,MATCH(B15,F2:F13,0)) [01]	F15	=INDEX(B2:B13,MATCH(B15,F2:F13,0)) [01]

3 将 B2、C2、D2、E2 和 F2 单元格中的公式分别填充到 B3:B13、C3:C13、D3:D13、E3:E13 和 F3:F13 中。如果在 B16、D16 和 F16 单元格中分别输入 6000、1020 和 6，计算后的结果如图 6-2 所示。

	A	B	C	D	E	F
1	年采购批次数	采购数量	平均存量	存储成本	采购成本	总成本
2	1	6000	3000	18000	1020	19020
3	2	3000	1500	9000	2040	11040
4	3	2000	1000	6000	3060	9060
5	4	1500	750	4500	4080	8580
6	5	1200	600	3600	5100	8700
7	6	1000	500	3000	6120	9120
8	7	857.1428571	428.5714286	2571.428571	7140	9711.428571
9	8	750	375	2250	8160	10410
10	9	666.6666667	333.3333333	2000	9180	11180
11	10	600	300	1800	10200	12000
12	11	545.4545455	272.7272727	1636.363636	11220	12856.36364
13	12	500	250	1500	12240	13740
14						
15	最低采购成本	8580	年采购批次数	4	每次采购量	1500
16	年采购量	6000	采购成本	1020	单位存储成本	6

图 6-2　计算后的"采购成本分析表"

在"采购成本分析表"中添加滚动条控件 [02]

4 在"开发工具"选项卡的"控件"命令组中，单击"插入">"滚动条"控件 [03]，鼠标指针变为十字形状，在表的下方从 A 列到 B 列拖曳出一个长宽适中的矩形，如图 6-3 所示。

	A	B	C	D	E	F
1	年采购批次数	采购数量	平均存量	存储成本	采购成本	总成本
13	12	500	250	1500	12240	13740
14						
15	最低采购成本	8580	年采购批次数	4	每次采购量	1500
16	年采购量	6000	采购成本	1020	单位存储成本	6
17						
18						

图 6-3　添加滚动条控件的结果

5 右键单击滚动条，在弹出的快捷菜单中单击"设置控件格式"命令 [04]，打开"设置控件格式"对话框。单击"控制"选项卡。在"最小值"文本框中输入 100，在"最大值"文本框中输入 10000，在"步长"文本框中输入 10，在"页步长"文本框中输入 100。单击"单元格链接"框，然后单击 B16 单元格。设置完成的"设置控件格式"对话框如图 6-4 所示。单击"确定"按钮，此时，利用滚动条可以查看数据的变化情况，如图 6-5 所示。

6 使用相同方法，在表下方 C 列和 D 列适当位置放置一个滚动条控件，并在打开的"设置控件格式"对话框中，将"最小值"设为 100，"最大值"设置为 1500，"步长"设置为 10，"页步长"设置为 100，"单元格链接"设置为 D16。

图 6-4　"设置控件格式"对话框

	A	B	C	D	E	F
1	年采购批次数	采购数量	平均存量	存储成本	采购成本	总成本
2	1	5700	2850	17100	1020	18120
3	2	2850	1425	8550	2040	10590
4	3	1900	950	5700	3060	8760
5	4	1425	712.5	4275	4080	8355
6	5	1140	570	3420	5100	8520
7	6	950	475	2850	6120	8970
8	7	814.2857143	407.1428571	2442.857143	7140	9582.857143
9	8	712.5	356.25	2137.5	8160	10297.5
10	9	633.3333333	316.6666667	1900	9180	11080
11	10	570	285	1710	10200	11910
12	11	518.1818182	259.0909091	1554.545455	11220	12774.54545
13	12	475	237.5	1425	12240	13665
14						
15	最低采购成本	8355	年采购批次数	4	每次采购量	1425
16	年采购量	5700	采购成本	1020	单位存储成本	6

图 6-5　利用滚动条查看数据的变化情况

7 使用相同方法，在表下方 E 列和 F 列适当位置放置一个滚动条控件，并在打开的"设置控件格式"对话框中，将"最小值"设为 1，"最大值"设置为 20，"步长"设置为 1，"页步长"设置为 10，"单元格链接"设置为 F16。结果如图 6-6 所示。

	A	B	C	D	E	F
1	年采购批次数	采购数量	平均存量	存储成本	采购成本	总成本
2	1	5990	2995	29950	820	30770
3	2	2995	1497.5	14975	1640	16615
4	3	1996.666667	998.3333333	9983.333333	2460	12443.33333
5	4	1497.5	748.75	7487.5	3280	10767.5
6	5	1198	599	5990	4100	10090
7	6	998.3333333	499.1666667	4991.666667	4920	9911.666667
8	7	855.7142857	427.8571429	4278.571429	5740	10018.57143
9	8	748.75	374.375	3743.75	6560	10303.75
10	9	665.5555556	332.7777778	3327.777778	7380	10707.77778
11	10	599	299.5	2995	8200	11195
12	11	544.5454545	272.2727273	2722.727273	9020	11742.72727
13	12	499.1666667	249.5833333	2495.833333	9840	12335.83333
14						
15	最低采购成本	9911.666667	年采购批次数	6	每次采购量	998.3333333
16	年采购量	5990	采购成本	820	单位存储成本	10

图 6-6　最终设置效果

创建采购成本分析折线图

8 选定 D1:E13 单元格区域。

9 在"插入"选项卡的"图表"命令组中，单击"折线图">"带数据标记的折线图"命令，创建结果如图 6-7 所示。

10 在"图表工具"上下文选项卡"布局"子卡的"标签"命令组中，单击"图例">"在底部显示图例"命令；在"图表工具"上下文选项卡"布局"子卡的"标签"命令组中，单击"图表标题">"图表上方"命令，在图表标题文本框中输入采购成本分析图。此时，拖曳图 6-6 所示的工作表中的滚动条，就可以看到在不同的年采购量或单位存储成本情况下，年采购批次数不同时，采购成本和存储成本关系的变化情况，如图 6-8 所示。

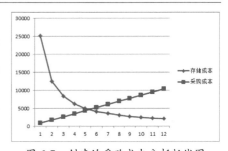

图 6-7　创建的采购成本分析折线图

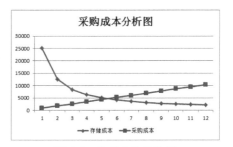

图 6-8　修饰后的折线图

6.1.3 拓展知识点

① INDEX 函数

函数格式：INDEX(array,row_num,column_num)

函数功能：在给定的单元格区域中，返回特定行列交叉处单元格的值。

说明：该函数有 3 个参数。array 为单元格区域；row_num 为选定区域的某行号；column_num 为选定区域的某列号。若 row_num 或 column_num 只有一行或一列，则 row_num 或 column_num 只需要一个；若区域中有多行或多列，但只使用了 row_num 或 column_num 之一，则返回区域中的整行或整列；若同时使用参数 row_num 和 column_num，则返回 row_num 和 column_num 交叉处单元格的值。row_num 与 column_num 可以省略其一，但不可同时省略。

示例：在图 6-6 所示表格的 A2:F13 单元格区域中，找出第 5 行第 6 列的数据。

计算公式：=INDEX(A2:F13,5,6)

计算结果：10090

提示

在数据查询中，INDEX 和 MATCH 这两个函数是"最佳搭档"，能够实现非常复杂的查找功能。例如，在图 6-6 所示表格中，D15 单元格中的年采购批次数是根据"总成本"列中的最小值，找出同一行对应的年采购批次数。本案例是在 D15 单元格中通过使用"=INDEX(A2:A13,MATCH(B15,F2:F13,0))"公式来完成查找的。其中，B15 单元格是"总成本"列的最小值，F2:F13 单元格区域是"总成本"列，A2:A13 单元格区域是"年采购批次数"列。先使用 B15 单元格的"最低采购成本"值在 F2:F13 单元格区域中进行查找，找到后返回所在单元格的行号，然后使用这个行号在 A2:A13 单元格区域找到相应行的单元格，并返回该单元格的值。

---

② 常用控件

控件是在 Excel 与用户交互时，用于输入数据或操作数据的对象。Excel 有两种控件：表单控件和 ActiveX 控件。两种控件从外观上看是相同的，其功能也非常相似。常用的表单控件包括按钮、复选框、单选按钮、组合框、列表框、滚动条等。

1. 按钮

按钮是 Excel 中最常用的表单控件之一，一般用来运行指定的宏。当单击按钮时，将执行指定的宏的操作。

2. 复选框和单选按钮

复选框控件用于二元选择，控件的返回值为 TRUE 或 FALSE；在工作表中可以同时选中多个复选框。单选按钮同样用于二元选择，控件的返回值为 TRUE 或 FALSE。与复选框控件不同的是，单选按钮控件用于单项选择，在多个单选按钮形成一组时，选定其中某个单选按钮后，同组的其他单选按钮的值将被设置为 FALSE。而复选框用于多项选择，单个复选框控件是否被选定，并不影响其他的复选框控件返回值。

3. 组合框和列表框

组合框与列表框控件非常相似，两种控件都可以在一组列表中进行选择，两者的区别是列表框控件显示多个选项；而组合框控件为一个下拉列表，在此下拉列表中选定的选项将出现在文本框中。组合框的优点在于控件占用的面积小，除可以在预置选项中进行选择外，还可以输入其他数据。

4.　滚动条

滚动条控件可以实现单击控件中的滚动箭头或拖曳滚动块来滚动数据的目的。单击滚动箭头或拖曳滚动块时，可以滚动一定区域的数据；单击滚动箭头与滚动块之间的区域时，可以滚动整页数据。

03　在工作表中添加控件

下面以"按钮"控件为例，介绍如何在工作表中添加一个控件。操作步骤如下。

① 在工作表中添加控件。在"开发工具"选项卡的"控件"命令组中，单击"插入">"按钮"控件 ，这时鼠标指针变为十字形状，在工作表上拖曳出一个长宽适中的矩形，即创建了一个按钮控件。这时系统会打开"指定宏"对话框。

② 设置"按钮"控件。若需要将已创建的宏指定给该按钮，则可以在"宏名"列表框中选定需要的宏，单击"确定"按钮；若不需要指定宏，则单击"取消"按钮。

> **注意**
>
> 只有在激活一个工作表时，工作表中的控件才能运行宏。若希望按钮在任何工作簿或工作表中都可用，则可指定宏从功能区上运行。

③ 修改"按钮"控件上的显示文字。双击"按钮"控件，输入需要的文字。

> **提示**
>
> 默认情况下，功能区中没有"开发工具"选项卡。添加"开发工具"选项卡的操作步骤如下。
>
> ① 打开"Excel 选项"对话框。右键单击功能区，在弹出的快捷菜单中单击"自定义功能区"命令，打开"Excel 选项"对话框。
>
> ② 添加"开发工具"选项卡。在对话框的左侧窗格选择"自定义功能区"选项，在右侧"主选项卡"列表框中勾选"开发工具"复选框，如图 6-9 所示，单击"确定"按钮。

图 6-9　"Excel 选项"对话框

04　设置控件格式

如果需要，可以对已经添加到工作表中的表单控件进行格式设置。例如，对命令按钮进行格式设置的操作步骤如下。

① 打开 "设置控件格式" 对话框。右键单击命令按钮控件，在弹出的快捷菜单中单击 "设置控件格式" 命令，打开 "设置控件格式" 对话框。

② 设置控件格式。在该对话框中，对控件进行格式设置，包括字体、对齐、大小、保护、属性等。

不同的表单控件，其格式设置内容有所不同。例如，滚动条控件常用来控制特定范围的数据，因此除大小、保护、属性等格式设置内容外，还包括控制的设置。在 "控制" 选项卡中，可以根据需要设置其最小值、最大值、步长、页步长和单元格链接等选项。其中 "最小值" 和 "最大值" 选项决定了滚动条上滑块的变化范围。假设某单元格的变化范围是 1～1000，则分别设置这两个选项值为 1 和 1000。 "步长" 选项表示当单击滚动条两端箭头时滑块增加或减少的值，即滑块移动的最小步长； "页步长" 选项表示当单击滚动条的空白处时，滑块移动的变化值。假设希望当单击滚动条两端箭头时，单元格的值每次增加或减少 1；当单击滚动条的空白处时，单元格的值每次增加或减少 10，则分别设置 "步长" 和 "页步长" 为 1 和 10。 "单元格链接" 选项可以指定该滚动条控件控制的单元格，该单元格的值将随着滚动条的变化而变化。

6.1.4　延伸知识点

❶ 宏

宏是一组指令的集合，它类似于计算机程序，告诉 Excel 所要执行的操作。宏可以使频繁、重复的操作自动化。例如，数据分析员对数据进行分析时，通常是首先选定数据，然后执行 "数据" 选项卡中相应的数据分析命令，指定要使用的 "分析工具"，并在打开的对话框中输入所需的内容。如果将这些操作设置为一个宏，那么只要运行该宏，上述操作就可以自动完成。也就是说，如果在 Excel 中经常重复某项操作，就可以用宏将其设置为可自动执行的操作。

创建宏有两种方法，一种是使用宏记录器将一系列操作录制下来，并为其起一个名字；另一种是用 VBA（Visual Basic for Applications）编写宏代码。对于普通用户来说，掌握编写 VBA 程序的方法比较困难，但是可以快速掌握录制宏的操作。

❷ 录制宏

录制宏是指将要进行的操作做一遍，Excel 会进行记录并会将其转换成对应的 VBA 程序代码。录制宏的操作步骤如下。

① 打开 "录制新宏" 对话框。在 "开发工具" 选项卡的 "代码" 命令组中，单击 "录制宏" 命令，打开 "录制新宏" 对话框。

> **提示**
> 或者在 "视图" 选项卡的 "宏" 命令组中，单击 "宏" > "录制宏" 命令。

② 准备录制宏。在 "录制新宏" 对话框的 "宏名" 文本框中输入所建宏的名字，并根据

需要设置其他相关选项。例如，指定运行宏的快捷键、定义宏的保存位置等。

③ 录制宏。单击"确定"按钮，这时功能区原来的"录制宏"命令变为"停止录制"。此时可以开始录制宏，即执行该宏所要完成的操作。完成所有操作后，单击"开发工具"选项卡"代码"命令组中的"停止录制"命令停止录制。

> **注意**
>
> 在录制宏的过程中，如果出现操作错误，那么对错误的修改操作也将记录在宏中。因此在记录或编写宏之前，应事先做好计划，确定宏所要执行的步骤和命令。

⑱ 编辑宏

创建宏以后，如果需要可以查看其宏代码，或对其进行编辑。操作步骤如下。

① 打开"宏"对话框。在"开发工具"选项卡的"代码"命令组中，单击"宏"命令，打开"宏"对话框。

> **提示**
>
> 或者在"视图"选项卡的"宏"命令组中，单击"宏">"查看宏"命令。

② 显示宏代码。选定需要查看的宏名称，如图 6-10 所示。单击"编辑"按钮，打开 VBA 编辑器代码窗口，如图 6-11 示。

图 6-10 选定要查看或编辑的宏

图 6-11 所建宏的 VBA 程序

在图 6-11 所示的 VBA 编辑器代码窗口中，可以看到已创建宏的 VBA 程序代码。在宏语句中，以单引号开始的行是注释语句。注释语句在运行宏时并不执行，它的作用仅仅是为了提高程序的可读性，可以根据需要对其进行添加、修改或删除操作。在宏语句中，为了提高程序的可读性，还可以用不同颜色显示不同部分。例如，用绿色显示注释行，用蓝色显示语句的关键字，用黑色显示语句的其余部分。

③ 编辑宏。在 VBA 编辑器代码窗口中，修改宏当中的程序代码。

⑭ 应用宏

宏最大的优点是可以很方便地执行一系列复杂的操作，这是通过运行宏来实现的。运行宏有以下几种方法。

（1）使用"宏"命令。宏录制完成后，会保存在模块中，此时可以直接通过执行"宏"命令来运行宏。操作步骤如下。

① 打开 "宏" 对话框。

② 运行宏。选定需要运行的宏名称，如图 6-10 所示。单击 "执行" 按钮，这时将自动执行所选定宏的操作。

（2）使用快捷键。创建宏时，若在 "录制新宏" 对话框中设置了快捷键，则可以直接按快捷键运行宏。

（3）其他运行方法。也可以在工作表上添加表单控件，作为运行宏的工具，具体方法是右键单击表单控件，在弹出的快捷菜单中单击 "指定宏" 命令，然后输入宏名或在 "宏名" 下拉列表中选择一个宏。还可以通过单击功能区的自定义组中的按钮来运行宏。

6.1.5　独立实践任务

● **任务背景**

凯撒文化用品公司每个季度都会以表格形式对发放的绩效奖金进行统计。现在公司管理者希望能够提供一个更加方便、有效的操作界面，以便能够方便地使用绩效奖金表；能够随时、有效地调整员工的评定分数；能够根据调整后的分数重新计算绩效奖金，重新统计奖金发放情况；还能够通过调整后的分数直观地查看绩效奖金及统计数据的变化情况。

● **任务要求**

根据下面的 "绩效奖金" 表，按以下要求完成相应的操作。

"绩效奖金" 表

（1）调整 "绩效奖金" 表。计算 "总评分" 和 "最高奖金"，重新计算 "评定等级"，找出 "最高奖金" 对应的 "姓名" 和 "部门"，并将计算结果填入表中相应位置。计算方法如下。

总评分： "评定加分"（L26 单元格的值）、 "上级评分" 两项之和与 100 之间的最小值。

评定等级：将之前按 "上级评分" 确定等级改为按 "总评分" 确定等级，评定方法与之前按 "上级评分" 的评定方法相同。

最高奖金：绩效奖金中的最大值。

姓名：最高奖金对应员工的姓名。

部门：最高奖金对应员工所在的部门。

其中，L26 为评定加分，是每次调整上级评分时增加的分数值。

（2）在"绩效奖金"表下方添加 6 个命令按钮，分别实现按"办公室""财务部""市场部""劳资室""销售部""全部职员"的自动筛选。即当单击某一命令按钮时，自动筛选出相对应部门的员工信息。

（3）在"评定加分"下方添加一个滚动条，拖曳滚动条可以显示绩效奖金和绩效汇总数据的变化情况。

（4）以绩效奖金汇总结果（K19:M24）为数据源，创建一个组合图表显示各类评定等级的人数和比例。其中，柱形图显示人数，饼图显示比例。

◆ **任务效果参考图**

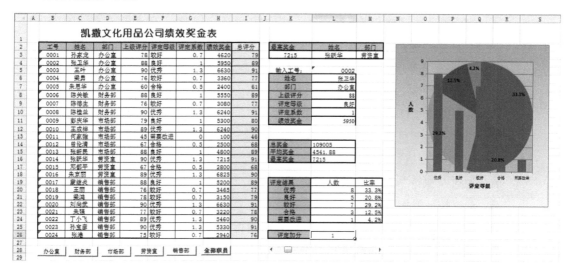

◆ **任务分析**

本任务共有 4 个题目，完成时应注意如下几点。

（1）"总评分"是用"上级评分"加上"评定加分"，但最高不能超过 100，因此在计算"总评分"时应注意在累加结果和 100 之间选择最小值。根据计算出的"最高奖金"查找相应行对应的姓名和部门时，可以先依据 K3 单元格的值在"绩效奖金"列找到相同值的位置，然后以此行号在"姓名"列和"部门"列中分别找到对应行单元格的值，并将该值显示在表格中相应位置。可以考虑使用 Excel 中的查找与引用函数，如 VLOOKUP、HLOOKUP、INDEX 和 MACTH 函数等。

（2）添加命令按钮，实现自动筛选功能需要做三件事情：一是使用录制宏的方法创建宏，使每个宏实现相应的筛选功能；二是添加并格式化命令按钮；三是为每个命令按钮指定宏。

（3）添加滚动条时，应合理地选择最小值、最大值、步长和页步长，还应特别注意要与"评定加分"值所在单元格建立关联，以确保在拖曳滚动条时，该单元格的值能够根据滚动条当前值的变化而变化。

（4）组合图表时，应选定需要更改图表类型的数据系列。

6.1.6　课后练习

1. 填空题

（1）INDEX 函数的功能是在给定的单元格区域中，返回_____单元格的值。

（2）滚动条控件可以实现单击控件中的滚动箭头或拖曳滚动块来_____。

（3）宏最大的优点是可以很方便地执行_____的操作。

（4）在录制宏的过程中，若出现操作错误，则错误的操作也将_____在宏中。

（5）Excel 控件有两种，分别是_____和 ActiveX 控件。

2. 单选题

（1）既可以直接输入文字，又可以在列表中选择输入项的控件是（　　）。

    A. 组合框　　　　B. 编辑框　　　　C. 选项组　　　　D. 列表框

（2）在 Excel 中，通过工作表中的控件运行宏的前提条件是（　　）。

    A. 必须打开该工作表所在的工作簿

    B. 必须关闭该工作表所在的工作簿

    C. 必须使该工作表成为当前工作表

    D. 以上三种都可以

（3）下列不能实现运行宏操作的是（　　）。

    A. 通过"执行"对话框来运行宏

    B. 通过按下已定义的快捷键来运行宏

    C. 通过"宏"对话框的"执行"按钮来运行宏

    D. 通过单击功能区的自定义组中的按钮来运行宏

（4）在 Excel 中，不能打开"Excel 选项"对话框的操作为（　　）。

    A. 在"文件"选项卡中，单击"选项"命令

    B. 在"视图"选项卡的"工作簿视图"命令组中，单击"自定义视图"命令

    C. 右键单击功能区，在弹出的快捷菜单中单击"自定义功能区"命令

    D. 单击快速访问工具栏右侧下拉箭头，在弹出的下拉菜单中单击"其他命令"命令

（5）函数 INDEX(array,row_num,column_num) 的功能是在给定区域中，返回（　　）。

    A. 第 1 个参数指定的引用

    B. 第 2 个参数指定行的值

    C. 第 3 个参数指定列的值

    D. 第 2 个和第 3 个参数指定的交叉处单元格的值

3. 简答题

（1）什么是宏？其主要作用是什么？

（2）创建宏有几种方法？各自的特点是什么？

（3）运行宏有哪些方法？

（4）使用表单控件的目的是什么？

（5）如何在工作表中添加表单控件？

任务 6.2 预测销售趋势——Excel 趋势线的创建与应用

6.2.1 任务导入

● 任务背景

在成文文化用品公司的三项主要业务中，销售业务是非常重要的。一般来说，销售预测分析是制定计划和考核指标的数据来源，因此公司管理者希望根据以往的销售业绩对未来的销售趋势进行预测。因此需要建立"销售预测分析表"。

● 任务要求

（1）根据"销售情况表"建立"销售预测分析表"。表中包含"月份"和"销售量合计"两列数据。

（2）根据"销售预测分析表"中的数据制作"销售预测分析图"。

（3）根据"销售预测分析图"预测 12 月的销售量，并填入工作表相应单元格中。

● 任务效果参考图

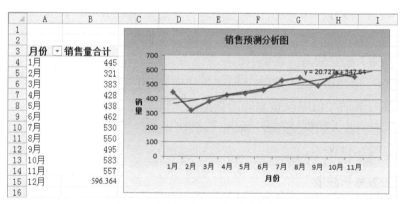

销售预测分析表和销售预测分析图

● 任务分析

产品的销售预测通常是根据以往的销售情况或者用户自定义的销售预测模型对未来的销售情况进行判断。销售预测既可以提高销售人员的积极性，使其对未来的工作有一个明确的目标，也可以确定未来的进货量或库存量，降低销售成本和存储成本。

要完成本任务，第一，需要用以往的销售数据作为数据源来计算每月的销售量。建议使用数据透视表快速完成计算；第二，根据计算结果绘制数据点折线图，并在其中添加趋势线及趋势方程；第三，使用趋势方程，计算未来 1 个月的销售量。

6.2.2 模拟实施任务

打开工作簿

1 启动 Excel，单击"文件">"打开"命令，打开"打开"对话框。在左窗格中找到文件所在的位置，在右窗格中找到需要打开的"进销存管理"工作簿文件，双击该文件名。"进销存管理"工作簿中有多个工作表，其中"销售情况表"部分数据如图 6-12 所示。

	A	B	C	D	E	F	G	H	I
1	序号	业务员	日期	产品代号	产品品牌	订货单位	单价	数量	销售额
2	1	张涛	2018/01/02	JD70B5	金达牌	天缘商场	185	18	3330
3	2	王利华	2018/01/05	JN70B5	佳能牌	白云出版社	185	15	2775
4	3	王利华	2018/01/05	SG70A3	三工牌	蓝图公司	230	20	4600
5	4	苑平	2018/01/07	JD70B5	金达牌	天缘商场	185	20	3700
6	5	靳晋复	2018/01/10	SY80B5	三一牌	星光出版社	210	40	8400
7	7	郝海为	2018/01/12	XL70A3	雪莲牌	海天公司	230	30	6900
8	6	李燕	2018/01/12	JD70A4	金达牌	期望公司	225	40	9000
9	8	沈核	2018/01/14	JD70B4	金达牌	白云出版社	195	21	4095
10	9	王利华	2018/01/14	XL70B5	雪莲牌	蓓蕾商场	189	5	945
11	11	沈核	2018/01/16	JN80A3	佳能牌	天缘商场	245	40	9800
12	10	苑平	2018/01/16	JD70A3	金达牌	开心商场	220	40	8800
13	12	沈核	2018/01/18	JD70B5	金达牌	蓓蕾商场	185	18	3330
14	13	张涛	2018/01/18	JD70B4	金达牌	星光出版社	190	21	3990

图 6-12 "销售情况表"部分数据

创建计算每个月销售量合计的数据透视表

2 为了快速统计出每月销售量合计，此处使用数据透视功能创建数据透视表。单击"销售情况表"工作表标签，以工作表中 11 月及以前的数据作为数据源，在新工作表中创建一个数据透视表。其中，"行标签"为按月分组的"日期"，数值为"数量"，没有列总计行。

3 双击"行标签"单元格，输入月份；双击"求和项：数量"单元格，在打开的"值字段设置"对话框的"自定义名称"文本框中输入销售量合计，单击"确定"按钮。最终结果如图 6-13 所示。

	A	B
1		
2		
3	月份	销售量合计
4	1月	445
5	2月	321
6	3月	383
7	4月	428
8	5月	438
9	6月	462
10	7月	530
11	8月	550
12	9月	495
13	10月	583
14	11月	557
15		

图 6-13 计算每月销售量的数据透视表

创建销售量历史数据折线图

4 选定 A3:B14 单元格区域。在"插入"选项卡的"图表"命令组中，单击"折线图">"带数据标记的折线图"命令，此时创建了初始的折线图。

5 选定图表中的图例，按【Delete】键将其删除；右键单击图表中的某一字段按钮，在弹出的快捷菜单中单击"隐藏图表上的所有字段按钮"命令。

6 将图表标题改为"销售预测分析图"，并将字号设置为 12 磅。在"图表工具"上下文选项卡"布局"子卡的"标签"命令组中，单击"坐标轴标题">"主要横坐标轴标题">"坐标轴下方标题"命令，在横坐标轴标题文本框中输入月份；单击"坐标轴标题">"主要纵坐标轴标题">"竖排标题"命令，在纵坐标轴标题文本框中输入销量。

7 右键单击图表区，在弹出的快捷菜单中单击"设置图表区格式"命令，在打开的"设置图表区格式"对话框中设置"填充"为"渐变填充"，单击"关闭"按钮；右键单击绘图区，在弹出的快捷菜单中单击"设置绘图区格式"命令，在打开的"设置绘图区格式"

对话框中设置"填充"为"纯色填充"，"边框颜色"为"实线"，单击"关闭"按钮。结果如图 6-14 所示。

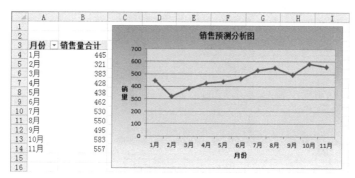

图 6-14 销售量历史数据折线图

添加趋势线①和趋势方程

8 右键单击折线图上的任意位置，在弹出的快捷菜单中单击"添加趋势线"命令②，打开"设置趋势线格式"对话框。

9 在对话框左窗格选择"趋势线选项"，在右侧选择"线型"单选按钮。在"趋势线名称"区域中选择"自定义"，并在其右侧文本框中输入销量预测。在"趋势预测"区域的"前推"文本框中输入 1。勾选"显示公式"复选框。设置结果如图 6-15 所示。单击"关闭"按钮，结果如图 6-16 所示。

图 6-15 "设置趋势线格式"对话框

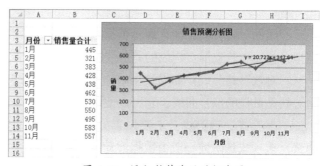

图 6-16 添加趋势线后的折线图

预测销售量

10 在图 6-16 所示的表格中，每个月份数据都带有"月"字，形成了数字和文本的组合，这样的数据形式无法进行数值运算。为了使 A15 单元格的数据是数值型，而显示出来的是"12 月"，需要自定义数字显示格式。右键单击 A15 单元格，在弹出的快捷菜单中单击"设置单元格格式"命令，打开"设置单元格格式"对话框。单击"分类"列表框中的"自定义"选项③，在右侧"类型"文本框中输入00" 月 "。单击"确定"按钮。设置该单元格为左对齐。

⓫ 在 A15 单元格中输入 12。在 B15 单元格中输入趋势方程 =20.727*A15+347.64。确认输入。此时，即可根据线性趋势方程预测出 12 月份的销售量为 596.364，结果如图 6-17 所示。

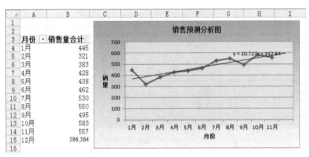

图 6-17　销量预测结果

6.2.3　拓展知识点

ⓞ①　趋势线

Excel 的趋势线以图表方式显示数据的变化趋势，同时还可以用来进行预测分析，也称回归分析。利用回归分析，可以在图表中延伸趋势线，该线可根据实际数据向前或向后模拟数据的走势；还可以生成移动平均趋势线，消除数据的波动，更清晰地显示图案和趋势。可以在条形图、柱形图、折线图、股价图、气泡图和 XY 散点图中为数据系列添加趋势线，但不能在三维图表、堆积型图表、雷达图、饼图或圆环图中添加趋势线。对于那些包含与数据系列相关的趋势线的图表，若将它们的图表类型改变成上述几种图表，如将图表类型修改为饼图，则原有的趋势线将丢失。

数据类型不同，其趋势线的类型也不相同。如果希望预测的数据更加准确，应选择合适的趋势线。趋势线的类型包括"线性""对数""多项式""乘幂""指数""移动平均"等。

"线性"趋势线：通常表示数据以恒定的速率增加或减少，适用于简单线性数据集的最佳拟合直线。若数据点构成的趋势线接近于一条直线，则说明数据是线性的。

"对数"趋势线：如果数据增加或减少速度很快，但又迅速趋近于平衡，那么"对数"趋势线是最佳的拟合曲线，它可以使用正值和负值。

"多项式"趋势线：主要用于分析大量数据的偏差，适用于数据波动较大的数据集的曲线。多项式的阶数一般由数据波动的次数或曲线中拐点的个数来确定。

"乘幂"趋势线：适用于以特定速度增加的数据集的曲线。但是，若数据值中含有零或负数，则不能使用该类趋势线。

"指数"趋势线：适用于速度增减越来越快的数据集的曲线。但是，若数据值中含有零或负数，则不能使用该类趋势线。

"移动平均"趋势线：适用于波动微小的数据集的曲线，可以更加清晰地显示图案和趋势。一般使用特定数目的数据点，取其平均值，然后将该平均值作为趋势线中的一个点。

ⓞ②　添加趋势线

若已明确为哪个数据系列添加趋势线，则添加趋势线的操作步骤如下。

① 打开"设置趋势线格式"对话框。右键单击图表中要添加趋势线的数据系列，在弹出的快捷菜单中单击"添加趋势线"命令，打开"设置趋势线格式"对话框。

② 设置趋势线格式。在对话框中设置所需的格式。

若在图表中包含多个数据系列，则添加趋势线的操作步骤如下。

① 选定图表。

② 打开"添加趋势线"对话框。在"图表工具"上下文选项卡"布局"子卡的"分析"命令组中，单击"趋势线"命令，在弹出的下拉菜单中单击所需的趋势线命令。例如，选择"线性趋势线"命令。打开"添加趋势线"对话框。

③ 选择数据系列。选定要添加趋势线的数据系列，如图 6-18 所示。单击"确定"按钮，关闭对话框。

图 6-18　"添加趋势线"对话框

技巧

趋势线不仅可以用于预测分析，也可以使图表展示的数据更加清晰和明确。例如，利用趋势线创建带平均线的柱形图。现有一个销售情况表，包含了每名销售员的销售额数据，如图 6-19 所示。其中，D4:D12 单元格区域中的每个值都是 B4:B12 单元格区域的平均值。用该列数据作为辅助数据，来创建带平均线的图表。操作步骤如下。

① 创建柱形图。选定 A4:B12 单元格区域，在"插入"选项卡的"图表"命令组中，单击"柱形图">"簇状柱形图"命令。

② 添加平均值数据列。选定 D4:D12 单元格区域，按【Ctrl】+【C】组合键，选定图表，按【Ctrl】+【V】组合键。结果如图 6-20 所示。

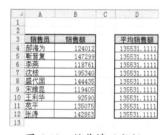

图 6-19　销售情况数据

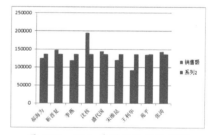

图 6-20　添加系列 2 后的柱形图

③ 更改"系列 2"的图表类型。将"系列 2"图表类型更改为"折线图"。

④ 删除图例。结果如图 6-21 所示。

⑤ 添加趋势线。右键单击系列 2 数据系列，在弹出的快捷菜单中单击"添加趋势线"命令，打开"设置趋势线格式"对话框。在左侧选择"趋势线选项"，在右侧选择"线性"，将"前推"设置为 0.5，"后推"设置为 0.5；将"线条颜色"设置为"实线"的"红色"；将"线型"的"宽度"设置为 2.75。最终结果如图 6-22 所示。

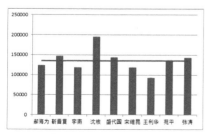

图 6-21　更改后的结果

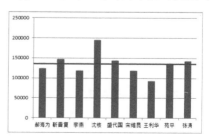

图 6-22　利用趋势线创建的带平均线的柱形图

⓭ 自定义数字显示格式

在实际应用中，将数据输入至单元格以后，数据的显示往往都是非常简单、单调的，没有任何的修饰。事实上，为了能够更加准确地表达数据含义，能够使数据显示丰富多样、更具有表现力和可读性，可以自定义数字的显示格式。在任务 1.2 延伸知识点中介绍了创建自定义数字格式的格式代码组成规则和定义。自定义格式代码有以下两种结构。

第一种结构：正数；负数；零值；文本

第二种结构：大于条件值；小于条件值；等于条件值；文本

下面通过两个简单例子来实践自定义数字显示格式的代码规则和定义。

1. 格式代码中无条件

在图 6-23 所示表格中 C 列显示了与平均销售额相比的数据，如果将高于平均销售额的数据用蓝色及向上箭头表示，低于平均销售额的数据用红色及向下箭头表示，可设置如下自定义格式代码。

	A	B	C
1	业务员	销售额	与平均销售额相比
2	郝海为	124012	-8.5%
3	靳晋夏	147299	8.7%
4	李燕	118761	-12.4%
5	沈核	195340	44.1%
6	盛代国	144435	6.6%
7	宋维昆	119405	-11.9%
8	王利华	92590	-31.7%
9	苑平	135075	-0.3%
10	张涛	142863	5.4%

图 6-23　设置自定义格式前的表格

格式代码为：[蓝色] ↑ 0.0%;[红色] ↓ 0.0%;0.0%

这个格式代码分为三部分，并用分号隔开。第一部分是对大于 0 的数值设置格式，表示字体为蓝色，显示↑，百分数保留 1 位小数；第二部分是对小于 0 的数值设置格式，表示字体为红色，显示↓，百分数保留 1 位小数；第三部分是对等于 0 的数值设置格式，表示百分数保留 1 位小数。

操作步骤如下。

① 选定 C2:C10 单元格区域。

② 打开 "设置单元格格式" 对话框。

③ 设置自定义数字格式。单击 "数字" 选项卡，在 "分类" 列表框中选择 "自定义" 选项，在 "类型" 文本框中输入 [蓝色] ↑ 0.0%;[红色] ↓ 0.0%;0.0%，如图 6-24 所示。单击 "确定" 按钮，结果如图 6-25 所示。

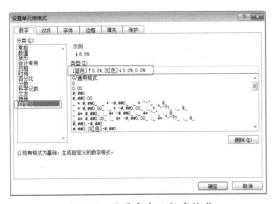

图 6-24　设置自定义数字格式

	A	B	C
1	业务员	销售额	与平均销售额相比
2	郝海为	124012	↓8.5%
3	靳晋夏	147299	↑8.7%
4	李燕	118761	↓12.4%
5	沈核	195340	↑44.1%
6	盛代国	144435	↑6.6%
7	宋维昆	119405	↓11.9%
8	王利华	92590	↓31.7%
9	苑平	135075	↓0.3%
10	张涛	142863	↑5.4%

图 6-25　自定义数字显示格式结果

2. 格式代码中有条件

图 6-26 所示的表格为 "考核情况表"，其中 "考核情况" 列的值为 "通过" 和 "未通过"。如果希望输入 "通过" 时，文本自动显示为蓝色；输入 "未通过" 时，文本自动显示为红色，

那么可以通过设置自定义格式来实现。

为了便于快速输入，假设输入数据时，用1代表"通过"，用0代表"未通过"，即当输入1时显示蓝色字"通过"，输入0时显示红色字"未通过"。

格式代码为：[蓝色][=1]通过;[红色][=0]未通过。

这个格式代码分为两部分，并用分号隔开。第一部分是对输入数值为1时的数值设置格式，表示字体为蓝色，显示"通过"；第二部分是对输入数值为0时的数值设置格式，表示字体为红色，显示"未通过"。

操作步骤如下。

① 设置自定义数字格式。选定 C2:C10 单元格区域，设置自定义数字格式，设置步骤与上述相同，只是在"类型"文本框中输入[蓝色][=1]通过;[红色][=0]未通过。

② 输入数据。在 C2:C10 单元格区域中输入1时显示为蓝色的"通过"；输入0时，显示为红色的"未通过"，结果如图 6-27 所示。

	A	B	C
1	业务员	销售额	考核情况
2	郝海为	124012	
3	靳晋复	147299	
4	李燕	118761	
5	沈核	195340	
6	盛代国	144435	
7	宋维昆	119405	
8	王利华	92590	
9	苑平	135075	
10	张涛	142863	

图 6-26 设置自定义格式前的表格

	A	B	C
1	业务员	销售额	考核情况
2	郝海为	124012	通过
3	靳晋复	147299	通过
4	李燕	118761	通过
5	沈核	195340	通过
6	盛代国	144435	通过
7	宋维昆	119405	通过
8	王利华	92590	未通过
9	苑平	135075	通过
10	张涛	142863	通过

图 6-27 自定义数字显示格式结果

> **注意**
>
> 应用"自定义数字格式"的数字只改变数值的显示方式，不会改变数据本身。另外，如果在"自定义数字格式"中使用了颜色，那么必须使用 Excel 内置的标准颜色。

6.2.4 延伸知识点

① 修饰趋势线

在创建的图表中添加趋势线辅助分析数据后，可对趋势线进行美化和修饰，使其突出显示，包括更改趋势线的线条样式、颜色等。

修饰趋势线颜色的操作步骤如下。

① 选定图表中的趋势线。

② 设置颜色。在"图表工具"上下文选项卡"格式"子卡的"形状样式"组中，单击"形状轮廓"命令，在弹出的下拉菜单中选择所需颜色。

修饰趋势线线型的操作步骤如下。

① 选定图表中的趋势线。

② 设置线型。在"图表工具"上下文选项卡"格式"子卡的"形状样式"组中，单击"形状轮廓">"虚线"命令，在弹出的快捷菜单中选择所需线型。

6.2.5 独立实践任务

♦ 任务背景

凯撒文化用品公司销售部每个月都会将销售人员的销售信息记录在"销售情况表"中。在公司销售经营管理活动中，管理者非常希望能够根据现有销售情况了解未来可能的销售趋势，以便更好调控公司的其他经营活动。

♦ 任务要求

根据下面的"销售情况表"，按以下要求完成相应的操作。

	A	B	C	D	E	F	G	H	I
1	序号	销售员	销售日期	货号	商品	订货单位	单价	数量	销售额
2	0017	蒙继炎	2018/01/02	JD70B5	A5手账本笔记本	天缘商场	5	1000	5000
3	0018	王丽	2018/01/05	JN70B5	水彩笔绘画套装工具	白云出版社	9	100	900
4	0019	梁鸿	2018/01/05	SG70A3	长激光笔	蓝图公司	38	20	760
5	0020	刘尚武	2018/01/07	JD70B5	A5手账本笔记本	天缘商场	5	1000	5000
6	0021	朱强	2018/01/10	SY80B5	办公笔记本	星光出版社	17	40	680
7	0022	丁小飞	2018/01/12	XL70A3	多孔插座	海天公司	230	30	6900
8	0023	孙宝彦	2018/01/12	JD70A4	A5手账本笔记本	期望公司	5	500	2500
9	0024	张港	2018/01/14	JD70B4	A5手账本笔记本	白云出版社	5	100	500
10	0017	蒙继炎	2018/01/14	XL70B5	电话机	蓓蕾商场	40	100	4000
11	0018	王丽	2018/01/16	JN80A3	水彩笔绘画套装工具	天缘商场	9	2000	18000
12	0019	梁鸿	2018/01/16	JD70A3	A5手账本笔记本	开心公司	5	500	5000
13	0020	刘尚武	2018/01/18	JD70B5	A5手账本笔记本	蓓蕾商场	5	1000	5000

销售情况表

（1）创建每月每种商品的销售量统计表。行标题显示商品名称，列标题显示月份，按"任务效果参考图"设置相应格式。

（2）根据以往数据，应用图表分析预测"电话机"12月的销售量。将预测结果填入对应单元格，并将该单元格预测值的显示设置为：背景是"深红"色，字体是"加粗"。

♦ 任务效果参考图

	A	B	C	D	E	F	G	H	I	J	K	L	M
1		1月	2月	3月	4月	5月	6月	7月	8月	9月	10月	11月	12月
2	A5手账本笔记本	4800	2600	2150	3650	2100	340	4745	4650	3300	1910	4450	3550
3	办公笔记本	640		2880	200	2300	2400	2400	4390	41	2100	2730	2590
4	打孔机		47	20	40	70	50	20	40		21	28	400
5	电话机	100	50	10	100		40	30	18	50	21	30	
6	多孔插座	40	21	60	23	40	114	81	22	50	80	70	98
7	复印纸	22	45			15		60	50			20	18
8	三格书插	5	40	40	40	22	18	22	58		70	50	20
9	水彩笔绘画套装工具	2100	1200		1200	100	50	1000	147	560	50		600
10	长激光笔	20	10			20	20	50	22	20		50	10

销售量统计表

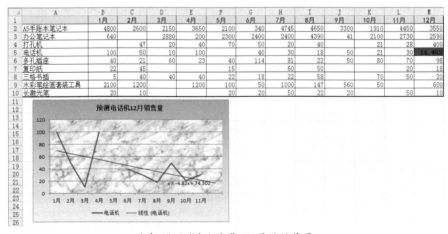

分析预测"电话机"12月的销售量

◆ 任务分析

在完成本任务的两个题目过程中，创建每月每种商品的销售量统计表最简单的做法是使用数据透视功能，创建相关的数据透视表，然后以此表为数据源进行第二个题目的预测分析。但这里应注意：第一，数据透视表创建后自动带有行、列的总计行和总计列，应进行隐藏处理；第二，数据透视表中第一行是对应字段的值，按规则是不允许对该字段值做任何修改的，这样一定会影响第二个题目中预测分析的计算，应做适当处理；第三，进行预测分析时，首先应以"电话机"数据作为数据源，创建折线图，然后为该折线图创建趋势线，并显示公式方程，最后根据此公式方程进行预测计算。

6.2.6 课后练习

1. 填空题

（1）Excel 的趋势线是以图表的方式显示数据的_____，同时还可以用来进行预测分析。

（2）"线性"趋势线通常表示数据以恒定的速率增加或减少，适用于_____数据集的最佳拟合直线。

（3）"乘幂"趋势线适用于以特定速度_____的数据集的曲线。

（4）图 6-28 所示为一个数据表。若将 B2:B4 单元格区域的数字显示格式自定义为：[红色][>10]" 大于 10";[蓝色][<0]" 负数 ";[绿色]" 大于 0 且小于 10"，则对应 A 列的数值 B2、B3 和 B4 单元格显示的内容分别为_____、_____和_____，字体颜色分别为_____、_____和_____。

	A	B
1	常规显示	自定义格式后显示
2	15	
3	9	
4	-3	

图 6-28 自定义数字格式

（5）自定义数字显示格式的数字只改变数值的显示方式，不会改变_____。

2. 单选题

（1）以图表方式显示数据变化趋势，同时又可以用来进行预测分析的是（　　）。

　　A. 趋势线　　　B. 折线　　　　C. 网格线　　　D. 盈亏线

（2）"移动平均"趋势线适用的曲线是（　　）。

　　A. 数据波动微小的数据集的曲线

　　B. 数据波动较大的数据集的曲线

　　C. 速度增减越来越快的数据集的曲线

　　D. 以特定的速度增加的数据集的曲线

（3）若数据值中含有零或负数，则不能使用的趋势线类型是（　　）。

　　A. 多项式　　　B. 乘幂　　　　C. 对数　　　　D. 线性

（4）若某单元格自定义数字格式代码为 000.00，值为 23.7，则显示内容为（　　）。

　　A. 023.70　　　B. 23.70　　　 C. 23.7　　　　D. 24

（5）若某单元格区域自定义数字格式代码为 [<1]0.00%;0.00，值分别为 0.5，1.2，-0.5，0，则下列描述错误的是（　　）。

    A. 值为 0.5，应显示为 50.00%

    B. 值为 1.2，应显示为 120%

    C. 值为 −0.5，应显示为 −50.00%

    D. 值为 0，应显示为 0.00%

3. 简答题

（1）趋势线的作用是什么？

（2）趋势线有几种？各自特点是什么？

（3）如何添加趋势线？

（4）自定义数字显示格式后，数值内容是否会发生变化？为什么？

（5）某公司已建立商品销售量统计表，如图 6-29 所示。若利用该表制作出图 6-30 所示图表，应如何制作？试说明制作的过程。

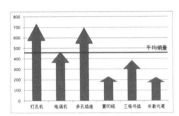

图 6-29　商品销售量统计表　　　　　图 6-30　商品销售量示意图

任务 6.3　分析库存积压与短缺情况 ——Excel 条件格式及批注的应用

6.3.1　任务导入

◆ **任务背景**

成文文化用品公司为了确保复印纸的供货量，每种复印纸都需要有一定的库存。为了避免出现复印纸的大量积压或短缺的情况，公司管理者希望随时了解库存情况。因此需要建立"库存汇总表"。

◆ **任务要求**

（1）根据"进销存管理"工作簿中已有的"销售情况表"和"本月采购表"中的数据，计算"库存汇总表"中每种产品品牌的"本期采购数量""本期销售数量"和"月末数量"。计算方法如下。

本期采购数量："本月采购表"中数量之和。

本期销售数量："销售情况表"中 12 月的数量之和。

月末数量：月初数量＋本期采购数量－本期销售数量。

（2）将"库存汇总表"中积压或缺货的产品品牌标记出来。要求如下。

当"月末数量"超过200（含200）时，将该值所在单元格的背景设为"深红"，字体设为"白色"和"加粗"，并为该单元格标记出"库存积压，请及时处理！"信息。

当"月末数量"少于50（不含50）时，将该值所在单元格的背景设为"深蓝"，字体设为"白色"和"加粗"，并为该单元格标记出"库存短缺，请及时补货！"信息。

● 任务效果参考图

库存汇总表

● 任务分析

在企业经营活动中，产品的库存数量会直接影响采购和销售活动，因此库存管理非常重要。加强库存管理就是要在保证销售需求的前提下，确保库存数量在合理的范围内，适时适量地进行采购，避免库存积压或缺货，以此来减少库存数量，降低库存成本。这其中，掌握库存存储动态是最为关键的。

要完成本任务，第一，分析计算要求和计算规则，确定计算公式，并将公式输入工作表相应单元格中，完成所需计算；第二，根据规则，使用条件格式将所需标记的单元格进行格式设置；第三，使用批注对已标记的单元格数据进行辅助说明。

6.3.2　模拟实施任务

打开工作簿

1　启动 Excel，单击"文件" > "打开"命令，打开"打开"对话框。在左窗格中找到文件所在的位置，在右窗格中找到需要打开的"进销存管理"工作簿文件，双击该文件名。"进销存管理"工作簿中有多个工作表，其中"销售情况表"部分数据如图 6-12 所示，"本期采购表"如图 6-31 所示，"库存汇总表"如图 6-32 所示。

图 6-31　"本期采购表"

图 6-32　"库存汇总表"

计算本期采购数量、本期销售数量和月末数量

2 单击"库存汇总表"工作表标签，在 F2、H2 和 J2 单元格中输入相应的计算公式。计算公式如表 6-2 所示。

表 6-2　各项目对应的计算公式

单元格	计算公式
F2	=SUMIF('本月采购表'!$C$2:$C$32, B2, '本月采购表'!$F$2:$F$32)
H2	=SUMIF('销售情况表'!$E$162:$E$182,B2,'销售情况表'!$H$162:$H$182)
J2	=D2+F2-H2

3 将 F2、H2 和 J2 单元格中的公式分别填充到 F3:F6、H3:H6 和 J3:J6，结果如图 6-33 所示。

	A	B	C	D	E	F	G	H	I	J
1	产品代号	产品品牌	月初单价	月初数量	本期采购单价	本期采购数量	本期销售单价	本期销售数量	月末单价	月末数量
2	JD70B5	金达牌	185	120	145	525	185	384	185	261
3	JN70B5	佳能牌	185	30	140	61	185	61	185	30
4	SG70A3	三工牌	230	12	160	146	230	98	230	60
5	SY80B5	三一牌	210	50	160	149	210	79	210	120
6	XL70A3	雪莲牌	230	100	150	178	230	118	230	160

图 6-33　计算结果

设置库存积压和库存短缺所在单元格的显示格式

4 选定 J2:J6 单元格区域。在"开始"选项卡的"样式"命令组中，单击"条件格式">"管理规则"命令，打开"条件格式规则管理器"对话框。

5 单击"新建规则"按钮，打开"新建格式规则"对话框。在"选择规则类型"列表框中，选择"使用公式确定要设置格式的单元格"[1]，在"为符合此公式的值设置格式"文本框中输入 =(J2>=200)，单击"格式"按钮，打开"设置单元格格式"对话框。在该对话框中按照任务要求设置填充和字体。单击"确定"按钮，回到"新建格式规则"对话框，如图 6-34 所示。单击"确定"按钮。

6 单击"新建规则"按钮，打开"新建格式规则"对话框。在"选择规则类型"列表框中，选择"使用公式确定要设置格式的单元格"，在"为符合此公式的值设置格式"文本框中输入 =(J2<50)，单击"格式"按钮，打开"设置单元格格式"对话框。在该对话框中按照任务要求设置填充和字体。单击"确定"按钮，回到"新建格式规则"对话框，如图 6-35 所示。

图 6-34　设置库存积压单元格的格式

图 6-35　设置库存短缺单元格的格式

⑦ 单击"确定"按钮，条件及格式的设置结果如图 6-36 所示。单击"确定"按钮，设置条件格式的"库存汇总表"如图 6-37 所示。

图 6-36　条件格式的设置结果

	A	B	C	D	E	F	G	H	I	J
1	产品代号	产品品牌	月初单价	月初数量	本期采购单价	本期采购数量	本期销售单价	本期销售数量	月末单价	月末数量
2	JD70B5	金达牌	185	120	145	525	185	384	185	261
3	JN70B5	佳能牌	185	30	140	61	185	61	185	30
4	SG70A3	三工牌	230	12	160	146	230	98	230	60
5	SY80B5	三一牌	210	50	160	149	210	79	210	120
6	XL70A3	雪莲牌	230	100	150	178	230	118	230	160

图 6-37　设置条件格式后的"库存汇总表"

添加批注显示库存积压和库存短缺提示信息

⑧ 选定达到库存积压标准的单元格 J2。在"审阅"选项卡的"批注"命令组中，单击"新建批注"命令⑩。在弹出的批注文本编辑框中输入 库存积压，请及时处理！ 。

⑨ 选定达到库存短缺标准的单元格 J3。在"审阅"选项卡的"批注"命令组中，单击"新建批注"命令。在弹出的批注文本编辑框中输入 库存短缺，请及时补货！ 。结果如图 6-38 所示。

图 6-38　添加批注信息

6.3.3　拓展知识点

⑩ 使用公式设置条件格式

Excel 提供了很多内置的条件格式类型，能够对数据表中的内容按指定条件进行判断，并且能够返回预先指定的格式。内置条件格式的设置和应用在任务 1.2 拓展知识点中已经做了介绍。除此之外，Excel 还允许将函数公式与条件格式相结合，使用公式进行条件判断来设置所需的格式。一般情况下，如果要设置的条件较为复杂，就可以使用公式作为条件格式的规则。

注意

（1）在条件格式中使用函数公式时，若公式返回的结果为 TRUE 或不等于 0 的任意数值，则应用预先设置的格式效果。若公式返回的结果为 FALSE 或数值 0，则不会应用预先设置的格式效果。

（2）在条件格式中使用函数公式时，如果选定的是一个单元格区域，可以活动单元格作为参照编写公式，设置完成后，该规则会应用到所选定范围的全部单元格。

（3）如果需要在公式中固定引用某一行某一列，或是固定引用某个单元格的数据，需要特别注意选择不同的引用方式。在条件格式的公式中选择不同引用方式时，可以理解为在所选区域的活动单元格中输入公式，然后将公式复制到所选范围内。

例如，图 6-39 所示为每季度商品销量情况，若将每种商品的最低销量突出显示出来，操作步骤如下。

① 选定 A2:E6 单元格区域。

② 新建格式规则。在“开始”选项卡的“样式”命令组中，单击“条件格式”>“新建规则”命令，打开“新建格式规则”对话框。在“选择规则类型”列表框中，选择“使用公式确定要设置格式的单元格”，在“为符合此公式的值设置格式”文本框中输入 =A2=MIN($A2:$E2)。

注意

这个公式分为两个部分。第一部分只有一个等号“=”；第二部分“A2=MIN($A2:$E2)”是一个条件，通过计算该条件得出一个真值或假值。在执行这个公式时，先通过“MIN($A2:$E2)”部分计算出公式所在行的最小值，然后判断 A2 单元格是否等于公式所在行的最小值，若等于则套用所设置的格式。另外，在条件格式中针对活动单元格 A2 的设置，将被作用到所选区域的每一个单元格上。

③ 设置突出显示格式。单击“格式”按钮，打开“设置单元格格式”对话框。在该对话框中设置填充和字体。单击“确定”按钮，回到“新建格式规则”对话框。单击“确定”按钮，结果如图 6-40 所示。

	A	B	C	D	E
1	商品名称	第一季	第二季	第三季	第四季
2	佳能牌	115	146	189	111
3	金达牌	430	468	591	890
4	三工牌	164	255	284	217
5	三一牌	199	122	180	193
6	雪莲牌	241	337	331	469

图 6-39　每季度商品销量情况

	A	B	C	D	E
1	商品名称	第一季	第二季	第三季	第四季
2	佳能牌	115	146	189	111
3	金达牌	430	468	591	890
4	三工牌	164	255	284	217
5	三一牌	199	122	180	193
6	雪莲牌	241	337	331	469

图 6-40　条件格式设置结果

又如，在人事档案表中记录了每名员工的出生日期信息，如图 6-41 所示。

人事档案表

	B	C	D	E	F	G	H	I	J	K	L	N
3	工号	部门	姓名	性别	出生日期	婚姻状况	籍贯	参加工作日期	职务	职称	学历	联系电话
61	7612	业务一部	张山	男	1973年3月19日	已婚	安徽	1992/12/4	业务员	助理工程师	大专	13512341273
62	7613	业务一部	李仪	女	1972年7月30日	已婚	北京	1996/4/16	业务员	工程师	大本	13512341274
63	7614	业务一部	陈江川	男	1971年6月11日	已婚	山东	1997/2/25	业务员	经济师	大本	13512341275
64	7615	业务一部	彭平利	男	1972年7月7日	已婚	北京	1998/3/24	业务员	经济师	大本	13512341276
65	7616	业务一部	李进	男	1975年1月29日	已婚	湖北	2002/10/16	业务员	工程师	博士	13512341277
66	7617	业务一部	曹明菲	女	1981年4月21日	未婚	北京	2004/9/26	业务员	助理工程师	大专	13512341278

图 6-41　人事档案表

若希望能够在一周内对员工生日给出提醒，即将需要提醒的员工出生日期突出显示，可以使用公式设置条件格式。假设，当前系统时间为 4 月 20 日，设置条件格式的操作步骤如下。

① 选定 B4:N66 单元格区域。

② 新建格式规则。打开"新建格式规则"对话框。在"选择规则类型"列表框中，选择"使用公式确定要设置格式的单元格"，在"为符合此公式的值设置格式"文本框中输入=DATEDIF($F4,NOW()+7,"YD")<=7。

> **提示**
>
> 　　DATEDIF 函数的格式为"DATEDIF(start_date,end_date,unit)"，其功能是用于返回两个日期之间的间隔数。DATEDIF 函数包含 3 个参数，参数 start_date 为时间段内的第一个日期或起始日期；参数 end_date 为时间段内的最后一个日期或结束日期，结束日期必须大于起始日期；参数 unit 为所需信息的返回类型。返回类型中，"Y"表示时间段中的整年数；"M"表示时间段中的整月数；"D"表示时间段中的天数；"MD"表示起始日期与结束日期的同月间隔天数，忽略日期中的月份和年份；"YD"表示起始日期与结束日期的同年间隔天数，忽略日期中的年份；"YM"表示起始日期与结束日期的同年间隔月数，忽略日期中的年份。例如，如果 A1 单元格中的值为"1993-4-1"，那么计算 A1 单元格的日期和当前日期的年数差、月数差和天数差的公式分别为："=DATEDIF(A1,TODAY(),"Y")"、"=DATEDIF(A1,TODAY(),"M")"和"=DATEDIF(A1,TODAY(),"D")"。

③ 设置突出显示格式。单击"格式"按钮，打开"设置单元格格式"对话框。在该对话框中设置填充和字体。单击"确定"按钮，回到"新建格式规则"对话框。单击"确定"按钮，结果如图 6-42 所示。

图 6-42　设置条件格式结果

⑫ 新建批注

在查阅表格数据过程中，如果查阅者对表格数据存在疑问，但又不方便直接修改数据，可以采用在单元格上建立批注的方法提出意见或建议，由表格创建者斟酌修改。另外，在查阅数据时如果需要对一些特殊数据进行说明或记录相关信息，也可以通过建立批注来实现。在表格中建立批注的操作步骤如下。

① 选定要建立批注的单元格。

② 新建批注。在"审阅"选项卡的"批注"命令组中，单击"新建批注"命令，打开批注文本编辑框，在批注文本编辑框中输入批注内容。

6.3.4　延伸知识点

⑪ 使用批注

使用批注时，可以浏览，可以设置格式，还可以将新建的批注隐藏起来。

浏览整个工作表中批注的方法是在"审阅"选项卡的"批注"命令组中，单击"上一条"或"下一条"按钮；对批注进行格式设置的方法与设置单元格格式方法相同。

如果不希望工作表中显示批注，可以将其隐藏起来，方法是在"审阅"选项卡的"批注"命令组中，单击"显示所有批注"按钮。这样，Excel 会将显示在工作表上的所有批注隐藏起来。需要时可以使用相同的方法将隐藏的批注显示出来。

⑫ 删除批注

当处理完表格数据，不再需要批注内容时，可以将其删除。删除批注时，单击"审阅"选项卡"批注"命令组中的"删除"命令；或者右键单击有批注的单元格，在弹出的快捷菜单中单击"删除批注"命令；或者在选定批注后，按【Delete】键。

6.3.5　独立实践任务

◈ 任务背景

凯撒文化用品公司销售部每个月都会将销售人员的销售信息记录在"销售情况表"中，并且已经统计出每种商品的销售量情况。公司管理者非常希望了解在全年销售中每种商品的最高销售量，以便更好管理公司的经营活动。

◈ 任务要求

根据下面的"销售量统计表"，按以下要求完成相应的操作。

	A	B	C	D	E	F	G	H	I	J	K	L	M
1		1月	2月	3月	4月	5月	6月	7月	8月	9月	10月	11月	12月
2	A5手账本笔记本	4800	2600	2150	3650	2100	340	4745	4650	3300	1910	4450	3550
3	办公笔记本	640		2880	200	2300	2400	2400	4390	41	2100	2730	2590
4	打孔机		47	20	40	70	50	20	40		21	28	400
5	电话机	100	50	10	100		40	30	18	50	21	30	
6	多孔插座	40	21	60	23	40	114	81	22	50	80	70	98
7	复印纸	22	45			15		60	50			20	18
8	三格书插	5	40	40	40	22	18	22	58		70	50	20
9	水彩笔绘画套装工具	2100	1200		1200	100	50	1000	147	560	50		600
10	长激光笔	20	10			20	20	50	22	20		50	10

销售量统计表

（1）找出每种商品 12 个月中销售量的最大值，并设置显示格式。显示格式可自行拟定。

（2）找出（1）中的最大值，并将该值给出批注，批注内容为"A5 手账本笔记本 1 月销售量为全年所有商品的最高销售量。"。

◈ 任务效果参考图

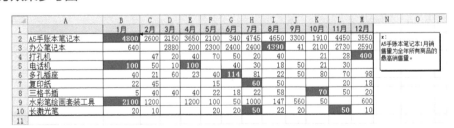

最高销售量条件格式设置及标注结果

◈ 任务分析

在完成本任务的两个题目过程中，首先找出进行条件判断的公式；然后新建规则，并进行格式设置；最后创建批注。

6.3.6 课后练习

1. 填空题

（1）使用函数公式进行条件判断时，若公式返回的结果为_____，则应用预先设置的格式效果。

（2）现有员工信息表如图 6-43 所示。若设置员工生日提醒，应在"新建格式规则"对话框的"为符合此公式的值设置格式"文本框中输入_____公式。

	A	B
1	姓名	出生日期
2	李忠旗	1965/2/10
3	焦戈	1970/4/20
4	张进明	1974/10/27
5	安晋文	1971/3/31

图 6-43 员工信息表

（3）在应用条件格式时，如果要设置的条件比较复杂，可以使用_____作为条件格式的规则。

（4）删除批注时，可以单击_____选项卡"批注"命令组中的"删除"命令。

（5）使用批注时，可以单击_____选项卡"批注"命令组中的_____按钮，浏览下一条批注。

2. 单选题

（1）下列关于 Excel 内置的条件格式规则的叙述中，错误的是（   ）。

    A. 条件格式规则包括了"图标集"

    B. 条件格式规则包括了"数据条"

    C. 条件格式规则包括了"应用函数公式"

    D. 条件格式规则包括了"项目选取规则"

（2）下列关于打开"新建格式规则"对话框的方法叙述中，错误的是（   ）。

    A. 单击"开始"选项卡"样式"命令组中的"条件格式">"新建规则"命令

    B. 单击"开始"选项卡"样式"命令组中的"条件格式">"管理规则">"新建规则"命令

    C. 单击"开始"选项卡"样式"命令组中的"条件格式">"数据条">"其他规则"命令

    D. 右键单击所选区域，在弹出的快捷菜单中单击"条件格式">"新建规则"命令

（3）在条件格式中如果使用函数公式作为规则，那么当公式返回结果为非零时，格式效果是（   ）。

    A. 应用预先设置的格式   B. 有条件地应用预先设置的格式

    C. 不应用预先设置的格式   D. 先设置需要的格式再应用

（4）在条件格式中，下列不属于可设置的格式内容是（   ）。

    A. 字体   B. 边框   C. 填充   D. 对齐

（5）下列删除批注的方法叙述中，错误的是（   ）。

    A. 选定批注后，按【Delete】键

    B. 单击"审阅"选项卡"批注"命令组中的"删除"命令

    C. 单击"审阅"选项卡"批注"命令组中的"清除"命令

    D. 右键单击有批注的单元格，在弹出的快捷菜单中单击"删除批注"命令

3. 简答题

（1）在设置条件格式时，函数公式是否可以作为条件判断的规则？为什么？

（2）在工作表中输入手机号码，如果不是 18 位或者是空值，显示颜色提醒。请简单说明设置思路和步骤？

（3）某公司已建立员工人事档案表，如图 6-44 所示。若希望在 O3 单元格中输入姓名后，人事档案表中填充颜色来显示相应员工的信息，应如何操作？

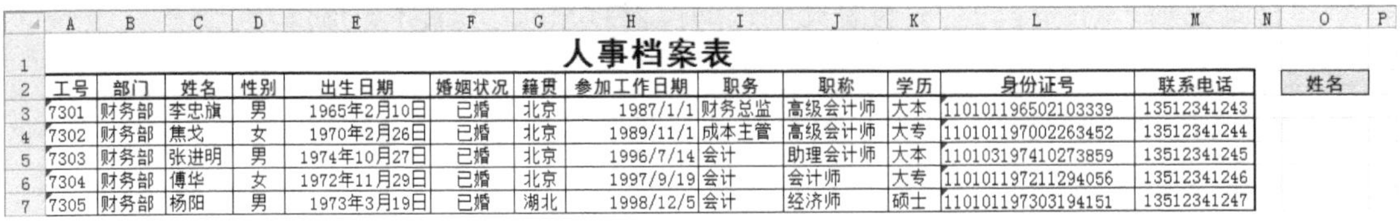

	A	B	C	D	E	F	G	H	I	J	K	L	M	N	O	P
1								人事档案表								
2	工号	部门	姓名	性别	出生日期	婚姻状况	籍贯	参加工作日期	职务	职称	学历	身份证号	联系电话		姓名	
3	7301	财务部	李忠旗	男	1965年2月10日	已婚	北京	1987/1/1	财务总监	高级会计师	大本	110101196502103339	13512341243			
4	7302	财务部	焦戈	女	1970年2月26日	已婚	北京	1989/11/1	成本主管	高级会计师	大专	110101197002263452	13512341244			
5	7303	财务部	张进明	男	1974年10月27日	已婚	北京	1996/7/14	会计	助理会计师	大本	110103197410273859	13512341245			
6	7304	财务部	傅华	女	1972年11月29日	已婚	北京	1997/9/19	会计	会计师	大专	110101197211294056	13512341246			
7	7305	财务部	杨阳	男	1973年3月19日	已婚	湖北	1998/12/5	会计	经济师	硕士	110101197303194151	13512341247			

图 6-44　人事档案表

（4）使用批注的主要作用是什么？

（5）如何编辑批注内容？

项目七 共享客房入住信息

内容提要

Excel 提供了实现协同合作、共享信息的方法。本项目将通过酒店客房信息管理案例，介绍共享工作簿及追踪修订的操作、超链接及其应用的技巧、Excel 与 Office 组件共享信息和 Excel 与 Internet 交换信息的方法。

能力目标

- 能够通过网络与其他用户进行协同工作，交换信息
- 能够运用超链接及绘图工具建立与工作表之间的联系

专业知识目标

- 理解共享工作簿的基本概念
- 了解追踪修订的内容
- 理解超链接的概念
- 理解链接、嵌入的概念及区别

软件知识目标

- 掌握共享工作簿的操作方法
- 掌握创建超链接的操作方法
- 掌握与其他应用程序共享信息的方法
- 掌握图片、图形及艺术字的绘制及格式设置方法

任务 7.1 建立客房入住信息表
——Excel 共享工作簿的创建与应用

7.1.1 任务导入

♦ 任务背景

都市之星是一个四星级酒店，每天预订部和前台都要处理大量的客人信息。为了便于酒店有效地进行信息管理，方便管理者了解和使用客房入住情况，需要通过预订部和前台管理部门协同合作，共同建立客房入住信息表。

♦ 任务要求

建立一个工作簿，完成预订信息和入住信息的输入工作。要求如下。

工作簿名称：酒店客房信息管理。

工作表名称：客房入住信息表。

工作表项目：姓名、性别、有效证件、有效证件号码、入住日期、离店日期、房间类型、预订备注、房间号、出生日期、手机号码、邮箱地址、付款类型和入住备注。

其中，房间类型包括标准和商务；付款类型包括现金、信用卡、支付宝和微信。

工作表内容：参考"任务效果参考图"输入数据和设置格式。

♦ 任务效果参考图

客房入住信息表

♦ 任务分析

客房入住管理是酒店信息管理中的一项重要内容。通过记录客房入住信息和入住客人信息，可以及时了解酒店的入住情况，核算酒店的经营收入和利润，分析客人的构成，以便为客人提供良好的服务，提升酒店的服务质量和经济效益。

"都市之星"酒店的客人一般在入住酒店前需要提前预定，预订部会将客人的预订信息填写到"客房入住信息表"中，包括姓名、性别、有效证件、有效证件号码、入住日期、离店日期、房间类型、预订备注等；入住时由前台接待人员根据客人提供的姓名或有效证件将客人的入住信息也填写到"客房入住信息表"中，包括房间号、出生日期、手机号码、邮箱地址、付款类型、入住备注等。也就是说，预订部和前台需要在不同时间不同地点或同一时间不同地点，使用同一个工作簿的同一个工作表。针对这种情况，可以利用 Excel 提供的共享工作簿功能，创建一个共享工作簿，由预订部和前台多人协作完成数据的输入任务。

7.1.2　模拟实施任务

创建"客房入住信息表"工作表

1 预订部负责输入客人的姓名、性别、有效证件、有效证件号码、入住日期、离店日期、房间类型、预订备注等预订信息；前台负责输入客人的房间号、出生日期、手机号码、邮箱地址、付款类型、入住备注等入住信息。先由预订部建立共享工作簿和"客房入住信息表"工作表，并输入预订信息。启动 Excel，双击工作表标签"Sheet1"，输入客房入住信息表；删除"Sheet2"和"Sheet3"工作表。在"客房入住信息表"第 2 行输入表头信息，包括姓名、性别、有效证件、有效证件号码、入住日期、离店日期、房间类型、预订备注、房间号、出生日期、手机号码、邮箱地址、付款类型、入住备注等。

设置工作表输入规则

2 Excel 不允许对共享工作簿进行一些特殊格式的设置，如条件格式、合并单元格等。因此需要先完成这些设置操作，再将工作簿设置为共享工作簿。在实际应用中，"客房入住信息表"中的房间号不允许出现重复值，因此为了确保输入的房间号不重复，可以将第 I 列设置为突出显示重复值。选定第 I 列。

3 在"开始"选项卡的"样式"命令组中，单击"条件格式">"突出显示单元格规则">"重复值"命令，打开"重复值"对话框，如图 7-1 所示。

4 在"设置为"下拉列表中选择"自定义格式"选项，打开"设置单元格格式"对话框；在该对话框中设置背景色为"黄色"，设置字形为"加粗"；单击"确定"按钮回到"重复值"对话框，单击"确定"按钮完成设置。此时，

图 7-1　"重复值"对话框

如果输入相同的房间号，系统会突出显示重复值，如图 7-2 所示。清除已输入的重复值，即可恢复到初始状态。

图 7-2　验证重复值的设置

设置工作表格式

5 在 B1 单元格中输入都市之星酒店客房入住客人基本信息。

6️⃣ 将 B1:N1 单元格区域合并为一个单元格，并将单元格的文本字体设置为"微软雅黑"，字号设置为 22；将第 1 行行高设置为 45.75。

7️⃣ 选定 A2:N2 单元格区域，将字形设置为"加粗"，并设置该行的背景颜色。

8️⃣ 分析"任务效果参考图"可知，表格信息显示为双数行填充了背景颜色。为了提高效率，可以用公式作为条件规则来设置表格格式。选定要设置格式的单元格区域 A3:N22，在"开始"选项卡的"样式"命令组中，单击"条件格式">"新建规则"命令，打开"新建格式规则"对话框。

9️⃣ 在"选择规则类型"列表中，选择"使用公式确定要设置格式的单元格"选项，在"为符合此公式的值设置格式"文本框中输入 =MOD(ROW(),2)=0，单击"格式"按钮，打开"设置单元格格式"对话框。在该对话框中按照任务要求设置填充的背景色。单击"确定"按钮回到"新建格式规则"对话框，再单击"确定"按钮，结果如图 7-3 所示。

图 7-3　设置工作表格式结果

添加图片

🔟 在"插入"选项卡的"插图"命令组中，单击"图片"❶按钮，打开"插入图片"对话框。在该对话框左侧找到存放图片文件的位置，在右侧找到所要插入的图片文件，然后双击该文件名。

⑪ 选定图片，这时图片四周出现 8 个控制点，将鼠标指针放到图片右下角控制点上，按住鼠标左侧不放，缩放图片至合适大小。

⑫ 将鼠标指针放到图片上，当鼠标指针变为十字箭头形状时，按住鼠标左键拖曳至 A1 单元格，结果如图 7-4 所示。

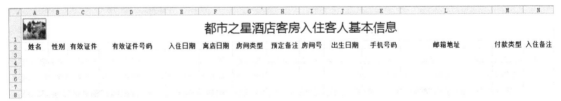

图 7-4　在工作表中添加图片

设置表格边框

⑬ 选定 A2:N22 单元格区域，在"开始"选项卡的"字体"命令组中，单击"边框">"所有框线"命令；在"开始"选项卡的"字体"命令组中，单击"边框">"粗匣框线"命令。

⑭ 选定 A2:N2 单元格区域，在"开始"选项卡的"字体"命令组中，单击"边框">"粗匣框线"命令，结果如图 7-5 所示。

姓名	性别	有效证件	有效证件号码	入住日期	离店日期	房间类型	预定备注	房间号	出生日期	手机号码	邮箱地址	付款类型	入住备注

都市之星酒店客房入住客人基本信息

图 7-5　添加表格边框结果

创建共享工作簿

图 7-6　设置共享工作簿

15 在"审阅"选项卡的"更改"命令组中，单击"共享工作簿"命令[02]，在打开的"共享工作簿"对话框中，勾选"允许多用户同时编辑，同时允许工作簿合并"复选框，如图 7-6 所示。

16 单击"确定"按钮。由于是新建立的工作簿，所以系统自动打开"另存为"对话框，选择已设置好的共享文件夹，并输入文件名酒店客房信息管理，然后单击"保存"按钮。此时工作簿窗口的标题栏上出现"共享"标志，如图 7-7 所示。

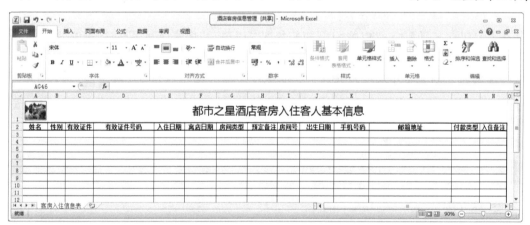

图 7-7　共享工作簿的设置结果

输入客人预订信息

17 若有客人预订，预订部可先通过网络打开"酒店客房信息管理"工作簿文件。

18 输入姓名、性别、有效证件、有效证件号码、入住日期、离店日期、房间类型、预订备注等数据值[03]，如图 7-8 所示。

姓名	性别	有效证件	有效证件号码	入住日期	离店日期	房间类型	预定备注	房间号	出生日期	手机号码	邮箱地址	付款类型	入住备注
张玉芝	女	身份证	110103197410273859	2019/1/1	2019/1/13	商务							
鞠虎虎	男	身份证	110101197211294056	2019/1/1	2019/1/16	标准							
代芬芬	女	身份证	110101197303194151	2019/1/1	2019/1/16	商务							
刘伟	男	身份证	110101197910054776	2019/1/1	2019/1/16	标准							
崔长江	男	身份证	110104196908244824	2019/1/1	2019/1/14	商务							
王秀梅	女	身份证	110104197302244075	2019/1/1	2019/1/15	标准							
王旋	男	身份证	110101197106115328	2019/1/1	2019/1/17	商务							
范长玉	男	身份证	110101197207075470	2019/1/1	2019/1/16	标准							
张婷	男	身份证	110101197501296776	2019/1/1	2019/1/16	商务							

都市之星酒店客房入住客人基本信息

图 7-8　输入客人预订信息

输入客人入住信息

19 若有预订客人入住，前台可通过网络打开“酒店客房信息管理”工作簿文件。

20 在“客房入住信息表”的“姓名”列或“有效证件号码”列找到入住客人的预订信息，然后输入房间号、出生日期、手机号码、邮箱地址、付款类型、入住备注等数据，如图 7-9 所示。

都市之星酒店客房入住客人基本信息

	姓名	性别	有效证件	有效证件号码	入住日期	离店日期	房间类型	预定备注	房间号	出生日期	手机号码	邮箱地址	付款类型	入住备注
3	邓云	男	护照	110102196604100137	2019/1/1	2019/1/5	标准		701	1966/4/10	13612345678	sunjia@cheng-wen.com.cn	现金	
4	郑东	女	护照	110102196809180011	2019/1/1	2019/1/6	商务		707	1968/9/18	13612345679	zhanghui@cheng-wen.com.cn	信用卡	
5	朱凯	男	身份证	110101197303191117	2019/1/1	2019/1/5	标准		803	1973/3/19	13612345680	wangye@cheng-wen.com.cn	支付宝	
6	王旭	女	身份证	110101197710021836	2019/1/1	2019/1/7	商务		905	1977/10/2	13612345681	liangyong@cheng-wen.com.cn	现金	
7	李丽	男	身份证	110102196712301800	2019/1/1	2019/1/7	标准							
8	杨晓	女	身份证	110101196004082101	2019/1/1	2019/1/10	商务		901	1960/4/8	13612345683	chungm@cheng-wen.com.cn	支付宝	
9	张瑜楠	女	身份证	110101196103262430	2019/1/1	2019/1/11	标准		909	1961/3/26	13612345684	chunds@cheng-wen.com.cn	信用卡	
10	翟淑芳	女	身份证	110101196006203132	2019/1/1	2019/1/10	商务							
11	张娜	女	身份证	110101196811092306	2019/1/1	2019/1/11	标准							
12	赵新	男	身份证	110101196502103339	2019/1/1	2019/1/14	商务		708	1965/2/10	13612345687	wang_cxy@cheng-wen.com.cn	信用卡	
13	王蕊	女	身份证	110101197002263452	2019/1/1	2019/1/15	标准		902	1970/2/26	13612345688	hejq@cheng-wen.com.cn	现金	
14	张玉芝	女	身份证	110103197410273859	2019/1/1	2019/1/13	商务		1307	1974/10/27	13612345689	zlq@cheng-wen.com.cn	信用卡	
15	鞠彪彪	男	身份证	110101197211294056	2019/1/1	2019/1/16	标准		1001	1972/11/29	13612345690	zhangxm@cheng-wen.com.cn	支付宝	
16	代芬芬	女	身份证	110101197303194151	2019/1/1	2019/1/14	商务							
17	刘伟	男	身份证	110101197910054776	2019/1/1	2019/1/16	标准							
18	崔长江	男	身份证	110104196908244824	2019/1/1	2019/1/14	商务		1108	1969/8/24	13612345693	zhuj18041@cheng-wen.com.cn	微信	
19	王秀梅	女	身份证	110104197302244075	2019/1/1	2019/1/15	标准		1203	1973/2/24	13612345694	penjy@cheng-wen.com.cn	支付宝	
20	王旋	男	身份证	110101197106115328	2019/1/1	2019/1/17	商务							
21	范长玉	男	身份证	110101197207075470	2019/1/1	2019/1/18	标准		1301	1972/7/7	13612345696	liang_62@cheng-wen.com.cn	支付宝	
22	张亭	男	身份证	110101197501295776	2019/1/1	2019/1/16	商务		1403	1975/1/29	13612345697	liu_shang@cheng-wen.com.cn	微信	

图 7-9　输入客人入住信息

保存共享工作簿

21 在需要保存共享工作簿时，预订部和前台均可以单击“快速访问工具栏”中的“保存”按钮，或者单击“文件”选项卡中的“保存”命令。由于两个部门对工作簿分别进行了不同的输入操作，因此后执行保存共享工作簿操作的一方在保存共享工作簿时，Excel 会弹出提示框，提示“工作表已用其他用户保存的更改进行了更新”。此时单击“确定”按钮，即可将另一部门输入的数据合并到该工作簿中。

7.1.3 拓展知识点

01 插入图片

在 Excel 工作表中可以插入图形、图片、艺术字等对象，以美化表格，使工作表更加生动直观，更具有可读性。图片对象可以是“计算机”中的任意图片文件，也可以是 Office 自带的剪贴画，还可以直接从网上搜寻需要的图片。

1. 插入剪贴画

插入剪贴画的操作步骤如下。

① 选定目标位置。选定要插入剪贴画的单元格或单元格区域左上角的单元格。

② 打开“剪贴画”任务窗格。在“插入”选项卡的“插图”命令组中，单击“剪贴画”命令，窗口右侧出现“剪贴画”任务窗格。

③ 搜索剪贴画。在“搜索文字”文本框中输入说明剪贴画的文字，如输入动物；在“结果类型”下拉列表中选择搜索的剪贴画类型，然后单击“搜索”按钮，结果如图 7-10 所示。

④ 插入剪贴画。单击所需要的剪贴图片或单击图片右侧的下拉箭头，在下拉菜单中选择

"插入"命令，即可插入剪贴画。

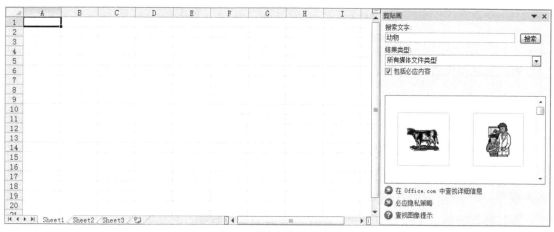

图 7-10 搜索剪贴画结果

2. 插入图片文件

在工作表中可以插入来自文件的图片，操作步骤如下。

① 选中要插入图片的单元格或单元格区域的左上角单元格。

② 打开"插入图片"对话框。在"插入"选项卡的"插图"命令组中，单击"图片"命令，打开"插入图片"对话框。

③ 插入图片。在"插入图片"对话框中选择需要插入的图片文件，单击"插入"按钮。

> **注意**
>
> 图片对象处于选定状态时，在 Excel 的功能区自动出现"图片工具"的"格式"上下文选项卡，可以对插入的图片、剪贴画进行修改、格式化等操作。通过单击该选项卡上的各个按钮或通过右键单击图片，在下拉菜单中选择"设置图片格式"命令，打开"设置图片格式"对话框，实现对图片的格式化处理。

⑫ 创建共享工作簿

默认情况下，Excel 工作簿文件只能被一个用户以独占方式打开和编辑。如果试图打开一个已经被其他用户打开的工作簿文件，Excel 会弹出"文件正在使用"提示框，表示该文件已经被锁定，这时只能以只读方式打开该工作簿。如果希望由多人同时编辑同一个工作簿文件，可以使用 Excel 提供的共享工作簿功能。

在多人同时编辑同一个工作簿之前，首先需要在已连接网络上的某台计算机的特定文件夹下创建一个共享工作簿。这个文件夹应该是多人均可访问的共享文件夹。

创建共享工作簿的操作步骤如下。

① 创建或打开一个工作簿。

② 打开"共享工作簿"对话框。在"审阅"选项卡的"更改"命令组中，单击"共享工作簿"命令，打开"共享工作簿"对话框。

③ 设置"共享工作簿"。在该对话框的"编辑"选项卡中，勾选"允许多用户同时编辑，同时允许工作簿合并"复选框；在"高级"选项卡中，选择要用于跟踪和更新变化的选项，单击"确定"按钮。

注意

如果是新建的工作簿，Excel 将自动弹出"另存为"对话框，此时选定已设置好的共享文件夹，并输入文件名即可。如果是已保存过的工作簿，Excel 会提示"此操作将导致保存文档。是否继续？"。

完成上述操作后，即完成了共享工作簿的创建，同时工作簿窗口的标题栏上显示"共享"标志。

⑬ 使用共享工作簿

创建共享工作簿后，不同用户就可以使用共享工作簿，向其中输入数据或编辑其中的数据。假设甲乙二人共同使用已经创建的共享工作簿，通常有两种方法。第一种方法是，甲乙二人在同一个工作簿中输入数据，Excel 在保存时会自动将分别输入的数据合并到该工作簿中；第二种方法是，甲乙二人分别在不同工作簿中输入数据，然后将两个工作簿的数据合并到一个工作簿中。

1. 在同一个工作簿中输入数据

① 打开共享工作簿。甲乙二人均通过网络打开共享工作簿文件。

② 甲乙二人分别将各自负责输入的数据输入工作表相应位置中。

③ 保存共享工作簿。甲乙二人在需要保存共享工作簿时，均可以单击"快速访问工具栏"中的"保存"按钮，或者单击"文件"选项卡中的"保存"命令。由于甲乙二人对工作簿分别进行了不同的输入操作，因此后执行保存共享工作簿操作的一方在保存共享工作簿时，Excel 会弹出提示框，提示"工作表已用其他用户保存的更改进行了更新"。此时单击"确定"按钮，即可将另一用户输入的数据合并到该工作簿中。

2. 在不同工作簿中输入数据

在不同工作簿中输入数据应分为两步完成。首先甲乙二人分别在不同的工作簿文件中输入数据，然后将两个工作簿文件合并到共享工作簿中。

（1）甲乙二人分别输入数据。操作步骤如下。

① 建立副本工作簿。通过网络打开共享工作簿文件。打开文件后，单击"文件"选项卡中的"另存为"命令，打开"另存为"对话框，选择原共享工作簿所在的共享文件夹，输入文件名，单击"保存"按钮。

 注意

甲乙二人保存的副本文件应选择不同的文件名。

② 输入数据。在相应单元格区域输入相关数据。

③ 保存工作簿。单击"快速访问工具栏"中的"保存"按钮。

（2）合并工作簿

甲乙二人输入和修订工作完成后，即可合并工作簿。在合并工作簿之前，应确认合并的工作簿是否符合如下要求。

- 来自同一个共享工作簿的副本。
- 具有不同的文件名。

- 没有设置密码或者具有相同的密码。

若符合上述要求，则可按如下操作步骤进行合并。

① 打开共享工作簿文件。

② 选定要合并的工作簿。单击"快速访问工具栏"上的"比较和合并工作簿"按钮，打开"将选定文件合并到当前工作簿"对话框，选定要合并的文件两个文件，如图 7-11 所示。

图 7-11 选定要合并的工作簿文件

> 注意
>
> 合并工作簿时需要使用"比较和合并工作簿"命令，但如果在功能区中没有该命令，需要先将其添加到功能区或者"快速访问工具栏"上。将此命令添加到"快速访问工具栏"上的方法是：单击"文件"选项卡中的"选项"命令，打开"Excel 选项"对话框。在该对话框左侧选择"快速访问工具栏"选项，在右侧的"从下列位置选择命令"下拉列表中，选择"不在功能区中的命令"选项，在其下方的列表框中选择"比较和合并工作簿"选项，如图 7-12 所示，然后单击"添加"按钮。此时在"快速访问工具栏"上会出现该命令的按钮。
>
>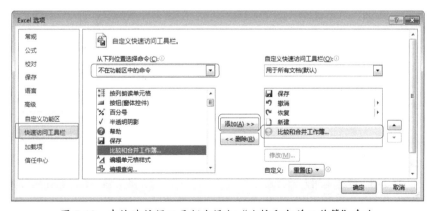
>
> 图 7-12 在快速访问工具栏上添加"比较和合并工作簿"命令

③ 合并工作簿。单击"确定"按钮开始合并。

④ 保存合并结果。单击"快速访问工具栏"中的"保存"按钮。

7.1.4　延伸知识点

❶ 形状

使用 Excel 的形状工具可以方便快捷地绘制出各种线条、基本形状、流程图、标注等形状，并可对形状进行旋转、翻转，添加颜色、阴影、立体效果等操作。绘制形状的操作步骤如下。

① 选择所需形状。在"插入"选项卡的"插图"命令组中，单击"形状"按钮，打开形状列表，如图 7-13 所示。单击所需形状按钮，鼠标指针变为十字形状。

② 绘制形状。在要插入形状的位置拖曳鼠标至所需大小后放开鼠标左键。

> 💡 **注意**
>
> 在绘制图形的过程中，若拖曳鼠标的同时按住【Shift】键，则画出的是正多边形。

图形对象处于选中状态时，在 Excel 的功能区自动出现"绘图工具"的"格式"上下文选项卡，可以对绘制的形状进行各种编辑和格式化操作。

❷ 艺术字

艺术字是具有特殊效果的文字。Excel 内部提供了大量的艺术字样式，可以使用艺术字样式库在工作表中插入艺术字。插入艺术字的方法是：单击"插入"选项卡"文本"命令组中的"艺术字"命令按钮，打开"'艺术字样式"列表，如图 7-14 所示。单击所需的艺术字样式，即可在工作表中插入艺术字。

可以对插入的艺术字进行修改、编辑。由于艺术字本身就是绘图对象，因此当艺术字对象处于选中状态时，在 Excel 的功能区自动出现"绘图工具"的"格式"上下文选项卡，可以根据需要调整艺术字样式、形状效果等。

图 7-13　自选图形中基本图形的列表

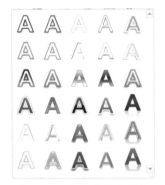

图 7-14　艺术字样式列表

❸ 设置共享工作簿

在创建共享工作簿时，可以对其进行一些设置，如设置工作簿的更新频率、保存修订日志等。方法是：先在"共享工作簿"对话框中单击"高级"选项卡，然后根据需要修改或选定相应的选项，如图 7-15 所示。

图 7-15 设置共享工作簿

1. 设置更新频率

每一位用户可以独立地设置从其他用户接受更新的频率。如果选择"更新"区域中的"保存文件时"单选按钮，可在每次保存共享工作簿时查看其他用户的更改；如果选择"自动更新间隔"单选按钮，在"分钟"文本框中输入时间间隔，并选择"查看其他人的更改"单选按钮，可以在经过一定的时间间隔后查看其他用户的修改；如果选择"保存本人的更改并查看其他用户的更改"单选按钮，可以在每次更新时保存共享工作簿，这样其他用户也能看到自己所做的修改。

2. 设置保存冲突日志

每个用户都可以为工作簿保存冲突日志。如果在"修订"区域中选择"保存修订记录"单选按钮，并在右侧的微调框中输入天数，就可设置保留冲突日志的时间期限。如果选择"不保存修订记录"单选按钮，就不会保存冲突日志。

3. 设置修订冲突的处理

每个用户对共享工作簿进行修改后，最终要将这些修改合并，合并时如果各自的修订发生冲突就要进行冲突的处理。如果在"用户间的修订冲突"区域中选择"询问保存哪些修订信息"单选按钮，就可以在修订发生冲突时弹出保存修订的提示，让用户做出选择。如果选择"选用正在保存的修订"单选按钮，将只保留用户自己所做的修订，且不显示冲突提示。

04 修订共享工作簿

当多人共同审阅和修订某个工作簿时，首先应将被审阅和修订的工作簿设置为共享工作簿，然后对其进行修订。修订时可以记录并显示修订的详细信息，也可以审阅和确认修订。

1. 编辑共享工作簿

打开一个共享工作簿后，与使用常规工作簿一样，可在其中输入和更改数据。操作步骤如下。

① 打开共享工作簿。

② 编辑共享工作簿。在工作表中输入数据并对其进行编辑。此时可以在"共享工作簿"对话框的"编辑"选项卡中查看同时打开该工作簿的用户信息。也可以在"高级"选项卡的"更新"区域中，选择在保存或不保存的情况下定期自动更新其他用户所做的更改，如图 7-16 所示。

图 7-16 "高级"选项卡

> 💡 **注意**
>
> 如果不同用户的编辑内容发生冲突，如两个用户对同一单元格输入了不同内容的数据，在保存工作簿时，Excel 将弹出"解决冲突"对话框，给出冲突的内容，并询问如何解决冲突。用户可以协商后决定是接受本用户的编辑还是其他用户的编辑。

2. 查看修订信息

若希望审阅或查看变更的数据，则需要突出显示修订记录。方法是：在"审阅"选项卡的"更改"命令组中，单击"修订">"突出显示修订"命令，打开"突出显示修订"对话框。在该对话框中勾选"时间"复选框，并在其右侧下拉列表中选择"全部"选项，如图7-17所示，单击"确定"按钮。

3. 审阅修订

可以对合并后的工作簿中的修订进行审阅，并逐一确认是否接受修订。接受或拒绝修订的方法是：在"审阅"选项卡的"更改"命令组中，单击"修订">"接受或拒绝修订"命令，打开"接受或拒绝修订"对话框，单击"确定"按钮，对话框中显示具体修订内容，如图7-18所示。在该对话框中可以按需要选择"接受""拒绝""全部接受"或"全部拒绝"。

图 7-17　突出显示修订

图 7-18　"接受或拒绝修订"对话框

❺ 停止共享工作簿

完成协同输入或编辑操作后，可以停止工作簿的共享。操作步骤如下。

① 打开"共享工作簿"对话框。在"审阅"选项卡的"更改"命令组中，单击"共享工作簿"命令，打开"共享工作簿"对话框。

② 删除用户。在"编辑"选项卡的"正在使用本工作簿的用户"列表框中，选择要删除的用户，单击"删除"按钮。这样就可以确保"正在使用本工作簿的用户"列表中只列出一个用户。

③ 清除共享设置。取消选中"允许多用户同时编辑，同时允许工作簿合并"复选框，单击"确定"按钮。此时弹出提示框，提示上述操作将对其他正在使用该共享工作簿的用户产生影响，如图7-19所示，单击"是"按钮。

图 7-19　提示框

 注意

　　停止工作簿的共享后，正在编辑该工作簿的其他用户将不能保存他们所做的修改。因此在停止共享工作簿之前，应确保所有用户都已经完成了各自的工作。

7.1.5　独立实践任务

♦ 任务背景

澳新酒店中餐厅提供了年夜饭餐位预订服务。现在酒店管理者希望及时了解餐位预订情况，以及每位订餐客人的预订信息和实际就餐信息。由于客人预订餐位和实际就餐信息并不同时产生，因此需要多人共同记录订餐及就餐情况。

♦ 任务要求

由餐厅预订员和餐厅收银员合作，制作一个"客人订餐情况表"。要求如下。

工作簿名称：餐位管理。

工作表名称：客人订餐情况表。

预订员负责项目：餐桌号、订餐者姓名、订餐日期、订餐人数、要求、电话。

收银员负责项目：消费金额。

工作表内容：参照"任务效果参考图"输入数据和设置格式，其中，"总人数"和"收入总金额"为计算得到。

♦ 任务效果参考图

餐桌号	订餐者姓名	订餐日期	订餐人数	要求	电话	消费金额
		中餐厅除夕晚宴订餐情况表			时间：17:30~1:00	
1	黄金颖	2019/1/13	2	18:30~19:00	13311211011	1000
2	刘丁维	2019/1/13	2	18:30~19:00	65976453	
3	董纯宜	2019/1/13	3	18:30~19:00		568
4						
5						
6						
7						
8	陈玲幼	2019/1/14	3	17:30~18:00	13511212122	870
9	颜旭	2019/1/14	2	19:00	13511232327	512
10	黄俊华	2019/1/15	8	20:00		2350
11						
12						
13						
14						
15	谢青	2019/1/17	4	18:00	13511212127	678
16						
17						
18	史光荣	2019/1/19	5	17:30~18:00	65976450	890
19	张小慧	2019/1/20	3	19:00	65976499	810
20						
21						
22						
23						
24						
25						
26	王倩	2019/1/21	3	17:30~18:00	65976633	468
返回平面图		总人数：35			收入总金额：5658	

客人订餐情况表

♦ 任务分析

"客人订餐情况表"包含餐桌号、订餐者姓名、订餐日期、订餐人数、要求、电话和消费金额等项目。题目要求由餐厅预订员和餐厅收银员负责，因此应该将所建工作簿设置为共享工作簿，分别输入相关数据。输入数据时，可以在同一个共享工作簿中进行，也可以先由一个部门创建共享工作簿，并将餐桌号输入所建工作簿的"客人订餐情况表"中，再将已建的共享工作簿分别进行复制，并在各自副本工作簿中输入对应餐桌号的其他信息，最后将两个副本工作簿文件合并到共享工作簿中。注意，各自保存的副本工作簿文件应选择不同的文件名。

7.1.6　课后练习

1．填空题

（1）默认情况下，Excel 工作簿文件只能被_____个用户以_____方式打开和编辑。

（2）如果由多人同时编辑同一个工作簿文件，可以使用 Excel 提供的_____功能。

（3）合并的工作簿必须来自_____的副本。

（4）停止共享工作簿后，正在编辑该工作簿的其他用户将不能_____已做的修改。

（5）多名成员共同修订某个工作簿时，首先应将该工作簿设置为_____。

2．单选题

（1）合并修订的工作簿需满足合并要求，下列不符合合并要求的是（　　）。

  A．应具有不同的文件名　　　　　B．应来自同一个共享工作簿的副本

  C．应设置了冲突处理　　　　　　D．未设置密码或者具有相同的密码

（2）合并修订的工作簿，应使用的命令是（　　）。

  A．比较工作簿　　　　　　　　　B．比较和合并工作簿

  C．合并工作簿　　　　　　　　　D．共享工作簿

（3）多人协作处理同一工作簿的数据时，需要先将该工作簿（　　）。

  A．打开　　　　B．保存　　　　C．加密　　　　D．设置为共享

（4）"接受或拒绝修订"命令所在的命令组是（　　）。

  A．"审阅"选项卡的"更改"命令组

  B．"审阅"选项卡的"修订"命令组

  C．"审阅"选项卡的"核对"命令组

  D．"审阅"选项卡的"共享工作簿"命令组

（5）在创建共享工作簿时，可以对其进行一些设置。下列不属于设置内容的是（　　）。

  A．自动更新间隔　　　　　　　　B．询问保存哪些修订信息

  C．保存修订记录　　　　　　　　D．询问保存修订日志位置

3．简答题

（1）共享工作簿的作用是什么？请举例说明。

（2）多人协作建立工作簿的优势是什么？

（3）多人如何协作完成建立共享工作簿？请简单说明建立过程。

（4）如何将"比较和合并工作簿"命令添加到功能区中？请简单说明添加过程。

（5）怎样查看修订的内容？

任务 7.2 制作客房入住管理平面图——Excel 超链接的创建与应用

7.2.1 任务导入

● **任务背景**

都市之星是一个三星级酒店，主要提供餐饮、住宿和娱乐等服务。酒店管理者希望通过直观、形象的方式，快速了解客房预订情况和客人入住信息。因此，需要建立一个客房入住管理平面图显示客房入住情况，并能够通过每个房间号来了解该房间的客人的预订信息和入住信息。

● **任务要求**

根据"客房入住信息表"数据，建立"客房入住管理平面图"。要求如下。

（1）平面图放在新建工作表中，工作表名为"客房入住管理平面图"，表内容如"任务效果参考图"所示。

（2）参照"任务效果参考图"设置平面图的格式。

（3）如果预订客人已入住，平面图中对应的房间号自动用背景颜色填充，以表示该房间已有客人入住。

（4）能够在平面图中通过房间号查看入住客人的基本信息，也能够从平面图跳转到客房入住信息表。

（5）能够从客房入住信息表返回客房入住管理平面图。

● **任务效果参考图**

客房入住管理平面图

● **任务分析**

很多酒店都提供客房预订服务。当客人需要住宿时，预订部将预订信息和要求记录下来。管理者若希望直观、快速地了解预订情况和客人入住的情况，可以通过反映客房实际使用情况的管理平面图和客房入住信息表，来详细查看具体情况。简便的做法是在两个工作表之间任意跳转。要实现此功能，可以使用 Excel 提供的超链接功能。

7.2.2　模拟实施任务

停止共享工作簿

1　由于有些设置操作无法在共享工作簿中进行，因此需要先停止共享，待设置好后再进行共享。打开"酒店客房信息管理"工作簿；在"审阅"选项卡的"更改"命令组中，单击"共享工作簿"命令，打开"共享工作簿"对话框。

2　在"编辑"选项卡中取消选中"允许多用户同时编辑，同时允许工作簿合并"复选框，然后单击"确定"按钮，弹出提示框。

3　单击"是"按钮。

建立"客房入住管理平面图"工作表

4　右键单击"客房入住信息表"工作表标签，在弹出的快捷菜单中单击"插入"命令，打开"插入"对话框，单击"确定"按钮。

5　双击"Sheet1"工作表标签，输入客房入住管理平面图。

6　按照"任务效果参考图"输入相关内容，并设置相应的格式，包括表标题、房间号、用于跳转的文字及表格线的设置等。结果如图 7-20 所示。

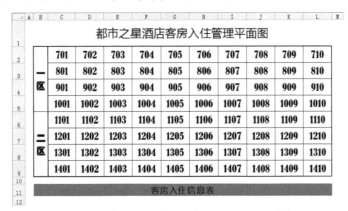

图 7-20　建立"客房入住管理平面图"工作表

设置突出显示已入住客房

7　任务要求"如果预订客人已入住，平面图中对应的房间号自动用背景颜色填充"，可以用公式作为条件规则来设置。所用公式为"=C2=LOOKUP(C2, 客房入住信息表!$I$3:$I$22)"。由于公式中使用了 LOOKUP 函数，该函数要求查找区域中的数据值要按升序排列，所以需要先对房间号按升序排序。单击"客房入住信息表"工作表标签，按"房间号"排序，结果如图 7-21 所示。

8　单击"客房入住管理平面图"工作表标签，选定要设置背景颜色填充的单元格区域 C2:L9；在"开始"选项卡的"样式"命令组中，单击"条件格式">"新建规则"命令，打开"新建格式规则"对话框。

都市之星酒店客房入住客人基本信息

姓名	性别	有效证件	有效证件号码	入住日期	离店日期	房间类型	预定备注	房间号	出生日期	手机号码	邮箱地址	付款类型	入住备注
邓云	男	护照	110102196604100137	2019/1/1	2019/1/5	标准		701	1966/4/10	13612345678	sunjia@cheng-wen.com.cn	现金	
郑东	女	护照	110102196809180011	2019/1/1	2019/1/6	商务		707	1968/9/18	13612345679	zhanghui@cheng-wen.com.cn	信用卡	
赵新	男	身份证	110101196502103339	2019/1/1	2019/1/14	商务		708	1965/2/10	13612345687	wang_cxy@cheng-wen.com.cn	信用卡	
朱凯	男	身份证	110101197303191117	2019/1/1	2019/1/5	标准		803	1973/3/19	13612345680	wangye@cheng-wen.com.cn	支付宝	
杨晓	女	身份证	110101196004082101	2019/1/1	2019/1/10	商务		901	1960/4/8	13612345683	chungm@cheng-wen.com.cn	支付宝	
王蕊	女	身份证	110101197002263452	2019/1/1	2019/1/15	标准		902	1970/2/26	13612345688	hejq@cheng-wen.com.cn	现金	
王旭	女	身份证	110101197710021836	2019/1/1	2019/1/7	商务		905	1977/10/2	13612345681	liangyong@cheng-wen.com.cn	现金	
张瑜楠	女	身份证	110101196103262430	2019/1/1	2019/1/11	标准		909	1961/3/26	13612345684	chunds@cheng-wen.com.cn	信用卡	
鞠彪彪	男	身份证	110101197211294056	2019/1/1	2019/1/16	标准		1001	1972/11/29	13612345690	zhangxm@cheng-wen.com.cn	支付宝	
崔长江	男	身份证	110104196908244824	2019/1/1	2019/1/14	商务		1108	1969/8/24	13612345693	zhuj18041@cheng-wen.com.cn	微信	
王秀梅	女	身份证	110104197302244075	2019/1/1	2019/1/15	标准		1203	1973/2/24	13612345694	penjy@cheng-wen.com.cn	支付宝	
范长玉	男	身份证	110101197207075470	2019/1/1	2019/1/18	标准		1301	1972/7/7	13612345696	liang_62@cheng-wen.com.cn	支付宝	
张玉芝	女	身份证	110103197410273859	2019/1/1	2019/1/13	商务		1307	1974/10/27	13612345689	zlq@cheng-wen.com.cn	信用卡	
张亭	男	身份证	110101197501295776	2019/1/1	2019/1/16	商务		1403	1975/1/29	13612345697	liu_shang@cheng-wen.com.cn	微信	
李丽	男	身份证	110102196712301800	2019/1/1	2019/1/7	标准							
翟淑芳	女	身份证	110101196006203132	2019/1/1	2019/1/10	商务							
张娜	女	身份证	110101196811092306	2019/1/1	2019/1/11	标准							
代芬芬	女	身份证	110101197303194151	2019/1/1	2019/1/14	商务							
刘伟	男	身份证	110101197910054776	2019/1/1	2019/1/16	标准							
王旋	男	身份证	110101197106115328	2019/1/1	2019/1/17	商务							

图 7-21　按“房间号”排序结果

9　在“选择规则类型”列表框中，选择“使用公式确定要设置格式的单元格”选项，在“为符合此公式的值设置格式”文本框中输入 =C2=LOOKUP(C2,客房入住信息表!$I$3:$I$22)[01]，单击“格式”按钮，打开“设置单元格格式”对话框。在该对话框中按照任务要求设置填充的背景色。单击“确定”按钮回到“新建格式规则”对话框，单击“确定”按钮，结果如图 7-22 所示。创建条件格式后，在“客房入住信息表”中添加入住客人信息、调整客人入住的房间号或删除离店的客人信息，系统都将自动调整“客房入住管理平面图”中的数据显示格式。但应注意的是：使用该方法调整“客房入住信息表”，都应按“房间号”信息升序排列。

都市之星酒店客房入住管理平面图

一区	701	702	703	704	705	706	707	708	709	710
	801	802	803	804	805	806	807	808	809	810
	901	902	903	904	905	906	907	908	909	910
	1001	1002	1003	1004	1005	1006	1007	1008	1009	1010
二区	1101	1102	1103	1104	1105	1106	1107	1108	1109	1110
	1201	1202	1203	1204	1205	1206	1207	1208	1209	1210
	1301	1302	1303	1304	1305	1306	1307	1308	1309	1310
	1401	1402	1403	1404	1405	1406	1407	1408	1409	1410

客房入住信息表

图 7-22　突出显示已入住客房设置结果

创建从客房入住管理平面图跳转至客房入住信息表的超链接

10　右键单击房间号为 701 的单元格，在弹出的快捷菜单中单击“超链接”命令[02]，打开“插入超级链接”对话框。在左侧“链接到”区域中，选择“本文档中的位置”选项；在“或在此文档中选择一个位置”显示框中，选择“单元格引用”下的“客房入住信息表”。在“请键入单元格引用”文本框中输入 A3，A3 为“客房入住信息表”对应房间号客人的姓名所在单元格。设置结果如图 7-23 所示。

11　若希望在鼠标指针指向该图形时显示提示信息，可以单击“屏幕提示”按钮，打开“设置超链接屏幕提示”对话框，在“屏幕提示文字”文本框中，输入 701 房间，如图 7-24 所示。

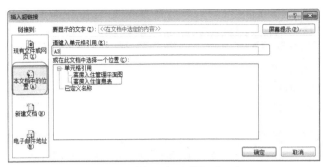

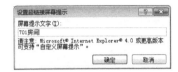

图 7-23 “插入超链接”对话框

图 7-24 “设置超链接屏幕提示”对话框

12 单击“确定”按钮，回到“插入超链接”对话框。再单击“确定”按钮。重新设置该单元格的字体格式等。重复第 10 ～ 12 步骤的操作，将所有已入住客房的单元格都插入超链接。

13 使用相同方法，设置 B11 单元格的超链接，使其跳转至“客房入住信息表”的 A1 单元格；设置屏幕提示文字为“转到客房入住信息表”。

测试超链接效果

14 在“客房入住管理平面图”工作表中，将鼠标指针指向房间号为 701 的单元格，此时鼠标指针变成一个小手，且在指针下方显示链接提示“701 房间”，如图 7-25 所示。

都市之星酒店客房入住管理平面图

一区	701	702	703	704	705	706	707	708	709	710
	801	802	803	804	805	806	807	808	809	810
	901	902	903	904	905	906	907	908	909	910
	1001	1002	1003	1004	1005	1006	1007	1008	1009	1010
二区	1101	1102	1103	1104	1105	1106	1107	1108	1109	1110
	1201	1202	1203	1204	1205	1206	1207	1208	1209	1210
	1301	1302	1303	1304	1305	1306	1307	1308	1309	1310
	1401	1402	1403	1404	1405	1406	1407	1408	1409	1410

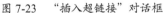

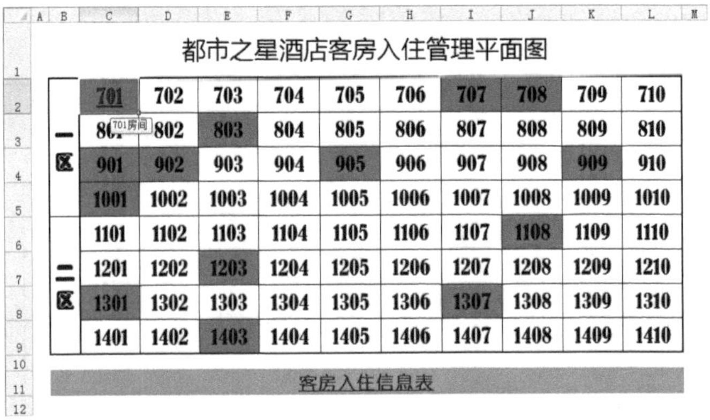

图 7-25 测试超链接

15 单击该单元格，跳转到“客房入住信息表”表，同时将鼠标指针定位在 A3 单元格上，该行显示的是 701 房间客人的预订信息和入住信息，如图 7-26 所示。

都市之星酒店客房入住客人基本信息

姓名	性别	有效证件	有效证件号码	入住日期	离店日期	房间类型	预定备注	房间号	出生日期	手机号码	邮箱地址	付款类型	入住备注
邓云	男	护照	110102196604100137	2019/1/1	2019/1/5	标准		701	1966/4/10	13612345678	sunjia@cheng-wen.com.cn	现金	
郑东	女	护照	110102196809180011	2019/1/1	2019/1/6	商务		707	1968/9/18	13612345679	zhanghui@cheng-wen.com.cn	信用卡	
赵新	男	身份证	110101196502103339	2019/1/1	2019/1/14	商务		708	1965/2/10	13612345687	wang_cxy@cheng-wen.com.cn	信用卡	
朱凯	男	身份证	110101197303191117	2019/1/1	2019/1/5	标准		803	1973/3/19	13612345680	wangye@cheng-wen.com.cn	支付宝	
杨晓	女	身份证	110101196004082101	2019/1/1	2019/1/10	商务		901	1960/4/8	13612345683	chungm@cheng-wen.com.cn	支付宝	
王蕊	女	身份证	110101197002263452	2019/1/1	2019/1/15	标准		902	1970/2/26	13612345688	hejq@cheng-wen.com.cn	现金	
王旭	女	身份证	110101197710021836	2019/1/1	2019/1/7	商务		905	1977/10/2	13612345681	liangyong@cheng-wen.com.cn	现金	
张瑜楠	女	身份证	110101196103262430	2019/1/1	2019/1/11	标准		909	1961/3/26	13612345684	chunds@cheng-wen.com.cn	信用卡	
鞠彪彪	男	身份证	110101197211294056	2019/1/1	2019/1/16	标准		1001	1972/11/29	13612345690	zhangxm@cheng-wen.com.cn	支付宝	
崔长江	男	身份证	110104196908244824	2019/1/1	2019/1/14	商务		1108	1969/8/24	13612345693	zhujl8041@cheng-wen.com.cn	微信	
王秀梅	女	身份证	110104197302244075	2019/1/1	2019/1/15	标准		1203	1973/2/24	13612345694	penjy@cheng-wen.com.cn	支付宝	
范长玉	男	身份证	110101197207075470	2019/1/1	2019/1/18	标准		1301	1972/7/7	13612345696	liang_62@cheng-wen.com.cn	支付宝	
张玉芝	女	身份证	110103197410273859	2019/1/1	2019/1/13	商务		1307	1974/10/27	13612345689	zlq@cheng-wen.com.cn	信用卡	
张亭	男	身份证	110101197501295776	2019/1/1	2019/1/16	商务		1403	1975/1/29	13612345697	liu_shang@cheng-wen.com.cn	微信	
李丽	男	身份证	110102196712301800	2019/1/1	2019/1/7	标准							
翟淑芳	女	身份证	110101196006203132	2019/1/1	2019/1/10	商务							
张娜	女	身份证	110101196811092306	2019/1/1	2019/1/11	标准							
代芬芬	女	身份证	110101197303194151	2019/1/1	2019/1/14	商务							
刘伟	男	身份证	110101197910054776	2019/1/1	2019/1/16	标准							
王旋	男	身份证	110101197106115328	2019/1/1	2019/1/17	商务							

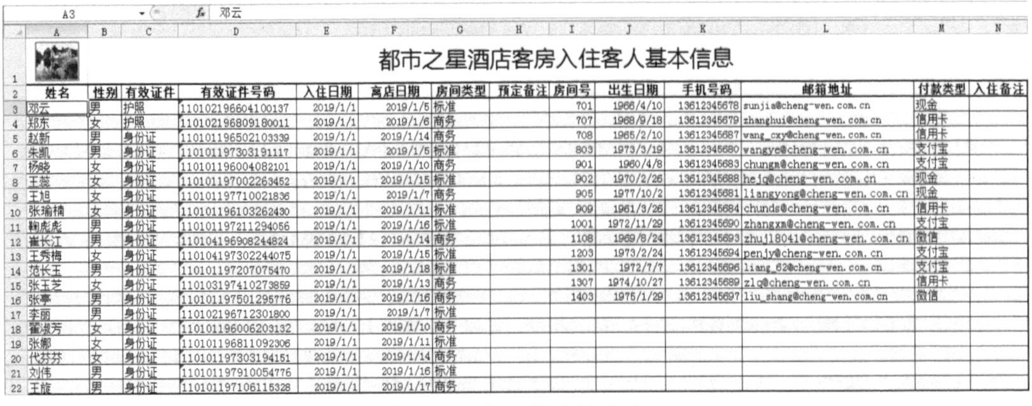

图 7-26 超链接跳转结果

创建从客房入住信息表跳转至客房入住管理平面图的超链接

🔟 单击"客房入住信息表"工作表标签。右键单击 I3 单元格,在弹出的快捷菜单中执行"超链接"命令,打开"插入超级链接"对话框。在左侧"链接到"区域中,选定"本文档中的位置"选项;在"或在此文档中选择一个位置"显示框中,选择"单元格引用"下的"客房入住管理平面图"。在"请键入单元格引用"文本框中输入 A1。单击"屏幕提示"按钮,弹出"设置超链接屏幕提示"对话框,在"屏幕提示文字"文本框中输入返回"客房入住管理平面图",设置结果如图 7-27 所示。

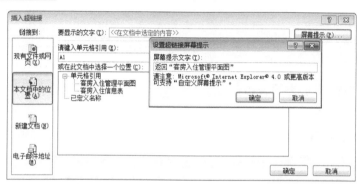

图 7-27 创建返回"客房入住管理平面图"的超链接

🔢 单击"确定"按钮,回到"插入超链接"对话框。再单击"确定"按钮。重复第 16 ~ 17 步骤的操作,将所有已入住房间的房间号都插入返回"客房入住管理平面图"的超链接。

7.2.3 拓展知识点

❶ LOOKUP 函数

函数格式:LOOKUP(lookup_value,lookup_vector,result_vector)

函数功能:在指定单元格区域查找一个值。

说明:该函数有 3 个参数。lookup_value 为需要查找的数值,可以是数字、文本或逻辑值,或对数字、文本或逻辑值的单元格引用;lookup_vector 为指定的需要查找数据的单元格区域,只包括单列或单行,其值为文本、数值或逻辑值,且按升序排序;result_vector 为返回值的范围,只包括单列或单行的单元格区域。

示例一:图 7-28 所示为某公司业务员业绩奖金及等级对照表,根据业务员的总奖金,查找出对应的等级,并显示在相应单元格中。

	等级对照表			业务员业绩奖金表							
总奖金	等级		工号	姓名	累计销售业绩	奖金百分比	本月销售业绩	奖励奖金	总奖金	累计销售额	等级
0	E		7607	郝海为	51310	0.2	36000	1000	8200	36000	
3000	D		7604	靳晋复	18432	0.2	37625	1000	8525	38625	
5000	C		7606	李燕	58111	0.15	25020	1000	4753	25020	
7000	B		7602	沈核	68060	0.2	33345	1000	7669	34345	
9000	A		7608	盛代国	12252	0.1	23082	0	2308.2	24082	
			7603	王利华	64900	0.2	32870	1000	7574	32870	
			7605	苑平	58830	0.2	36015	1000	8203	36015	
			7601	张涛	74947	0.2	31525	1000	7305	31525	

图 7-28 某公司业务员业绩奖金表及等级对照表

计算公式:=LOOKUP(J3,$A$3:$A$7,$B$3:$B$7)

提示

该公式使用 LOOKUP 函数近似匹配查询字母等级。函数在 A3:A7 单元格区域中搜索 J3 的值，找到小于或等于 J3 值中的最大值，然后返回 B3:B7 单元格区域中对应的单元格值，即可得出总金额对应的字母等级。

在 J3 单元格中输入公式，并将其填充到 B3:B7 单元格区域，等级对照结果如图 7-29 所示。

图 7-29　等级对照结果

示例二：图 7-30 所示为某公司业务员业绩奖金表，查找指定业务员的总奖金，并显示在相应单元格中。

图 7-30　某公司业务员业务奖金表

计算公式：=LOOKUP($K$2,$B$3:$G$10)

提示

该公式主要使用 LOOKUP 函数在单元格区域中的查找功能，函数在 B3:G10 单元格区域中的最左列查找姓名，返回该单元格区域中最后一列的总奖金。

在 K2 单元格中选定业务员姓名，在 K3 单元格中输入公式。计算结果如图 7-31 所示。

图 7-31　计算结果

⓿2 超链接

可以在单元格中创建超链接，也可以使用图片或图形创建超链接。超链接要链接到的目的地称为超链接目标，一般包括现有文件或网页、本文档中的位置、新建文档及电子邮件地址等 4 种。

1. 创建链接到现有文件的超链接

现有文件是指本地计算机中已经存在的文件。若超链接目标是本地计算机中某一个已经存在的文件或文件夹, 则使用 "现有文件或网页" 选项来创建超链接。操作步骤如下。

① 选定需要创建超链接的图形或单元格。

② 打开 "插入超链接" 对话框。在 "插入" 选项卡的 "链接" 命令组中, 单击 "超链接" 命令, 打开 "插入超链接" 对话框。

③ 设置超链接目标。选择 "链接到" 区域的 "现有文件或网页" 选项; 单击 "查找范围" 下方的 "当前文件夹"。在 "查找范围" 下拉列表中找到文件所在文件夹, 然后单击其下方显示的文件名, 此时 Excel 会自动在 "地址" 下拉列表中显示出文件所在文件夹的完整路径, 如图 7-32 所示。

图 7-32　创建链接到现有文件的超链接

④ 执行创建操作。单击 "确定" 按钮, 关闭 "插入超链接" 对话框。

此时回到工作表, 单击建立了超链接的单元格或图形, Excel 会自动打开链接的文件。

2. 创建链接到网页的超链接

若超链接的目标是网页, 则使用 "现有文件或网页" 选项来创建超链接。例如, 创建链接到某学校主页的超链接。操作步骤如下。

① 打开 "插入超链接" 对话框。

② 设置超链接目标。选择 "链接到" 区域的 "现有文件或网页" 选项。

③ 设置屏幕显示文字。在 "要显示的文字" 文本框中输入转到学校主页; 单击 "屏幕提示" 按钮, 在打开的 "设置超链接屏幕提示" 对话框的 "屏幕提示文字" 文本框中输入单击单元格可以打开学校主页。然后单击 "确定" 按钮。

④ 输入超链接地址。在 "地址" 文本框中输入网页地址 http://www.cueb.edu.cn, 如图 7-33 所示。

图 7-33　创建链接到网页的超链接

⑤ 执行创建操作。单击 "确定" 按钮, 关闭 "插入超链接" 对话框。

这时包含超链接的单元格内将显示"转到学校主页"文字；当鼠标指针指向该文字时，鼠标指针下方将显示 "单击单元格可以打开学校主页"的提示信息；当单击该单元格时，Excel 将自动打开学校主页。

> 💡 **注意**
>
> 若使用空白单元格创建超链接，则可以在"插入超链接"对话框的"要显示的文字"文本框中输入相关文字来说明超链接，以明确超链接的内容。这种说明对任何链接目标均适用。

3. 创建链接到本文档其他位置的超链接

若超链接的目标是本工作簿的单元格，如在"酒店客房信息管理"工作簿中创建超链接，链接目标为"客房入住管理平面图"的 A1 单元格，则可以使用"本文档中的位置"选项来创建超链接。操作步骤如下。

① 打开"插入超链接"对话框。

② 设置超链接目标。选择"链接到"区域的"本文档中的位置"选项，在"或在此文档中选定一个位置"显示框中显示了当前工作簿的所有工作表名，选定要链接的工作表，在"请输入单元格引用"文本框中输入要引用的单元格地址，如图 7-34 所示。

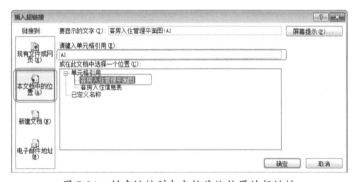

图 7-34　创建链接到本文档其他位置的超链接

③ 执行创建操作。单击"确定"按钮，关闭"插入超链接"对话框。

此时返回到工作表，单击包含超链接的单元格或图形，Excel 将自动跳转到"客房入住管理平面图"工作表的 A1 单元格。

4. 创建链接到电子邮件地址的超链接

若超链接的目标是电子邮件地址，则可以使用"电子邮件地址"选项来创建超链接。例如，创建链接到"info@cueb.edu.cn"电子邮件地址的超链接。操作步骤如下。

① 打开"插入超链接"对话框。

② 设置超链接目标。选择"链接到"区域的"电子邮件地址"选项，在"电子邮件地址"文本框中输入 info@cueb.edu.cn，这时 Excel 将自动在邮件地址前添加"mailto:"；在"主题"文本框中输入要发送的主题，如图 7-35 所示。

③ 执行创建操作。单击"确定"按钮，关闭"插入超链接"对话框。

此时单击包含超链接的单元格或图形，Excel 将自动使用当前系统默认的邮件客户端程序创建邮件。

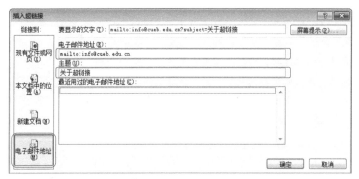

图 7-35 创建链接到电子邮件地址的超链接

7.2.4 延伸知识点

⓪① 编辑超链接

创建超链接后，可以对其进行修改；不需要时也可以将其删除。

1. 修改超链接

修改超链接的操作步骤如下。

① 打开"编辑超链接"对话框。右键单击包含超链接的单元格或图形，在弹出的快捷菜单中单击"编辑超链接"命令；或者选定包含超链接的单元格或图形，在"插入"选项卡的"链接"命令组中，单击"超链接"命令，打开"编辑超链接"对话框。

> 💡 **注意**
>
> 若要选定包含超链接的单元格，可以先选定超链接相邻的单元格，然后使用键盘的方向键移动到包含超链接的单元格上。若要选定包含超链接的图形或图片，可以按住【Ctrl】键再单击图形或图片。

② 修改超链接。"编辑超链接"对话框与"插入超链接"对话框一样，可以根据需要修改，先在"链接到"区域选择"现有文件或网页"选项、"本文档中的位置"选项、"新建文档"选项或"电子邮件地址"选项，再输入所需的内容，单击"确定"按钮。

2. 删除超链接

删除超链接的方法有以下几种。

（1）使用键盘。选定包含超链接的单元格或图形，按【Delete】键。

（2）使用快捷菜单命令。右键单击包含超链接的单元格或图形，在弹出的快捷菜单中单击"取消超链接"命令。

（3）使用功能区命令。选定包含超链接的单元格或图形，在"插入"选项卡的"链接"命令组中，单击"超链接"命令，再单击"删除链接"按钮。

> 💡 **注意**
>
> 第一种方法将超链接和单元格中的文本全部删除。第二种和第三种方法只删除超链接，不删除单元格中的文本。

技巧

图 7-36 所示为某公司员工电子邮件地址表，其中，“E-mail 地址”列的电子邮件地址均为超链接，若不小心单击了其中任意一个单元格，均会打开超链接，进入所链接的位置，因此需要取消超链接。可以使用选择性粘贴功能，一次取消多个超链接。操作步骤如下。

	A	B	C
1	工号	姓名	E-mail地址
2	0001	孙家龙	sunjia@chengwen.com.cn
3	0002	张卫华	zhanghui@chengwen.com.cn
4	0003	王叶	wangye@chengwen.com.cn
5	0004	梁勇	liangyong@chengwen.com.cn

图 7-36　员工电子邮件地址表

① 选定并复制空单元格。选定一个没有任何内容的空单元格，然后执行复制操作。

② 选定粘贴目标单元格区域。这里选定 C2:C5 单元格区域。

③ 设置选择性粘贴内容。打开“选择性粘贴”对话框，在“运算”区域选择“加”单选按钮，如图 7-37 所示。

④ 确认设置。单击“确定”按钮，结果如图 7-38 所示。

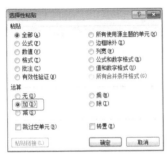

图 7-37　设置选择性粘贴内容

	A	B	C
1	工号	姓名	E-mail地址
2	0001	孙家龙	sunjia@chengwen.com.cn
3	0002	张卫华	zhanghui@chengwen.com.cn
4	0003	王叶	wangye@chengwen.com.cn
5	0004	梁勇	liangyong@chengwen.com.cn

图 7-38　取消超链接结果

02 将工作簿发布到 Internet 上

随着 Internet 的飞速发展和广泛应用，越来越多的企事业单位将本单位的多种信息发布到 Internet 上，其中很多信息是发布到带有数据表格的网页中的。Excel 是一个电子表格处理软件，其结构就是表格。Excel 的这种结构优势，使它成为创建、获取或处理此类网页数据的最佳工具之一。正因为如此，使用 Excel 可以将数据以网页形式发布到 Internet 上，也可以获取 Internet 上网页中的信息。换言之，通过网页可以实现 Excel 与 Internet 之间的信息交换。

Excel 允许用户将工作簿文件保存为 html 格式。该格式的文件既有 html 文件特征，同时保留了原始工作簿的部分特性；既可以使用浏览器来浏览，也可以被 Excel 识别，在其应用窗口中查看。

创建和发布网页的操作步骤如下。

① 打开“另存为”对话框。单击“文件” > “另存为”命令，打开“另存为”对话框。

② 指定保存类型。在“另存为”对话框的“保存类型”下拉列表中，有两种网页格式可以选择：一种是“单个文件网页”，另一种为“网页”。保存为“单个文件网页”时，保存的文件只有一个，其扩展名为 .mht；保存为“网页”时，除保存了一个扩展名为 .htm 或 .html 的网页文件外，在该文件同一目录下还增加了一个名称为“xxx.files”的文件夹（其中，xxx 为工作簿的文件名）。根据实际需要选择保存类型。

③ 指定保存位置。在对话框左窗格列表框中指定保存的位置。

④ 指定发布的数据范围。若发布整个工作簿，则选择“整个工作簿”单选按钮；若只发布当前工作表，则选择“选择工作表”单选按钮。

⑤ 指定文件名。在"文件名"框中输入待保存网页文件的名字。

⑥ 更改页标题。单击"更改标题"按钮，打开"输入文字"对话框。在"页标题"文本框中输入所需文字，单击"确定"按钮，如图 7-39 所示。

⑦ 保存和发布网页。单击"保存"按钮保存 .htm 文件，以后可以直接在浏览器中将其打开。单击"发布"按钮，打开"发布为网页"对话框，勾选"在浏览器中打开已发布网页"复选框，如图 7-40 所示。然后单击"发布"按钮，即可以在浏览器中直接将其打开，如图 7-41 所示。

图 7-39　保存网页的设置

图 7-40　发布网页

图 7-41　网页显示

从图 7-41 中可以看出，保存和发布的网页与常见的网页非常相似，没有 Excel 表格中的行号和列标。

⑱ 将 Excel 数据链接到 Word 文档中

Microsoft Office 软件包有 Word、Excel、PowerPoint、Access 等多个软件。这些软件之间要实现信息共享，不仅可以使用最常用的复制和粘贴方法，还可以使用链接与嵌入的方法。

链接是将一个文件中的数据插入另一个文件中，同时两个文件保持着联系。创建数据的文件称为源文件，接收数据的文件称为目标文件。当源文件的数据发生改变时，目标文件中相应的数据将会自动更新。事实上，数据依然保存在源文件中，在目标文件中显示的只是源文件中数据的一个映像，目标文件中保存的是源数据的位置信息。链接使目标文件的数据能够反映出源数据的各种更改。由于源数据依然保存在源文件中，因此目标文件可以节省空间。

对于经常需要更新的数据，可以使用链接的方法，在 Office 各软件之间创建一个动态链接。在 Word 文档中链接 Excel 数据的操作步骤如下。

① 复制数据。打开工作簿，选定要复制数据的单元格或单元格区域，按【Ctrl】+【C】组合键。

② 在 Word 中打开"选择性粘贴"对话框。打开 Word 文档，在"开始"选项卡的"剪贴板"命令组中，单击"粘贴">"选择性粘贴"命令，打开"选择性粘贴"对话框。

③ 选择粘贴方式。在"选择性粘贴"对话框中选择"粘贴链接"单选按钮，并且根据需要在"形式"列表框中选择一种粘贴格式，然后单击"确定"按钮。

这样便将 Excel 工作表中的数据插入 Word 文档中。可以根据需要在 Word 文档中对其进行修改、编辑。不仅如此，当 Excel 的源工作表修改时，粘贴链接的内容也会随之改变，即自动保持一致。而且每次打开该文档时，都会根据源文件中的数据进行自动更新。

同样，若需要将数据以粘贴链接的方式从 Word 文档链接到 Excel 工作表中，则操作步骤类似，只不过此时的源文件是 Word 文档，目标文件是 Excel 工作表。

04 将 Excel 数据嵌入 Word 文档中

嵌入是指在原始文件中创建的数据插入目标文件中并成为目标文件的一部分。在数据被嵌入目标文件后，嵌入数据与源文件中的源数据没有链接关系，改变源数据时并不自动改变目标文件中的相应数据。

由于数据被嵌入目标文件，目标文件里存放的是数据本身，因此目标文件占用的存储空间比数据链接时占用的存储空间大。但嵌入的优点是：可以在目标文件中直接编辑嵌入的数据。将 Excel 数据嵌入 Word 文档中的操作步骤如下。

① 复制数据。打开工作簿，选定要复制数据的单元格或单元格区域，按【Ctrl】+【C】组合键。

② 在 Word 中打开"选择性粘贴"对话框。

③ 选择粘贴方式。在该对话框中选择"粘贴"单选按钮，并且根据需要在"形式"列表框中选择一种粘贴格式，然后单击"确定"按钮。

这样，在 Word 文档中就嵌入了这些数据。如果需要，可以对这些数据直接进行修改。

由此可以看出，链接和嵌入的主要差别在于保存数据的内容及将其置入目标文件后更新的方式。

7.2.5 独立实践任务

♦ **任务背景**

在澳新酒店中餐厅的年夜饭餐位预定服务中，管理者希望通过餐位布局平面图，来直观、形象和快速地了解餐位预订情况，包括每位订餐客人的预订信息。因此，需要建立一个餐位管理平面图来显示餐位布局，并能够通过每个餐位来了解该餐位的预订信息。

♦ **任务要求**

根据任务 7.1 独立实践任务中所建的"客人订餐情况表"的数据，绘制餐位管理平面图。要求如下。

（1）能够反映酒店中餐厅餐位实际布局。

（2）能够通过每个餐位查看预订该餐位顾客的预订信息，即单击"餐位管理平面图"中的餐桌号图形时，可以显示"订餐情况表"中的具体订餐信息。

（3）能够从订餐情况表返回餐位管理平面图，即单击"订餐情况表"中的"餐桌号"时，可以显示餐桌的位置。

（4）单击"餐位管理平面图"中"订餐总人数"和"收入总金额"右侧的矩形图形时，可以显示"订餐情况表"中的"总人数"和"收入总金额"。

♦ **任务效果参考图**

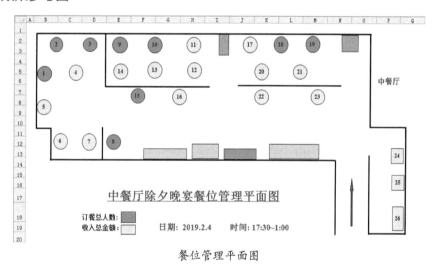

餐位管理平面图

♦ **任务分析**

很多酒店、餐馆都提供了餐位预订服务，当客人需要订餐时，服务人员会将订餐信息和要求记录下来。尤其在国庆、春节、圣诞节等节假日，预订餐位的客人会非常多。此时，快速了解订餐情况比较有效的方法是先使用 Excel 记录所有的订餐信息，再建立一个反映餐位实际情况的餐位布局平面图，当单击餐位平面图中某具体餐位时，可以跳转到记录该餐位信息的工作表，详细查看其具体情况。使用 Excel 提供的超链接可以实现跳转功能。

7.2.6　课后练习

1. 填空题

（1）链接和嵌入的主要差别在于保存数据的内容及将其置入目标文件后_____的方式。

（2）Excel_____将工作簿文件保存为 html 格式。

（3）保存为 html 格式的工作簿文件，既可以使用＿＿＿＿＿来浏览，也可以使用 Excel 打开。

（4）超链接要链接的目标包括：现有文件或网页、＿＿＿＿＿、新建文档及电子邮件地址等 4 种。

（5）图 7-42 所示为包含有"数量 / 单位"和"数量"等两列数据的工作表，在 B2 单元格中输入公式 =-LOOKUP(1,-LEFT(A2,ROW($1:$6)))，该公式的功能是＿＿＿＿＿。

	A	B
1	数量/单位	数量
2	23.6mg	
3	1.41km	
4	105g	
5	1.2kg	
6	4.3公斤	

图 7-42　含有"数量 / 单位"的工作表

2．单选题

（1）在 Excel 中插入超链接，可以链接到（　　）。

    A．Internet 上的某个网页　　　　B．本工作簿的某个单元格

    C．本地硬盘上的某个文档　　　　D．以上均可

（2）下列关于链接和嵌入的叙述中，错误的是（　　）。

    A．链接的优点是目标文件可以节省存储空间

    B．链接与嵌入的差别是目标文件的更新方式

    C．链接的信息储存在源文件中，嵌入的信息储存在目标文件中

    D．可以在目标文件中编辑嵌入的内容，而链接不可以进行编辑

（3）下列关于链接和嵌入的叙述中，错误的是（　　）。

    A．可以将选定的 Excel 工作表中的内容链接到 Word 文档中

    B．可以将选定的 Excel 工作表中的内容嵌入 Word 文档中

    C．可以将选定的 Word 文档中的内容链接或嵌入 Excel 工作表中

    D．不能将选定的 Word 文档中的内容链接或嵌入 Excel 工作表中

（4）下列关于链接的叙述中，错误的是（　　）。

    A．链接的数据保存在源文件中

    B．链接的数据保存在目标文件中

    C．链接可以使目标文件节省空间

    D．源文件的源数据发生改变时，目标文件中相应的数据也会自动更新

（5）下列关于嵌入的叙述中，错误的是（　　）。

    A．嵌入的数据保存在源文件中

    B．嵌入的数据保存在目标文件中

    C．双击嵌入的数据可对其进行编辑

    D．源文件的源数据发生改变时，目标文件中相应的数据不会自动更新

3．简答题

（1）实现信息共享的方法有哪些?

（2）什么是超链接? 其主要作用是什么?

（3）超链接与链接的区别是什么?

（4）如何将工作簿文件发布到 Internet 上?

（5）如何在 Excel 和其他 Office 软件之间共享信息?